北大社·普通高等教育"十三五"规划教材
21世纪高校应用人才培养信息技术类规划教材

数据结构与算法（C语言版）

李忠月　虞铭财　主　编

图书在版编目（CIP）数据

数据结构与算法：C 语言版/李忠月，虞铭财主编. —北京：北京大学出版社，2019.3
21 世纪全国高校应用人才培养信息技术类规划教材

ISBN 978-7-301-30284-2

Ⅰ. ①数… Ⅱ. ①李… ②虞… Ⅲ. ①数据结构－高等学校－教材 ②算法分析－高等学校－教材 ③C 语言－程序设计－高等学校－教材 Ⅳ. ①TP311.12 ②TP312.8

中国版本图书馆 CIP 数据核字（2019）第 033947 号

书　　名	数据结构与算法（C 语言版）
	SHUJU JIEGOU YU SUANFA（C YUYAN BAN）
著作责任者	李忠月　虞铭财　主编
策划编辑	温丹丹
责任编辑	温丹丹
标准书号	ISBN 978-7-301-30284-2
出版发行	北京大学出版社
地　　址	北京市海淀区成府路 205 号　100871
网　　址	http://www.pup.cn　　新浪微博：@北京大学出版社
电子信箱	zyjy@pup.cn
电　　话	邮购部 010-62752015　发行部 010-62750672　编辑部 010-62756923
印 刷 者	北京圣夫亚美印刷有限公司
经 销 者	新华书店
	787 毫米×1092 毫米　16 开本　15.5 印张　383 千字
	2019 年 3 月第 1 版　2023 年 2 月第 2 次印刷
定　　价	45.00 元

前　言

数据结构是计算机专业及相关专业的重要基础课。它所讨论的知识内容和提倡的技术方法，无论是对进一步学习计算机相关领域的其他课程，还是对从事大型信息工程的开发，都有着关键的作用。

本书采用C语言作为数据结构与算法的描述语言，在对数据的存储结构与算法进行描述时，尽量考虑C语言的特色，同时兼顾数据结构和算法的可读性，便于读者将书中的数据结构与算法转换成C语言程序。

本书有如下特色。

（1）算法步骤和算法描述，以非常适合读者学习的方式呈现。本书的作者一直处在教学的第一线，本书是作者所在教学团队多年教学经验的积累、教学改革的成果。

（2）算法讲解细致。本书对算法思想进行了详细的阐述，将用文字描述的算法步骤与用C语言表述的算法描述一一对应，能够提高读者将算法转化为程序的能力以及算法设计与算法实现的能力。

（3）本书图文并茂。一图值千言，用上千个字描述不明白的事情，很可能一张图就能解释清楚。本书基本上做到难理解部分的讲解都有相关的图示，有的内容通过多图逐步分解剖析。

（4）为满足读者对在线开放学习的需求，本书对一些重要的知识点、重要的算法和难懂的算法，都有配套的微课，读者可以通过扫描二维码观看。通过这种方式，读者能重复学习，做到攻克重点、难点，不留学习的死角。

由于作者水平有限，对于书中难免存在的疏漏和不妥之处，敬请读者批评指正。

作者

2019年2月

目　录

第1章 概 论

1.1 引 言

1968年,美国的Donald E. Knuth(高德纳)教授在其所写的《计算机程序设计艺术卷1:基本算法》中,较系统地阐述了数据的逻辑结构和存储结构及其操作,开创了数据结构的课程体系。同年,数据结构作为一门独立的课程,在计算机科学的学位课程中开始出现。

之后,20世纪70年代初,出现了大型程序,软件也开始相对独立,结构化程序设计成为程序设计方法学的主要内容,人们越来越重视"数据结构",认为程序设计的实质是"对确定的问题选择一种好的结构"+"设计一种好的算法"。可见,数据结构在程序设计中占据了重要的地位。

什么是数据结构?事实上,这个问题在计算机科学界至今没有公认的、标准的定义。

这里先尝试解决下面几个简单的问题,在解决问题的过程中,或许读者可以得到对于数据结构的理解。

【问题1】书店往往是书的海洋,店主应该如何摆放书店里的书?

方法1:随便摆放。这种方法存放书非常方便,但是顾客找书却非常麻烦。最坏的情况是书店里根本没有顾客要找的书,顾客却需要找遍书店中的每一本书,最后才发现没有要找的书。

方法2:按照书名的拼音字母顺序摆放。这种方法使得查找方便了一些,但是可能会使新书的插入比较麻烦。如果新书是以A开头的,为了给新书腾出空间,要把很多书都向后挪动。

方法3:把书架划分成几块区域,每块区域指定摆放某种类别的图书,在每种类别内,按照书名的拼音字母顺序摆放。这种方法与方法2相比,无论是查找还是插入图书,工作量都减少了很多。

所以,解决问题方法的效率与数据的组织方式有关。

【问题2】按照顺序输出从1到N的全部正整数。

方法1:用循环算法实现。

```
void print(int N)
{
    int i;
    for(i =1;i < =N;i ++){
        printf("%d\n",i);
    }
}
```

方法2:用递归算法实现。

```
void print(int N)
{
    if(N!=0){
        printN(N-1);
        printf("%d\n",N);
    }
}
```

上面两种方法看上去似乎都能完成任务。然而,上机测试后发现,当 N 很大时,用递归算法实现的程序会拒绝运行,而用循环算法实现的程序仍然正常运行。

所以,解决问题方法的效率与空间的利用效率有关。

【问题3】多项式求和。多项式的标准表达式可以写为 $f(x)=a_0+a_1x+\cdots+a_{x-1}x^{n-1}$。现给定一个多项式的阶数 n,并将全部系数存放在数组中。请编写程序计算这个多项式在给定点 x 处的值。

方法1:直接算法。

```
double fun(double a[],double x,int n)
{
        int i;
        double p=a[0];
        for(i=1;i<=n;i++){
          p=p+a[i]*pow(x,i);
        }
        return p;
}
```

方法2:秦九韶算法。

早在800多年前,中国南宋时期的数学家秦九韶通过不断提取公因式 x 来减少乘法的运算次数,把多项式改写为 $f(x)=a_0+x(a_1+x(\cdots(a_{n-1}+x(a_n))))$。

```
double fun(double a[],double x,int n)
{
        int i;
        double p=a[n];
        for(i=n;i>0;i--){
            p=a[i-1]+x*p;
        }
        return p;
}
```

直接算法执行 n 次语句“p=p+a[i]*pow(x,i);”,每次涉及 i 次乘法和1次加法运算,于是全部计算涉及 $(1+2+\cdots+n)=(n^2+n)/2$ 次乘法和 n 次加法。

秦九韶算法执行 n 次语句“p=a[i-1]+x*p;”,每次涉及1次乘法和1次加法运算,于是全部计算涉及 n 次乘法和 n 次加法。

那么,秦九韶算法究竟比简单的直接算法快了多少呢?通过上机测试可以发现,秦九韶算法的计算速度明显比直接算法快了一个数量级。

所以,解决问题方法的效率与算法的巧妙程度有关。

本章将要介绍的是有关数据组织、算法设计、时间和空间效率的概念,以及通用分析方法,这些都是后续所有数据结构及其相关算法的基础。

1.2 基本概念

1.2.1 数据

数据(Data)是描述客观事物的符号,是计算机中可以操作的对象,而且能被计算机识别并输入给计算机处理的符号集合。数据不仅仅包括整型、实型等数值类型,还包括字符及声音、图像、视频等非数值类型。

也就是说,这里所说的数据,其实就是符号,而且这些符号必须具备两个前提:可以输入到计算机中和能被计算机程序处理。

1.2.2 数据元素

数据元素(Data Element)是组成数据的、有一定意义的基本单位,在计算机中通常作为整体处理。

数据元素在线性表中称为元素,在树中称为结点,在图中称为顶点,在查找和排序中称为记录。

1.2.3 数据项

一个数据元素可由若干个**数据项**(Data Item)组成。例如,人有姓名、年龄、性别、出生地址、联系电话等数据项。

数据项是数据不可分割的最小单位。但真正讨论问题时,数据元素才是数据结构中建立数据模型的着眼点。

1.2.4 数据对象

数据对象(Data Object)是性质相同的数据元素的集合,是数据的子集。

既然数据对象是数据的子集,在实际应用中,处理的数据元素通常具有相同性质,所以在不产生混淆的情况下,人们都将数据对象简称为数据。

例如,在表1.1所示的人员信息管理中,整张表格就是数据;每一个人员的信息是数据元素,这里有3个人员的信息;学号、姓名、性别、籍贯、出生年月、家庭住址,这些都是数据项。

表1.1 人员信息管理

学 号	姓 名	性 别	籍 贯	出生年月	家庭住址
101	赵红玲	女	河北	1983.11	北京
102	李勇	男	安徽	1980.3	杭州
103	朱一帆	男	江西	1977.7	上海

1.2.5 数据结构

结构,简单的理解就是关系。严格来说,结构是指各个组成部分相互搭配和排列的方式。在现实世界中,不同数据元素之间不是独立的,而是存在特定的关系,将这些关系称为**结构**。那数据结构是什么?

数据结构(Data Structure)是相互之间存在一种或多种特定关系的数据元素的集合。

关于数据对象在计算机中的组织方式,还包含两个概念:一是数据对象的逻辑结构;二是数据对象在计算机中的存储结构(也称为物理结构)。

1.3 逻辑结构与存储结构

1.3.1 逻辑结构

数据的逻辑结构是从逻辑关系上描述数据的,它与数据的存储无关,是独立于计算机的。因此,数据的逻辑结构可以看作是从具体问题抽象出来的数学模型。

数据的逻辑结构有两个要素:一是数据元素,二是关系。数据元素的含义如前所述,关系是指数据元素之间的逻辑关系。根据数据元素之间关系的不同特性,通常可以分为以下四类基本结构。

1. 集合结构

集合结构中的数据元素除了同属于一个集合外,它们之间没有其他关系。各个数据元素之间是"平等"的,它们的共同属性是"同属于一个集合"。数据结构中的集合关系类似于数学中的集合,如图 1.1 所示。

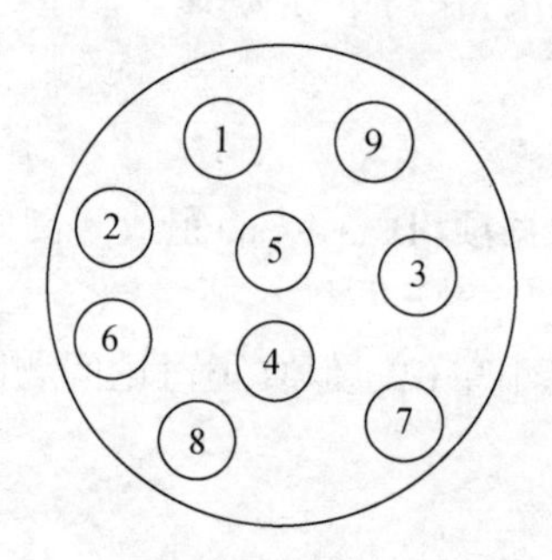

图 1.1 数据结构中的集合关系

2. 线性结构

线性结构中的数据元素之间是一对一的关系,如图 1.2 所示。

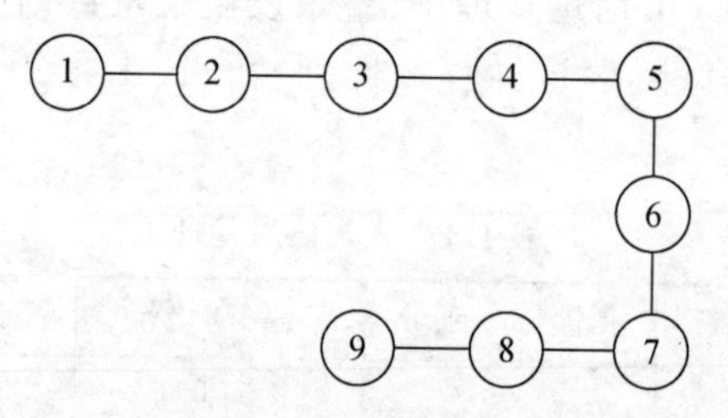

图 1.2 线性结构中数据元素的对应关系

3. 树结构

树结构中的数据元素之间是一对多的层次关系,如图 1.3 所示。

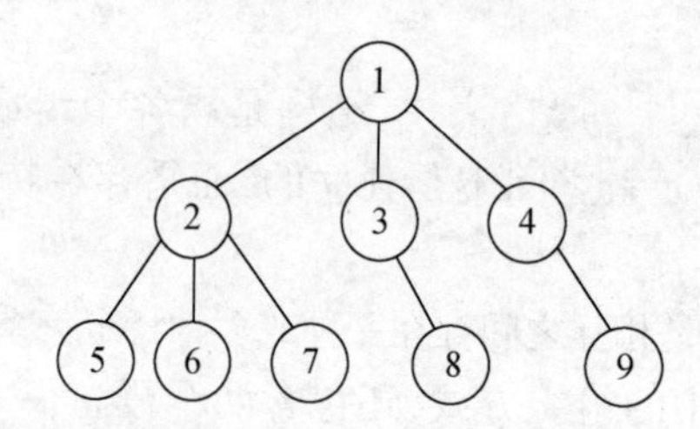

图 1.3 树结构中数据元素的一对多关系

4. 图结构

图结构中的数据元素之间是多对多的关系，如图1.4所示。

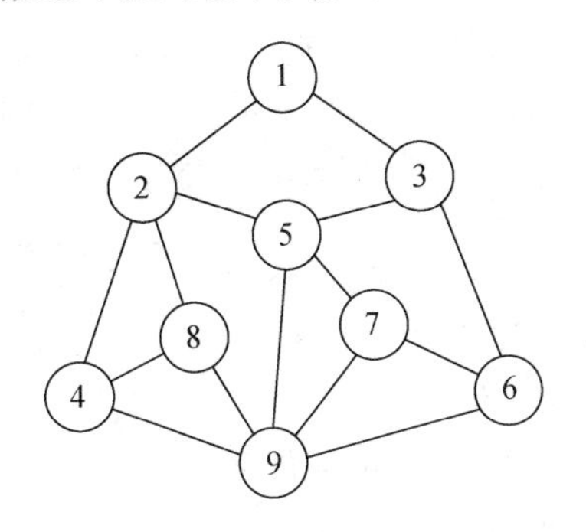

图1.4　图结构中数据元素的多对多关系

1.3.2　存储结构

存储结构是指数据的逻辑结构在计算机中的存储形式。

如何存储数据元素之间的逻辑关系，是实现存储结构的重点和难点。数据元素的存储结构形式有两种：顺序存储结构和链式存储结构。

1. 顺序存储结构

顺序存储结构是把数据元素存放在地址连续的存储单元中，其数据之间的逻辑关系和存储关系是一致的。计算机语言中的数组就是这样的顺序存储结构。

2. 链式存储结构

链式存储结构是把数据元素存放在任意的存储单元中，这组存储单元可以是连续的，也可以是不连续的。数据元素的存储关系并不能反映其逻辑关系，因此需要存放数据元素的地址，这样通过地址就可以找到相关联数据元素的位置。

1.4　抽象数据类型

抽象数据类型(Abstract Data Type，ADT)是一种对数据类型的描述，这种描述是抽象的。

首先，数据类型描述两个方面的内容：一是数据对象集，二是与数据集相关联的操作集。抽象的意思是指描述数据类型的方法不依赖于具体实现，即数据对象集和操作集的描述与存储数据的计算机无关、与数据存储的物理结构无关、与实现操作的算法和编程语言均无关。

也就是说，抽象数据类型只描述数据对象集和相关操作集"是什么"，并不涉及"如何做"的问题。

为了便于在之后的讲解中对抽象数据类型进行规范的描述，下面给出了描述抽象数据类型的标准格式。

ADT 抽象数据类型名
数据对象:
数据关系:
　　数据元素之间的逻辑关系的定义
基本操作:
　　　操作1
　　　操作2

```
    ……
    操作 n
}ADT 抽象数据类型名
```

在后面的章节中,每介绍一种数据结构时,我们首先会用抽象数据类型来描述这个结构,以方便大家理解。

例 1.1 在日常数据处理中经常会碰到的一个问题是,需要对一组数据进行基本的统计分析。例如,分析一个班级中学生在某门学科中的平均成绩、最高成绩、最低成绩、中位数、标准差等,或者统计家庭每年或每个月的开支情况,或者统计生产线上各位员工计件任务的完成情况等。

如果为每个具体应用都编写一个程序,显然不是一个很好的方法,因为这些程序具有很大的相似性。数据结构的处理方法是从这些具体应用中抽象出其共性的数据组织,进而采用程序设计语言实现相应的数据存储与操作。因此,对于上述例子可以抽象出一种针对基本统计要求的数据类型。

```
ADT 数据集合的基本统计{
数据对象:
    S = {x1, x2, …, xn}
数据关系:
    数据元素之间是集合关系
基本操作:
    (1) 求 S 中元素的平均值。
    (2) 求 S 中元素的最大值。
    (3) 求 S 中元素的最小值。
    (4) 求 S 中元素的中位数。这里的中位数是指将 S 中的元素按从大到小的顺序依次排列,
        处在中间位置([N/2], 大于等于 N/2 的最小整数) 的那个元素。
}ADT 数据集合的基本统计
```

可以看到,针对上述数据抽象方式的具体程序可以用来求解不同领域的基本统计问题,这样既能保证程序设计的逻辑清晰,又在很大程度上实现了代码的重用。如何利用程序设计语言实现上述抽象数据类型? 应用程序设计语言实现抽象数据类型,首先,必须考虑如何存储数据,即集合 S 中的数据在程序设计语言中怎样存储;其次,必须考虑如何实现操作,即在确定数据存储方式的基础上,如何实现相应的操作(如求平均值、最大值等函数)。

1.5 算　　法

算法(Algorithm)是描述解决问题的方法。如今普遍认可的对算法的定义是:算法是解决特定问题求解步骤的描述,在计算机中表现为指令的有限序列,并且每条指令表示一个或多个操作。

著名的计算机科学家图灵奖获得者 N. Wirth(沃思)教授给出了一个著名的公式:

算法 + 数据结构 = 程序

这说明数据结构和算法是程序的两大要素,二者相辅相成,缺一不可。

数据结构与算法之间存在着本质联系,在某一类型数据结构上,总要涉及其上施加的运

算,而只有通过对运算的研究,才能清楚地理解数据结构的定义和作用;在涉及运算时,总要与该算法所处理的对象和结果数据等联系起来进行考虑。

"数据结构"课程中会遇到大量的算法问题,因为算法联系着数据在计算机过程中的组织方式。为了描述要实现的某种操作,常常需要设计算法,因而算法是研究数据结构的重要途径。

1.5.1 算法的特性

算法接收输入(有些情况下不需要输入),产生输出,并在有限的步骤之后终止。算法的每一条指令必须有充分明确的目标,不可以有歧义;必须在计算机能处理的范围之内;且其描述应不依赖于任何一种计算机语言及具体的实现手段。当然,用某一种计算机语言进行描述往往会使算法更容易理解,故本书采用C语言作为描述算法的工具。

概括来说,算法具有如下5个基本特性。

(1) 输入:一个算法有零个或多个输入。

(2) 输出:一个算法至少有一个或多个输出。

(3) 有穷性:一个算法必须在有限的步骤之内正常结束,不能形成无穷循环。

(4) 确定性:算法中的每个步骤必须有确定含义,无二义性。

(5) 可行性:原则上,一个算法能精确进行,操作可通过已实现的基本运算执行有限次来完成。

注意 算法不是程序。一个明显的区别是,程序可以无限运行(如操作系统),但算法必须在有限的步骤之后终止。算法与程序的主要不同之处,还在于算法比程序"抽象",强调表现"做什么",而忽略细节性的"怎样做"。

1.5.2 算法设计的要求

算法的设计是一门艺术。同一个问题,可以有多种解决问题的算法,但不同的算法往往有天壤之别。好的算法,应该具有正确性、可读性、健壮性、高效性4个特性。

1. 正确性

算法的正确性是指算法至少应该具有输入、输出和加工处理无歧义性,能正确反映问题的需要,能够得到问题的正确答案。

2. 可读性

算法设计的另一目的是为了便于阅读、理解和交流。可读性高有助于人们理解算法,可读性是算法好坏的重要标志。

3. 健壮性

健壮性是指一个算法对不合理数据输入的反应能力和处理能力,也称为容错性。例如,当输入的时间或距离是负数时,算法能做出相关处理,而不是产生异常或莫名其妙的结果。

4. 高效性

高效性包括时间和空间两个方面。时间高效是指算法设计合理,执行效率高,可以用时间复杂度来度量;空间高效是指算法占用存储容量合理,可以用空间复杂度来度量。时间复杂度和空间复杂度是衡量算法的两个主要指标。

1.5.3 算法效率的度量方法

分析算法效率的目的是看算法实际是否可行,并在同一问题存在多个算法时,可进行时间和空间性能上的比较,以便从中挑选出较优的算法。衡量算法效率的方法主要有两种:事后统计方法和事前分析估算方法。

1. 事后统计方法

事后统计方法主要是通过设计好的测试程序和数据,利用计算机计时器对不同算法编制的程序的运行时间进行比较,从而确定算法效率的高低。但这种方法有很大缺陷的。

(1) 必须依据算法事先编制好的程序,这通常需要花费大量的时间和精力。

(2) 时间的比较依赖计算机硬件和软件等环境因素,有时会掩盖算法本身的优劣。

(3) 算法的测试数据设计困难,并且程序的运行时间往往还与测试数据的规模有很大关系,效率高的算法在小的测试数据面前往往得不到体现。

基于事后统计方法的缺陷,算法效率的度量不予采纳该方法。

2. 事前分析估算方法

事前分析估算方法是指,在计算机程序编制前,依据统计方法对算法进行估算。

一个用高级语言编写的程序在计算机上运行时所消耗的时间取决于下列因素。

(1) 算法采用的策略、方法。

(2) 编译产生的代码质量。

(3) 问题的输入规模。

(4) 机器执行指令的速度。

第(1)条当然是算法好坏的根本,第(2)条要由软件来支持,第(4)条要看硬件性能。也就是说,抛开这些与计算机硬件、软件有关的因素,一个程序的运行时间,依赖于算法的好坏和问题的输入规模。所谓问题的输入规模,是指输入量的多少。

1.5.4 函数的渐近增长

一个算法的执行时间大致上等于其所有语句执行时间的总和。语句的执行时间是指,该条语句的执行次数(又称为语句频度)与执行一次所需时间的乘积。

事实上,精确地比较程序执行的次数是没有意义的,因为每个步骤的执行时间可能不同。例如,递归调用的“1 次”,实际上涉及对系统堆栈的很多处理步骤,比循环中的“1 次”计算慢得多。所以在比较算法优劣时,人们只考虑宏观渐近性质,即当输入规模 n“充分大”时,观察不同算法复杂度的“增长趋势”,以判断哪种算法的效率更高。为此,引入下面 4 个数学定义。

定义 1.1 如果存在正常数 c 和 n_0,使得当 $n \geqslant n_0$ 时 $T(n) \leqslant c \cdot f(n)$,则记为 $T(n) = O(f(n))$。

定义 1.2 如果存在正常数 c 和 n_0,使得当 $n \geqslant n_0$ 时 $T(n) \geqslant c \cdot g(n)$,则记为 $T(n) = \Omega(g(n))$。

定义 1.3 $T(n) = \Theta(h(n))$,当且仅当 $T(n) = O(h(n))$ 和 $T(n) = \Omega(h(n))$。

定义 1.4 如果 $T(n) = O(p(n))$ 且 $T(n) \neq \Theta(p(n))$,则记为 $T(n) = o(p(n))$。

通常,可以使用传统的不等式来计算增长率,第一个定义是说,$T(n)$ 的增长率小于等于

$f(n)$的增长率;第二个定义 $T(n)=\Omega(g(n))$是说,$T(n)$的增长率大于等于$g(n)$的增长率;第三个定义 $T(n)=\Theta(h(n))$是说,$T(n)$的增长率等于 $h(n)$的增长率;第四个定义 $T(n)=o(p(n))$说的则是,$T(n)$的增长率小于 $p(n)$的增长率,它不同于 O,因为 O 包含增长率相同这种可能性。

函数的渐近增长:给定两个函数$f(n)$和 $g(n)$,如果存在一个整数 N,使得对于所有的 $n>N$, $f(n)$总是比 $g(n)$大,那么可以说$f(n)$的增长渐近快于 $g(n)$。

下面来看第一个例子,假设两个算法的输入规模都是 n,算法 A 要做 $2n+3$ 次操作,算法 B 要做 $3n+1$ 次操作。那么算法 A 和算法 B 哪个更好?

准确来说,答案是无法确定的,算法 A 和算法 B 的计算结果如表 1.2 所示。

表 1.2　算法 A 和算法 B 的计算结果

次　　数	算法 A($2n+3$)	算法 B($3n+1$)	算法 A′($2n$)	算法 B′($3n$)
$n=1$	5	4	2	3
$n=2$	7	7	4	6
$n=3$	9	10	6	9
$n-10$	23	31	20	30
$n=100$	203	301	200	300

当 $n=1$ 时,算法 A 的效率不如算法 B 的(因为算法 A 的执行次数比算法 B 的要多一次);当 $n=2$ 时,两者的效率相同;当 $n>2$ 时,算法 A 的效率就开始优于算法 B 的,而且随着 n 的增加,算法 A 的效率越来越优于算法 B 的(即算法 A 执行的次数比算法 B 要少)。于是可以得出结论,算法 A 总体上要好过算法 B。

从表 1.2 中可以发现,随着 n 的增大,不管算法后面是"+3"还是"+1",其实是不会影响算法最终的变化的(如表 1.2 所示的算法 A′与算法 B′的计算结果)。所以,可以忽略这些加法常数。

下面来看第二个例子,算法 C 是 $4n+8$,算法 D 是 $2n^2+1$,它们的计算结果如表 1.3 所示。

表 1.3　算法 C 和算法 D 的计算结果

次　　数	算法 C($4n+8$)	算法 D($2n^2+1$)	算法 C′(n)	算法 D′(n^2)
$n=1$	12	3	1	1
$n=2$	16	9	2	4
$n=3$	20	19	3	9
$n=10$	48	201	10	100
$n=100$	408	20 001	100	10 000
$n=1\,000$	4 008	2 000 001	1 000	1 000 000

从表 1.3 中可以看出,当 $n\leqslant 3$ 时,算法 C 的效率要差于算法 D 的(因为算法 C 的次数比较多);但当 $n>3$ 后,算法 C 的效率就越来越优于算法 D 的。甚至去掉相加的常数和与 n 相乘的常数,也会发现算法 C′的效率优于算法 D′的,算法 C′的次数随着 n 的增长,运行次数还是远小于算法 D′的。也就是说,算法中与最高次项相乘的常数并不重要。

下面再来看第三个例子。算法 E 是 $2n^2+3n+1$,算法 F 是 $2n^3+3n+1$,它们的计算结果如表 1.4 所示。

表 1.4　算法 E 和算法 F 的计算结果

次　数	算法 E($2n^2+3n+1$)	算法 F($2n^3+3n+1$)	算法 E′(n^2)	算法 F′(n^3)
$n=1$	6	6	1	1
$n=2$	15	23	4	8
$n=3$	28	64	9	27
$n=10$	231	2 031	100	1 000
$n=100$	20 301	2 000 301	10 000	1 000 000

当 $n=1$ 时,算法 E 与算法 F 结果相同;但当 $n>1$ 时,算法 E 优于算法 F,随着 n 的增大,差异非常明显。通过观察发现,最高次项的指数大的,随着 n 的增长,函数结果也增长很快。

下面来看最后一个例子。算法 G 是 $2n^2$,算法 H 是 $3n+1$,算法 I 是 $2n^2+3n+1$,它们的计算结果如表 1.5 所示。

表 1.5　算法 G、算法 H 和算法 I 的计算结果

次　数	算法 G($2n^2$)	算法 H($3n+1$)	算法 I($2n^2+3n+1$)
$n=1$	2	4	6
$n=2$	8	7	15
$n=5$	50	16	66
$n=10$	200	31	231
$n=100$	20 000	301	20 301
$n=1\ 000$	2 000 000	3 001	2 003 001
$n=10\ 000$	200 000 000	30 001	200 030 001
$n=100\ 000$	20 000 000 000	300 001	20 000 300 001
$n=1\ 000\ 000$	2 000 000 000 000	3 000 001	2 000 003 000 001

从上述这组数据可以看出,当 n 的值越来越大时,$3n+1$ 已经无法与 $2n^2$ 的结果相比较,最终几乎可以忽略不计。也就是说,随着 n 的值变得非常大以后,算法 G 其实已经很趋近于算法 I。于是可以得到这样一个结论,判断一个算法的效率时,函数中的常数和其他次要项常常可以忽略,而更应该关注主项(最高阶项)的阶数。

根据上面几个例子,对比这几个算法的关键执行次数函数的渐近增长性,基本就可以分析出:对于某个算法,随着 n 的增大,它会越来越优于另一个算法,或者越来越差于另一个算法。这其实就是事前分析估算方法的理论依据,通过算法的时间复杂度来估算算法的时间效率。

1.5.5　算法的时间复杂度

通常情况下,如果存在几种算法思想,则人们总愿意尽早放弃那些不好的算法思想,因此,通常需要对算法进行分析。不仅如此,进行分析的能力还有助于洞察到如何设计有效的算法。一般来说,分析还能准确确定需要仔细编码的瓶颈。

为了简化分析,应采纳如下的约定:不存在特定的时间单位。因此,需要抛弃一些常数和低阶项,这样只要计算 O 的运行时间即可。由于 O 是一个上界,因此必须仔细计算,绝不要低估程序的运行时间。实际上,分析的结果为程序在一定的时间范围内能够终止运行提供了保障。程序可能提前结束,但绝不可能拖后。

那么如何分析一个算法的时间复杂度呢?即如何推导 O 阶呢?推导 O 阶的方法总结如下。

(1) 用常数 1 取代运行时间中的所有加法常数。

(2) 只保留最高阶项。

(3) 如果最高阶项存在且不是 1,则去除与这个最高阶项相乘的常数。

得到的结果就是 O 阶,O 阶有如下法则。

1. 法则 1——for 循环

一次 for 循环的运行时间至多是该 for 循环内语句(包括测试)的运行时间乘以迭代的次数。

2. 法则 2——嵌套的 for 循环

从里向外分析这些循环。在一组嵌套循环内部的一条语句总的运行时间,为该语句的运行时间乘以它的执行次数。

3. 法则 3——顺序语句

将各条语句的运行时间求和即可(这意味着,其中的最大值就是所得的运行时间)。

4. 法则 4——if/else 语句

对于下面的程序片段:

```
if(condition)
    S1
else
    S2
```

一个 if/else 语句的运行时间为分支判断的时间加上 S1、S2 语句中最长的运行时间。

显然在某些情形下这样估计有些过高,但绝不会估计过低。

分析的基本策略是从内部(最深层部分)向外展开的。如果有函数调用,那么这些调用要首先分析。

算法的时间复杂度,也就是对算法的时间量度,记作 $T(n)=O(f(n))$。

一般情况下,随着 n 的增大,$T(n)$ 增长最慢的算法为**最优算法**。

例 1.2　求下列算法的时间复杂度。

```
int i,sum=0,n=100;   /* 执行 1 次 */
sum=(1+n)*n/2;       /* 执行 1 次 */
printf("%d",sum);    /* 执行 1 次 */
```

这个算法的执行次数函数 $f(n)=3$。根据前面讲过的"推导 O 阶的方法"可知,第一步就是把常数项 3 改为 1。在保留最高阶项时发现,这个算法没有最高阶项,所以这个算法的时间复杂度为 $O(1)$。

另外,可以试想一下,如果例 1.2 算法中的语句"sum=(1+n)*n/2;"有 10 句,即:

```
int i,sum = 0,n = 100;  /* 执行1次 */
sum = (1 + n) * n/2;     /* 执行第1次 */
sum = (1 + n) * n/2;     /* 执行第2次 */
sum = (1 + n) * n/2;     /* 执行第3次 */
sum = (1 + n) * n/2;     /* 执行第4次 */
sum = (1 + n) * n/2;     /* 执行第5次 */
sum = (1 + n) * n/2;     /* 执行第6次 */
sum = (1 + n) * n/2;     /* 执行第7次 */
sum = (1 + n) * n/2;     /* 执行第8次 */
sum = (1 + n) * n/2;     /* 执行第9次 */
sum = (1 + n) * n/2;     /* 执行第10次 */
printf("%d",sum);        /* 执行1次 */
```

事实上无论 n 为多少,上面的代码就是执行 3 次和 12 次的差异。这种与问题的大小 n 无关,执行时间恒定的算法,称为**具有 $O(1)$ 的时间复杂度**,又称为**常数阶**。

注意 不管这个常数是多少,都记作 $O(1)$,而不能是 $O(3)$、$O(12)$ 等其他任何数字。

例 1.3 求下列算法的时间复杂度。

```
n ++;            /* 执行次数为1 */
function(n);     /* 执行次数为n */
int i,j;
for(i = 0;i < n;i ++){/* 执行次数为n * n */
    function(i);
}
for(i = 0;i < n;i ++){/* 执行次数为n(n + 1)/2 */
    for(j = i;j < n;j ++){
        /* 时间复杂度为O(1)的程序步骤序列 */
    }
}
```

这个算法的执行次数函数 $f(n)=1+n+n^2+\frac{(n+1)n}{2}=\frac{3n^2}{2}+\frac{3n}{2}+1$,根据前面讲过的"推导 O 阶的方法"可知,这个算法的时间复杂度也是 $O(n^2)$。

例 1.4 求下列算法的时间复杂度。

```
int i,j;
for(i = 0;i < n;i ++){
    for(j = i;j < n;j ++){/* 注意j = i,而不是0 */
        /* 时间复杂度为O(1)的程序步骤序列 */
    }
}
```

在这个算法中,当 $i=0$ 时,内循环执行了 n 次;当 $i=1$ 时,执行了 $n-1$ 次;当 $i=n-1$ 时,执行了 1 次。因此总的执行次数为

$$n+(n-1)+(n-2)+\cdots+1=\frac{(n+1)n}{2}=\frac{n^2}{2}+\frac{n}{2}$$

根据前面讲过的"推导 O 阶的方法"可知,这个算法的时间复杂度为 $O(n^2)$。

例 1.5　求下列算法的时间复杂度。

```
int count =1;
while(count <n){
    count =count *2;
    /* 时间复杂度为 O(1)的程序步骤序列 */
}
```

在这个算法中,由于每次 count 乘以 2 之后,就距离 n 更近了一些。也就是说,当多个 2 相乘后大于 n 时,将会退出循环。由 $2^x = n$,得到 $x = \log_2 n$。因此,这个算法的时间复杂度为 $O(\log_2 n)$。

例 1.6　求下列算法的时间复杂度。

```
for(i =1,s =0;i < =n;i ++){
    for(j =2 * i;j < =n;j ++){
        s ++;
    }
}
```

根据前面讲过的"推导 O 阶方法"可知,这个算法的时间复杂度是 $O(n^2)$。

例 1.7　求下列算法的时间复杂度。

```
int i,j;
for(i =0;i <n;i ++){
    function(i);
}
```

上面的算法调用一个 function 函数。

```
void function(int count)
{
    print(count);
}
```

函数体是打印这个参数。也就是说,function 函数的时间复杂度是 $O(1)$,所以整体的时间复杂度为 $O(n)$。

假如,例 1.7 中的 function 函数是下面这样的:

```
void function(int count)
{
    int j;
    for(j =count;j <n;j ++){
        /* 时间复杂度为 O(1)的程序步骤序列 */
    }
}
```

事实上,这与上面举的例子是一样的,只是把嵌套内循环放到了函数中,所以最终的时间复杂度为 $O(n^2)$。

常用的时间复杂度所耗费的时间从小到大依次是:

$O(1) < O(\log_2 n) < O(n) < O(n\log_2 n) < O(n^2) < O(n^3) < O(2^n) < O(n!) < O(n^n)$

除非指数阶 $O(2^n)$ 和阶乘阶 $O(n!)$ 等函数具有很小的 n 值,否则,哪怕 n 只为100,也会成为噩梦般的运行时间。所以当某种算法具有这种不切实际的时间复杂度时,一般都不去讨论。

1.5.6　最坏情况与平均情况

对算法的分析,一种方法是计算所有情况的平均值,称为平均时间复杂度;另一种方法是计算最坏情况下的时间复杂度,这种方法称为最坏时间复杂度。

例如,查找一个有 n 个随机数字数组中的某个数字,最好的情况是第一个数字就是要找的,那么算法的时间复杂度为 $O(1)$;但也有可能要找的数字在最后一个位置上,那么算法的时间复杂度就是 $O(n)$,这是最坏的一种情况了。

而平均运行时间也就是从概率的角度来看,这个数字在每一个位置的可能性是相同的,所以平均的查找时间为 $n/2$ 次后发现这个目标元素。

最坏情况的运行时间是一种保证,即运行时间将不能再坏了。在应用中,这是一种最重要的需求,通常,除非特别指定,否则这里提到的运行时间都是最坏情况的运行时间。

平均运行时间是所有情况中最有意义的,因为它是期望的运行时间。也就是说,运行一段程序代码时,是希望看到平均运行时间的。可现实中,平均运行时间很难通过分析得到,一般都是通过运行一定数量的实验数据后估算出来的。

1.5.7　算法的空间复杂度

算法的空间复杂度是通过计算算法所需的存储空间得到的,计算公式记作

$$S(n)=O(f(n))$$

其中,n 为问题的规模,$f(n)$ 为语句关于 n 所占存储空间的函数。

一般情况下,一个程序在机器上执行时,除了需要存储程序本身的指令、常数、变量和输入数据外,还需要存储对数据进行操作的存储单元。若输入数据所占空间只取决于问题本身,与算法无关,那么只需要分析该算法在实现时所需的辅助空间即可。若算法执行时所需的辅助空间相对于输入数据量而言是个常数,则称此算法为原地工作,空间复杂度为 $O(1)$。

通常,使用"时间复杂度"来表示运行时间的需求,使用"空间复杂度"来表示空间需求。如果只说算法的复杂度,通常都是指算法的时间复杂度。本书主要分析算法的时间复杂度。

本章小结

本章介绍了两个重要的概念:"数据结构"与"算法"。

"数据结构"包括数据对象及它们在计算机中的组织方式,即它们的逻辑结构和存储结构;同时,还包括与数据对象相关联的操作集及实现这些操作的最高效的算法。抽象数据类型是用来描述数据结构的重要工具。

另外,要注意逻辑结构与存储结构的区别。逻辑结构定义了数据元素之间的逻辑关系,存储结构是逻辑结构在计算机中的实现。一种逻辑结构可以采用不同的存储方式存放在计算机中,但都必须反映出要求的逻辑关系。

"算法"是解决问题步骤的有限集合,通常用某一种计算机语言进行描述。用时间复杂度和空间复杂度来衡量算法的优劣,用渐近表示法分析算法复杂度的增长趋势。

学完本章内容后,要求读者能够掌握数据相关的基本概念;了解抽象数据类型的定义、表示与实现方法;了解算法的特性和评价标准;重点掌握算法时间复杂度的分析方法。

习 题

一、单项选择题

1. 计算机所处理的数据一般具有某种内在联系，这是指(　　)。
   A. 数据和数据之间存在某种关系
   B. 数据元素和数据元素之间存在某种关系
   C. 数据元素内部具有某种结构
   D. 数据项和数据项之间存在某种关系
2. 数据元素是数据的最小单位。这个说法是(　　)。
   A. 正确的　　B. 错误的
3. 在数据结构中，与所使用的计算机无关的是数据的(　　)。
   A. 逻辑结构　　B. 存储结构
   C. 逻辑结构和存储结构　　D. 物理结构
4. 数据的逻辑结构说明数据元素之间的次序关系，它依赖于数据的存储结构。这个说法是(　　)。
   A. 正确的　　B. 错误的
5. 数据的存储结构是指数据在计算机内的实际存储形式。这个说法是(　　)。
   A. 正确的　　B. 错误的
6. 顺序存储方式只能用于线性结构，不能用于非线性结构。这个说法是(　　)。
   A. 正确的　　B. 错误的
7. 线性结构只能用顺序结构来存放，非线性结构只能用非顺序结构来存放。这个说法是(　　)。
   A. 正确的　　B. 错误的
8. 计算机算法指的是(　　)。
   A. 计算方法　　B. 排序方法
   C. 解决问题的有限运算序列　　D. 调度方法
9. 计算机算法必须具备输入、输出和(　　)等五个特性。
   A. 可行性、可移植性和可扩充性
   B. 可行性、确定性和有穷性
   C. 确定性、有穷性和稳定性
   D. 易读性、稳定性和安全性
10. 下面关于算法的说法，正确的是(　　)。
    A. 算法最终必须由计算机程序实现
    B. 为解决某问题的算法与为该问题编写的程序含义是相同的
    C. 算法的可行性是指指令不能有二义性
    D. 以上说法都是错误的
11. 下面(　　)不是算法所必须具备的特性。
    A. 有穷性　　B. 确定性　　C. 高效性　　D. 可行性
12. 在发生非法操作时，算法能够做出适当处理的特性称为(　　)。

A. 正确性　　B. 健壮性　　C. 可读性　　D. 可移植性

13. 算法应该具有确定性、可行性和有穷性等,其中有穷性是指(　　)。

A. 算法在有穷的时间内终止　　B. 输入是有穷的

C. 输出是有穷的　　D. 描述步骤是有穷的

14. 算法分析的目的是(　　)。

A. 找出数据结构的合理性　　B. 研究算法中的输入和输出的关系

C. 分析算法的效率以求改进　　D. 分析算法的易懂性和文档性

15. 算法的时间复杂度属于一种(　　)。

A. 事前统计的方法　　B. 事前分析估算的方法

C. 事后统计的方法　　D. 事后分析估算的方法

16. 某算法的时间复杂度是$O(n^2)$,表明该算法(　　)。

A. 问题规模是n^2　　B. 执行时间是n^2

C. 执行时间与n^2成正比　　D. 问题规模与n^2成正比

17. 算法的优劣与描述算法的语言无关,但与所用计算机的性能有关。这个说法是(　　)。

A. 正确的　　B. 错误的

18. 算法必须有输出,但可以没有输入。这个说法是(　　)。

A. 正确的　　B. 错误的

19. 算法就是程序。这个说法是(　　)。

A. 正确的　　B. 错误的

20. 执行下面算法时,S语句执行的次数为(　　)。

```
for(i =0;i < =n;i ++){
    for(j =0;j < =i;j ++){
        S;
    }
}
```

A. n^2　　B. $n^2/2$

C. $(n+1)(n+2)/2$　　D. $n(n+1)/2$

21. 执行下面算法时,“k + =j”语句执行的次数为(　　)。

```
j =1;
k =0;
while(j < =n -1){
    j ++;
    k + =j;
}
```

A. $n-1$　　B. n　　C. $n+1$　　D. $n+2$

22. 执行下面算法时,“k ++”语句执行的次数为(　　)。

```
k =0;
for(i =0;i <n;i ++){
    for(j =i;j <n;j ++){
        k ++;
    }
}
```

A. n^2　　B. n　　C. $n(n+1)/2$　　D. $n(n-1)/2$

23. 下列算法中“x = x + 1”的语句频度是(　　)。

```
for(i=1;i<=n;i++){
    for(j=1;j<=i;j++){
        for(k=1;k<=j;k++){
            x=x+1;
        }
    }
}
```

A. $1+(1+2)+(1+2+3)+\cdots+(1+2+3+\cdots+n)$
B. n^3　　C. $n(n+1)/2$　　D. $n(n-1)/2$

24. 下面算法的时间复杂度为(　　)。

```
a=1;
m=1;
while(a<n){
    m+=a;
    a*=3;
}
```

A. $O(1)$　　B. $O(n^2)$　　C. $O(n)$　　D. $O(m)$

25. 下面算法的时间复杂度为(　　)。

```
for(i=1,s=0;i<=n;i++){
    for(j=2*i;j<=n;j++){
        s++;
    }
}
```

A. $O(1)$　　B. $O(n^2)$　　C. $O(n)$　　D. $O(2n)$

26. 下面算法的时间复杂度为(　　)。

```
for(i=1;i<=n-1;i++){
    k=i;
    for(j=i+1;j<=n;j++){
        if(R[k]>R[j]){
            k=j;
        }
    }
    t=R[k];
    R[k]=R[i];
    R[i]=t;
}
```

A. $O(1)$　　B. $O(n^2)$　　C. $O(n)$　　D. $O(2n)$

27. 设某算法完成对 n 个元素进行处理,所需的时间是 $T(n)=100n\log_2 n+200n+500$,则该算法的时间复杂度是(　　)。

A. $O(1)$　　B. $O(n)$　　C. $O(n\log_2 n)$　　D. $O(n\log_2 n+n)$

28. 假设时间复杂度为 $O(n^2)$ 的算法在有 200 个元素的数组上运行需要 3.1 ms,则在有 400 个元素的数组上运行需要(　　)ms。

A. 3.1　　B. 6.2　　C. 12.4　　D. 9.61

二、简答题

1. 常见的逻辑结构有哪些，它们各自的特点是什么？常见的存储结构有哪些，它们各自的特点是什么？

2. 操作是数据结构的一个重要方面。举例说明两个数据结构的逻辑结构和存储结构完全相同，只是对于操作的定义不同，因而具有不同的特性，则这两个数据结构是不同的。

3. 度量一个算法的执行时间通常有几种方法？它们各有何优缺点？

4. 在针对给定的实际问题建立数据结构时，应从哪些方面考虑？

第2章 线性表

线性结构的基本特点是除第一个元素没有直接前驱，最后一个元素没有直接后继之外，其他每个数据元素都有一个直接前驱和一个直接后继。

线性表、栈、队列、串、广义表和数组都属于线性结构。线性表是最基本且最常用的一种线性结构，同时也是其他数据结构的基础。本章将讨论线性表的逻辑结构、存储结构和相关运算，以及线性表的应用实例。

2.1 线性表的定义

线性表(Linear List)是由 $n(n\geqslant 0)$ 个同一类型的数据元素构成的有限序列的线性结构。线性表中元素的个数 n 称为**线性表的长度**。当 $n=0$ 时，称为**空表**；当 $n>0$ 时，称为**非空的线性表**，记作：

$$a_1, a_2, \cdots, a_{i-1}, a_i, a_{i+1}, \cdots, a_n$$

表的起始位置称为**表头**，表的结束位置称为**表尾**，如图 2.1 所示。

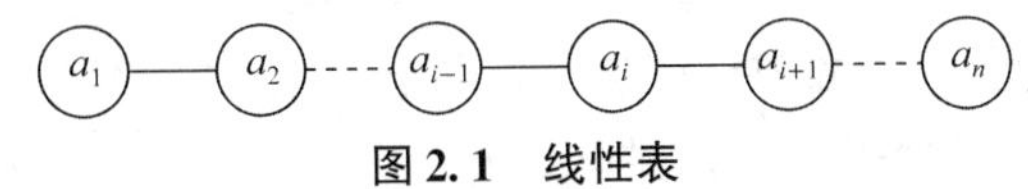

图 2.1 线性表

数据元素 $a_i(1\leqslant i\leqslant n)$ 只是一个抽象符号，其具体含义在不同情况下可以不同，它既可以是原子类型，也可以是结构类型，但同一个线性表中的数据元素必须属于同一数据对象。例如，英文字母表(A,B,…,Z)就是一个简单的线性表，表中的每一个英文字母就是一个数据元素，每个元素之间存在唯一的顺序关系，在英文字母表中字母 B 前面是字母 A，而字母 B 后面是字母 C，以此类推。在较为复杂的线性表中，数据元素可由若干数据项组成。

线性表的特点有以下几点。

(1) 同一性：线性表由同类数据元素组成，每一个 a_i 必须属于同一个数据对象。

(2) 有穷性：线性表由有限个数据元素组成，表长度就是表中数据元素的个数。

(3) 有序性：线性表中相邻数据元素之间存在着序偶关系 $<a_{i-1}, a_i>$。

所以，线性表的抽象数据类型定义如下。

ADT LinearList{

数据对象：

$D=\{a_i \mid a_i \in \text{ElementType}, i=1,2,\ldots,n, n\geqslant 0\}$

数据关系：

$R=\{<a_{i-1}, a_i> \mid a_{i-1}, a_i \in D, i=2,\ldots,n\}$，其中 a_1 是表的第 1 个元素，a_n 是表的最后一个元素。a_{i-1} 为 a_i 的直接前驱，a_{i+1} 为 a_i 的直接后继，直接前驱和直接后继反映了元素之间一对一的逻辑关系。

基本操作:

(1) List * createList(): 创建线性表;

(2) ElementType get(SeqList *L, int i): 获取第 i 个数据元素的值;

(3) int find(List *L, ElementTypex): 在线性表中查找给定的值;

(4) int insertList(List *L, int i, ElementType x): 在线性表的第 i 个位置插入新的数据元素;

(5) int deleteList(List *L, int i, ElementType *x): 删除线性表的第 i 个数据元素;

(6) int length(List *L): 返回线性表的长度;

……

} ADT LinearList

在线性表的抽象数据类型描述中给出的各种操作是定义在线性表的逻辑结构上的,读者只需了解各种操作的功能,而无须知道它的具体实现。各种操作的具体实现与线性表具体采用哪种存储结构有关。

在实际问题中对线性表的运算可能很多,如合并、分拆、复制、排序等复合运算问题都可以利用基本运算的组合来实现。

在计算机内存放线性表,主要有两种基本的存储结构:顺序存储结构和链式存储结构。

2.2 线性表的顺序存储

线性表的顺序存储是指在内存中用一块地址连续的存储空间顺序存放线性表的各数据元素,使得线性表中在逻辑结构上相邻的数据元素存储在连续的物理存储单元中,即通过数据元素物理存储的连续性来反映数据元素之间逻辑上的相邻关系。

采用顺序存储结构存放的线性表通常称为**顺序表**(Sequence List)。顺序表的特点为:关系线性化,结点顺序存在。

在程序设计语言中,一维数组在内存中占用的存储空间就是一组连续的存储区域,因此,用一维数组来表示顺序存储的数据区域是非常合适的。

考虑到线性表有插入、删除等运算,即表的长度是动态可变的,因此,数组的容量需设计得足够大。由于当前线性表中的实际数据元素个数可能未达到可以存储的最大数量,因此需要一个变量来记录当前线性表中已经有多少数据元素,所以顺序表的类型如下。

```
typedef struct{
    ElementType *array;/* 存放元素的数组 */
    int length;        /* 已经有多少元素 */
    int capacity;      /* 容量 */
}SeqList;
```

说明

(1) 这样,可以利用 SeqList 定义线性表 L。

```
    SeqList  *L;
```

通过 L 可以访问相应线性表的内容。例如,下标为 i 的元素可以通过L -> array[i]访问,线性表的长度可以通过 L -> length 得到。

(2) 结点类型定义中的 ElementType 数据类型是为了描述的统一性而自定义的。在实际应用中,读者可根据自己实际需要来具体定义顺序表中元素的数据类型,如 int、char、float、double 等;也可以是构造数据类型,如 struct 结构类型。

(3) length 表示顺序表中当前数据元素的个数。

(4) 因为C语言数组的下标是从0开始的,而位置序号是从1开始的,所以要注意区分数据元素的序号和数组的下标。例如,a_1 的序号为1,而其对应的数组下标为0;a_i 的序号为 i,而其对应的数组下标为 $i-1$,如图2.2所示。

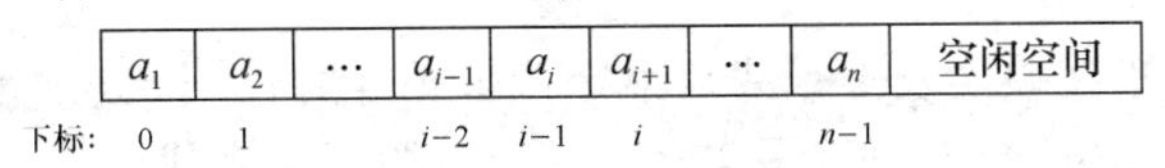

图2.2 数据元素的序号与存放它的数组下标之间的对应关系

下面介绍如何在上述存储方式基础上实现相应的主要操作。

2.2.1 顺序表的创建

顺序表的创建即构造一个空的顺序表。首先分配表结构所需要的存储空间,然后将表中 length 置为0,表示表中没有数据元素。

【算法描述】

```
SeqList *createList(int capacity)
{
    L = (SeqList *)malloc(sizeof(SeqList));

    L->length = 0;
    L->capacity = capacity;
    L->array = (ElementType *)malloc(capacity * sizeof(ElementType));

    return L;
}
```

如果用如下语句调用 createList( ) 函数:SeqList *L = createList(5),则得到了一个空的顺序表,如图2.3所示。

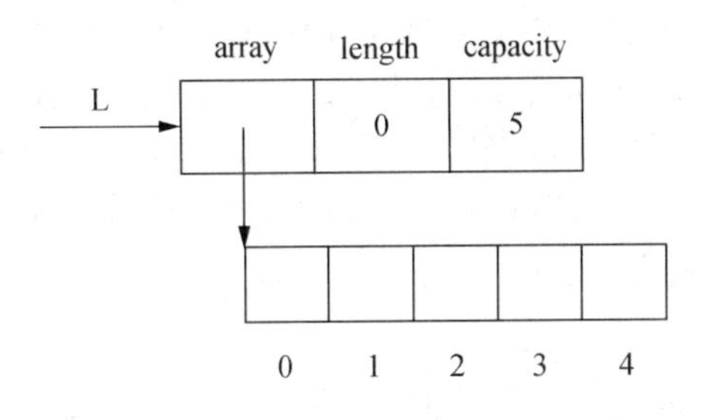

图2.3 空的顺序表

2.2.2 获得顺序表的数据元素

对于线性表的顺序存储结构来说,如果要获得第 i 个位置的数据元素,只要 i 的位置合法,把数组的下标为 $i-1$ 的元素返回即可。

【算法描述】

```
int get(SeqList *L,int i,ElementType *x)
{
    if(i < 1 || i > L->length){
        return 0;
    }
```

```
    *x = L -> array[i-1];
    return 1;
}
```

2.2.3　顺序表的查找

顺序表的查找是指在顺序表中查找与给定值 x 相等的数据元素。由于顺序表的数据元素都存储在数组中，因此这个查找过程实际上就是在数组中查找。

下面采取从后往前顺序查找的方式。若在顺序表 L 中找到与 x 相等的元素，则返回该元素在顺序表中的下标；否则，返回 -1。

【算法描述】

```
int find(SeqList *L,ElementType x)
{
    i = L -> length-1;
    while(i > =0&& L -> array[i]! = x){
        i --;
    }
    return  i;
}
```

由于顺序表是一个包含数组的结构，直接将该结构作为函数参数传递显然不是好方法，而使用结构指针传递效率更高，因此 find( ) 函数中代表顺序表的参数是 SeqList *L。其他函数的参数设置也是同样的道理。

【算法分析】

在 find( ) 函数中的主要运算是比较。显然比较的次数既与 x 在表中的位置有关，也与表长有关。查找成功的平均比较次数为 $(n+1)/2$，平均时间性能为 $O(n)$。

2.2.4　顺序表的插入

线性表的插入运算是指在表的第 i 个位置($1 \leqslant i \leqslant n+1$)插入一个新的数据元素 x，使长度为 n 的线性表 $(a_1,\cdots,a_{i-1},a_i,\cdots,a_n)$ 变成长度为 $n+1$ 的线性表 $(a_1,\cdots,a_{i-1},x,a_i,\cdots,a_n)$。

插入新的数据元素后，a_{i-1} 和 a_i 之间的逻辑关系发生了变化。在顺序表中，由于逻辑上相邻的数据元素在物理位置上也是相邻的，因此，除非插入的位置 $i=n+1$，否则必须移动数据元素才能反映这个逻辑关系。

【算法步骤】

(1) 判断顺序表的存储空间是否满，若满，则返回 0。

(2) 判断插入位置 i 是否合法(i 值的合法范围为 $1 \leqslant i \leqslant n+1$)，若不合法，则返回 0。

(3) 在顺序表中，由于结点的物理顺序必须和结点的逻辑顺序保持一致，因此必须将 $a_n \sim a_i$ 顺序依次向后移动，为新的数据元素腾出第 i 个位置。注意数据元素的移动次序和方向。

(4) 将 x 置入空出的第 i 个位置。

(5) 修改 length，表长加 1。

【算法描述】

```
int  insertList(SeqList *L,int i,ElementTypex)
{
     if(L -> length > =L -> capacity){/* 顺序表已满无法插入，返回 0 */
         return  0;
     }
```

```
        if(i<1 || i>L->length+1){/* 插入位置 i 不合法,返回 0 */
            return  0;
        }

        /* 为了在顺序表的第 i 个位置插入元素 x 而移动其他数据元素 */
        for(k=L->length-1;k>=i-1;k--){
            L->array[k+1] = L->array[k];
        }

        L->array[i-1]=x;/* 插入元素 x,第 i 个位置的下标为 i-1 */
        L->length++;

        return  1;/* 插入成功,返回 1 */
    }
```

【算法分析】

顺序表上的插入操作,时间主要消耗在了数据的移动上。在第 i 个位置上插入 x,从 a_n 到 a_i 都要向后移动一个位置,共需要移动 $n-i+1$ 个元素,而 i 的取值范围为 $1 \leqslant i \leqslant n+1$,即有 $n+1$ 个位置可以插入。

设 E_{insert} 为在长度为 n 的表中插入一个元素所需移动元素的平均次数。假设 P_i 为在第 i 个位置插入元素的概率,并且假设在任何位置插入元素的概率相等,即 $P_i = 1/(n+1)$,$i=1,2,\cdots,n+1$,则有

$$E_{\text{insert}} = \sum_{i=1}^{n+2} P_i(n-i+1) = \frac{1}{n+1}\sum_{i=1}^{n+1}(n-i+1) - \frac{n}{2}$$

这说明,在顺序表上做插入操作平均移动表中一半的数据元素,显然时间复杂度为 $O(n)$。

2.2.5　顺序表的删除

线性表的删除是指将表的第 i 个元素($1 \leqslant i \leqslant n$)从线性表中删除,使长度为 n 的线性表 $(a_1,\cdots,a_{i-1},a_i,a_{i+1},\cdots,a_n)$ 变成长度为 $n-1$ 的线性表 $(a_1,\cdots,a_{i-1},a_{i+1},\cdots,a_n)$。

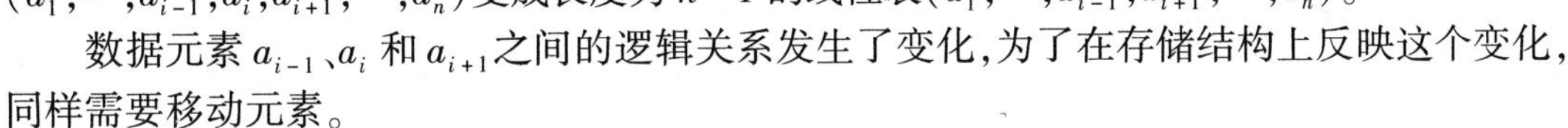

数据元素 a_{i-1}、a_i 和 a_{i+1} 之间的逻辑关系发生了变化,为了在存储结构上反映这个变化,同样需要移动元素。

【算法步骤】

(1) 判断删除位置 i 是否合法(合法值为 $1 \leqslant i \leqslant n$),若不合法,则返回 0。

(2) 将 $a_{i+1} \sim a_n$ 顺序依次向前移动一个位置,a_i 元素被 a_{i+1} 元素覆盖,a_{i+1} 元素被 a_{i+2} 元素覆盖,以此类推。当 $i=n$ 时,无须移动。

(3) 修改 length,表长减 1。

【算法描述】

```
/* 删除顺序表 L 中第 i 个元素 */
int deleteList(SeqList *L,int i,ElementType *x)
{
    if(i<1 || i>L->length){/* 删除位置不合法! */
        return  0;
    }

    *x=L->array[i-1];
    for(k=i;k<L->length;k++){
```

```
        L -> array[k-1] = L -> array[k];
    }
    L -> length --;

    return  1;
}
```

对于 deleteList 函数,要注意以下几个问题。

(1) 当表空时不能做删除,因为表空时 L -> length = 0,条件($i < 1$ || $i >$ L -> length)也包括了对表空的检查。

(2) 删除 a_i 之后,该数据已经不存在。所以可以先取出 a_i,再做删除。

【算法分析】

删除操作与插入操作相同,其时间主要消耗在移动表中的元素上,删除第 i 个元素时,其后面 a_{i+1}～a_n 都要依次向前移动一个位置,共需要移动 $n-i$ 个元素,而 i 的取值范围为 $1 \leqslant i \leqslant n$,即有 n 个元素可以删除。

设 E_{delete} 为删除一个元素所需移动元素的平均次数。假设 P_i 为删除第 i 个元素的概率,并假设在任何位置上删除元素的概率相等,即 $P_i = 1/n, i = 1, 2, \cdots, n$,则有

$$E_{delete} = \sum_{i=1}^{n} P_i(n-i) = \frac{1}{n}\sum_{i=1}^{n}(n-i) = \frac{n-1}{2}$$

这说明顺序表上做删除操作时平均需要移动表中约一半的元素,显然该算法的时间复杂度为 $O(n)$。

视频讲解

2.2.6 顺序表的合并

例 2.1 有两个顺序表 LA 和 LB,它们的元素均为非递减有序排列。试编写一个算法,将它们合并成一个顺序表 LC,要求 LC 中的元素也是非递减有序序列。例如,LA = (2,2,3),LB = (1,3,3,4),则 LC = (1,2,2,3,3,3,4)。

【算法步骤】

(1) 设表 LC 是一个空表,为使 LC 也是非递减有序排列,可设 3 个指针 i、j、k 分别指向表 LA、LB、LC 中的元素。

(2) 若 LA -> array[i] ≤ LB -> array[j],将 LA -> array[i]插入到表 LC 中;否则,将 LB -> array[j]插入到表 LC 中。

(3) 重复步骤(2),直到其中一个表被扫描完毕为止。

(4) 再将未扫描完的表中剩余的所有元素放到表 LC 中。

【算法描述】

```
void mergeList(SeqList *LA,SeqList *LB,SeqList *LC)
{
    i = j = k = 0;
    while(i < LA -> length && j < LB -> length){
      if(LA -> array[i] < = LB -> array[j]){
          LC -> array[k ++ ] = LA -> array[i ++ ];
      }
      else{
              LC -> array[k ++ ] = LB -> array[j ++ ];
      }
```

```
    }
    while(i < LA -> length){
        LC -> array[k ++ ] = LA -> array[i ++ ];
    }
    while(j < LB -> length){
        LC -> array[k ++ ] = LB -> array[j ++ ];
    }
    LC -> length = k;/* 与 LC -> length = LA -> length + LB -> length 等价 * /
}
```

【算法分析】

由于两个待合并的表LA、LB本身就是有序表,且表LC的建立采用的是尾插法建表,插入时不需要移动元素,因此算法的时间复杂度是O(LA -> length + LB -> length)。

2.3　线性表的链式存储

由于顺序表的存储特点是用物理上的相邻实现了逻辑上的相邻,它要求用连续的存储单元顺序存储线性表中各元素,因此对顺序表的插入、删除等操作需要通过移动数据元素来实现,就影响了运行效率。

而线性表的链式存储结构不需要用地址连续的存储单元来实现,因为它不要求逻辑上相邻的两个数据元素在物理上也相邻,它是通过"链"建立起数据元素之间的逻辑关系,因此对线性表的插入、删除等操作不需要通过移动数据元素来实现,只需要修改"链"即可。通常,将采用链式存储结构的线性表称为链表。

为了正确地表示结点之间的逻辑关系,在存储线性表中的每个数据元素的同时,必须存储指示其后继结点的地址(或位置)信息,这两部分信息组成的存储映象称为**结点**(Node)。所以结点包括两个域:数据域和指针域。单链表的结点数据域用来存储数据元素的值,结点指针域用来存储数据元素的直接后继的地址(或位置),如图2.4所示。

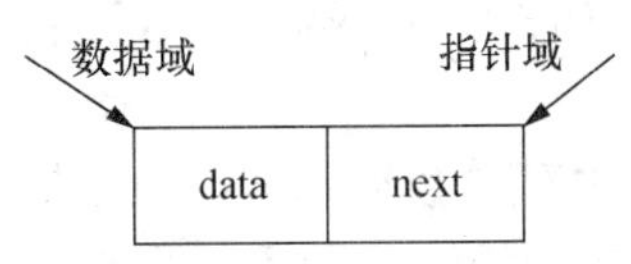

图2.4　单链表的结点结构

链表就是通过每个结点的指针域将线性表的所有结点按其逻辑顺序链接在一起的。用链表结构可以克服数组表示线性表的缺陷。链表的分类如下。

(1) 从链接方式的角度划分,链表可分为单链表、双链表、循环单链表和循环双链表。

(2) 从实现的角度划分,链表可分为动态链表和静态链表。

2.4　单　链　表

2.4.1　单链表的基本知识

如果链表的每个结点指针域只有一个指针,就称为**单链表**(Singly Linked List)。

单链表中的每个结点的存储地址存放在其前驱结点的指针域中。由于线性表中的第一个结点无前驱,因此应设一个头指针指向第一个结点。又由于线性表的最后一个结点没有直接后继,因此指定单链表的最后一个结点的指针域为"空"(NULL)。

为了操作方便,可以在单链表的第一个结点之前附设一个头结点。头结点的数据域可以存储一些关于线性表长度的附加信息,也可以什么都不存储;头结点的指针域存储第一个结点的地址(或位置)。此时头指针就不再指向表中第一个结点而是指向头结点。如果线性表为空,则头结点的指针域为“空”。带头结点的空单链表和非空单链表如图 2.5 所示。

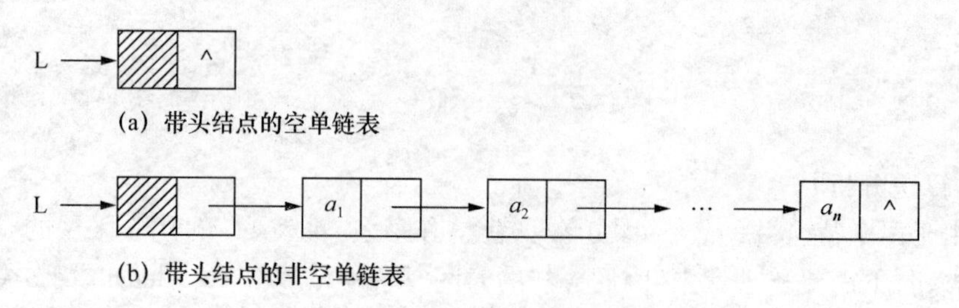

图 2.5　带头结点的单链表

链表增加头结点的作用如下。

(1) 头指针始终指向头结点,便于空表和非空表的统一处理。

(2) 便于第一个结点的处理。增加了头结点后,第一结点的地址保存在头结点的指针域中,则对链表的第一个结点的操作与其他结点的操作相同,无须进行特殊处理。

用 C 语言描述单链表类型如下。

```
typedef struct Node{
    ElementType data;
    struct Node  *next;
}Node,*LinkList;  /*LinkList 为结构指针类型*/
```

LinkList 与 Node * 同为结构指针类型,这两种类型说明本质上是等价的。习惯上用 LinkList 说明头指针变量,强调它是某个单链表的头指针。例如,使用定义 LinkList L,则 L 为单链表的头指针,从而可以提高程序的可读性,习惯上称为**单链表** L。用 Node * 定义指向单链表中任意结点的指针。例如,语句“Node * p”,表示 p 可以指向单链表中的任意结点。

从这个结构定义中可知,结点由存放数据元素的数据域(data)和存放后继结点地址的指针域(next)组成。假设 p 是指向线性表第 i 个元素的指针,则该结点 a_i 的数据域可以用p -> data 来表示,p -> data 的值是一个数据元素;结点 a_i 的指针域可以用 p -> next 来表示,p -> next 的值是一个指针,p -> next 指向第 $i+1$ 个元素,即指向 a_{i+1} 的指针。也就是说,如果 p -> data = a_i,那么 p -> next -> data = a_{i+1},如图 2.6 所示。

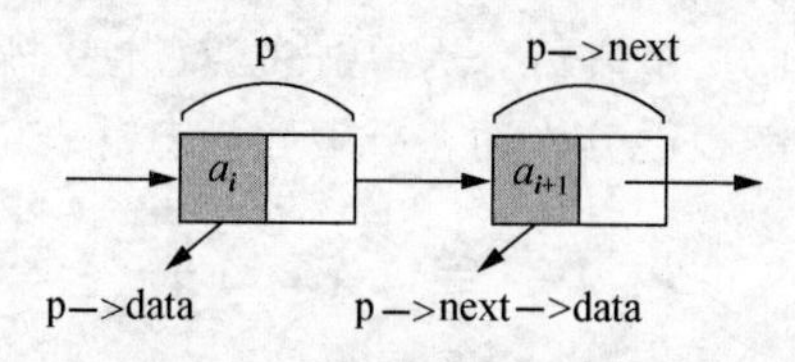

图 2.6　指向线性表的指针

单链表的基本操作有:单链表的创建、单链表的输出、单链表的查找、单链表结点的插入、单链表结点的删除、单链表的倒置、单链表的合并等。

2.4.2 单链表的创建

单链表的创建就是创建带头结点的空单链表。生成新结点作为头结点,用头指针指向头结点,然后头结点的指针域置空,下面介绍两种算法来实现。

(1) 第一种方式。

【算法描述】

```
LinkList createList()
{
    L = (LinkList)malloc(sizeof(Node));/* 建立头结点 * /
    L ->next =NULL;   /* 建立空的单链表 L * /
    return L;
}
```

(2) 第二种方式。

【算法描述】

```
void createList(LinkList *L)
{
    (*L) = (LinkList)malloc(sizeof(Node));/* 建立头结点 * /
    (*L) ->next =NULL;   /* 建立空的单链表(*L) * /
}
```

2.4.3 单链表的输出

头指针指向头结点,它标示着整个单链表的开始,因此对整个单链表的操作必须从头指针开始。

(1) 设一个指针 p,使其指向第一个结点。

(2) 如果指针 p 不空,则输出数据域的内容,然后指针 p 后移;否则,操作结束。

(3) 不断重复步骤(2)。

【算法描述】

```
void outputList(LinkList L)/* 输出带头结点的单链表 * /
{
    p =L ->next;  /* 使 p 指向单链表的第一个结点 * /
    while(p! =NULL){
        printf(p ->data);
        p =p ->next;  /* p 后移 * /
    }
}
```

该算法的时间复杂度为 $O(n)$。

2.4.4 单链表的查找

单链表结点的查找有按值查找和按序号查找两种方式。

1. 按值查找

【算法步骤】

(1) 用指针 p 指向第一个结点。

(2) 从第一个结点开始依次顺着指针域 next 向下查找。只要指向当前结点的指针 p 不为空,并且指针 p 所指结点的数据域不等于查找值 x,就循环执行以下操作:指针 p 指向下一个结点。

(3) 返回 p。若查找成功,则 p 此时即为结点的地址值;若查找失败,则 p 的值即为 NULL。

【算法描述】

```
Node * find(LinkList L,ElementTypex)
{
      p = L -> next;   /* 从表的第一个结点开始查找 * /
      while(p! = NULL && p -> data! = x){
         p = p -> next;/* p 后移 * /
      }
      return p;
}
```

视频讲解

2. 按序号查找

对于顺序存储,按序号查找是很直截了当的事情。但对于链式存储需要从链表的第一个结点出发,顺着指针域 next 逐个结点向下访问。查找序号为 i 的结点的算法步骤如下。

【算法步骤】

(1) 用指针 p 指向头结点,用 k 做计数器,并将 k 赋初值为 0。

(2) 从头结点开始依次顺着指针域 next 向下访问,只要指向当前结点的指针 p 不为空,并且没有到达序号为 i 的结点,则循环执行以下操作:计数器 k 加 1,指针 p 指向下一个结点。

(3) 退出循环,把指针 p 返回给调用者。若指针 p 等于 NULL,则说明没有找到;否则指针 p 指向所找的结点。

【算法描述】

```
Node * locate(LinkList L,int i)
{
      p = L;
      k = 0;
      while(p! = NULL && k < i){
         k ++ ;
         p = p -> next;   /* 准备扫描下一个结点 * /
      }
      return p;
}
```

以上两种算法的平均时间复杂度都为 $O(n)$。

2.4.5 单链表结点的插入

单链表结点的插入一般有 3 种情况:①插入的结点作为单链表的第一个结点,称为头插法;②插入的结点作为单链表的尾结点,称为尾插法;③在单链表的第 i 个位置插入结点,这种情况包括了前两种情况。下面分别讨论如何实现它们。

视频讲解

1. 头插法

插入的结点作为单链表的第一个结点。

【算法描述】

```
void insertHead(LinkList L,ElementTypex)
{
      /* 开辟空间 * /
      s = (Node * )malloc(sizeof(Node));
      s -> data = x;
```

```
        /* 链接 */
        s->next = L->next;
        L->next = s;
}
```

注意 不能用 malloc(sizeof(Node *)),虽然 malloc(sizeof(Node *))是合法的,但是它并不给结构分配足够的空间,它只给指针分配一个空间。

2. 尾插法

插入的结点作为单链表的最后结点。

【算法描述】

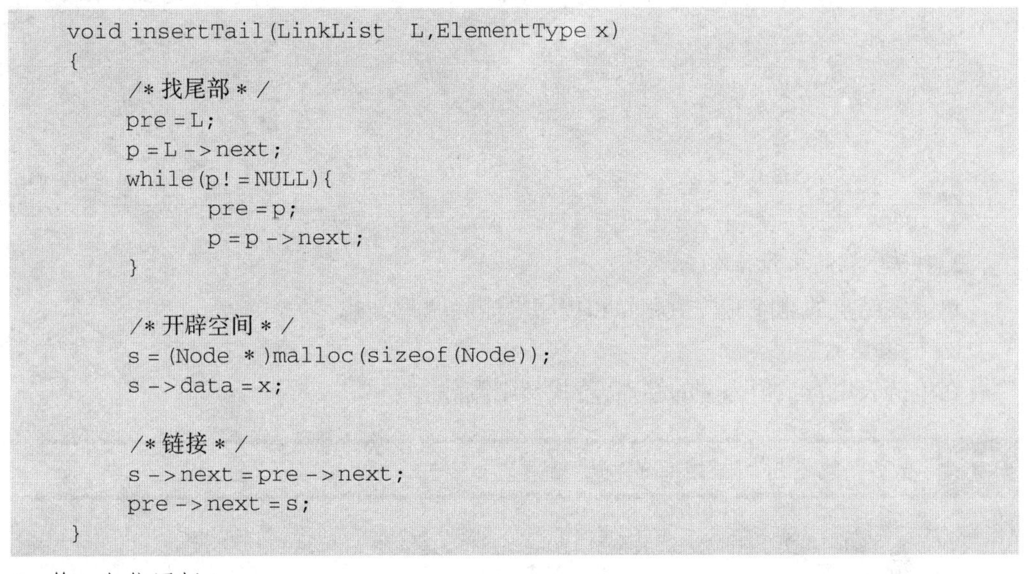

```
void insertTail(LinkList  L,ElementType x)
{
        /* 找尾部 */
        pre = L;
        p = L->next;
        while(p! = NULL){
                pre = p;
                p = p->next;
        }

        /* 开辟空间 */
        s = (Node *)malloc(sizeof(Node));
        s->data = x;

        /* 链接 */
        s->next = pre->next;
        pre->next = s;
}
```

视频讲解

3. 第 i 个位置插入

视频讲解

在单链表的第 i 个位置插入结点的基本思路是:在单链表中查找第 i 个结点的前驱(即第 $i-1$ 个结点),并由指针 p 指向,若第 i 个结点的前驱存在,则申请空间生成一个结点,然后将该结点插入;否则,操作结束。

在单链表的第 i 个位置插入值为 x 的结点的过程如图 2.7 所示。

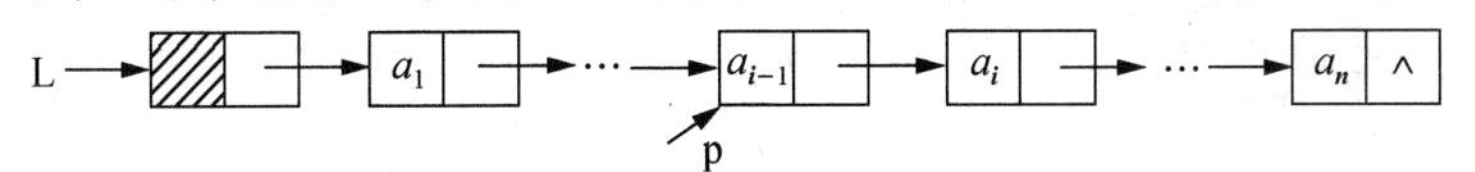

(a) 寻找第$i-1$个结点并由指针p指向它

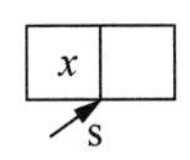

(b) 申请新结点空间并赋值

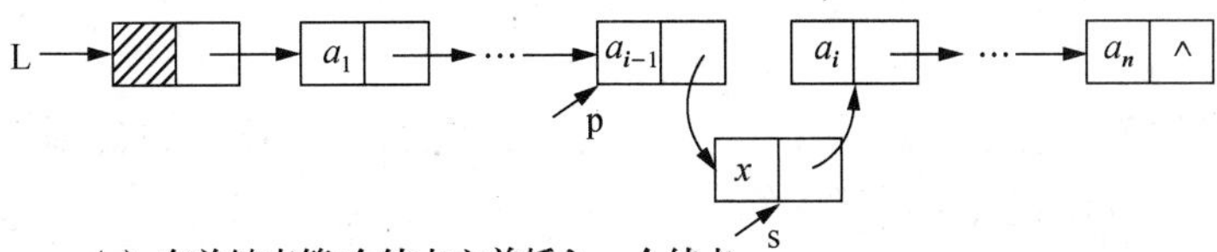

(c) 在单链表第i个结点之前插入一个结点

图 2.7 在单链表的第 i 个位置插入值为 x 的结点的过程

【算法描述】

```
/* 在带头结点的单链表 L 中第 i 个位置插入值为 x 的结点 */
int insertList(LinkList L,int i,ElementType x)
{
      /* 查找第 i-1 个结点,p 指向该结点 */
      p = locate(L,i-1);

      if(p == NULL || i < 1){/* 插入位置不合法:i > n + 1 或者 i < 1 */
          return 0;
      }
      /* 开辟空间 */
      s = (Node * )malloc(sizeof(Node));
      s -> data = x;
      /* 链接 */
      s -> next = p -> next;
      p -> next = s;

      return  1;
}
```

视频讲解

2.4.6 单链表结点的删除

单链表结点的删除有按值删除和按序号删除两种方式。

1. 按值删除

在单链表中查找值为 x 的结点,若找到则删除。

注意 一定要找到所删除结点的前驱结点。

```
int deleteList(LinkList L,ElementType x)
{
    pre = L;
    p = L -> next;/* pre 是 p 的前驱 */
    while(p! = NULL && p -> data! = x){
        pre = p;
        p = p -> next;
    }
    if(p == NULL){
        return 0;
    }
    else{
        pre -> next = p -> next;
        free(p);
        return 1;
    }
}
```

视频讲解

2. 按序号删除

在带头结点的单链表 L 中删除第 i 个结点,首先要通过计数方式找到它的前驱第 $i-1$ 个结点,并使指针 p 指向它,然后删除第 i 个结点并释放结点空间。

删除单链表中第 i 个结点的过程如图 2.8 所示。

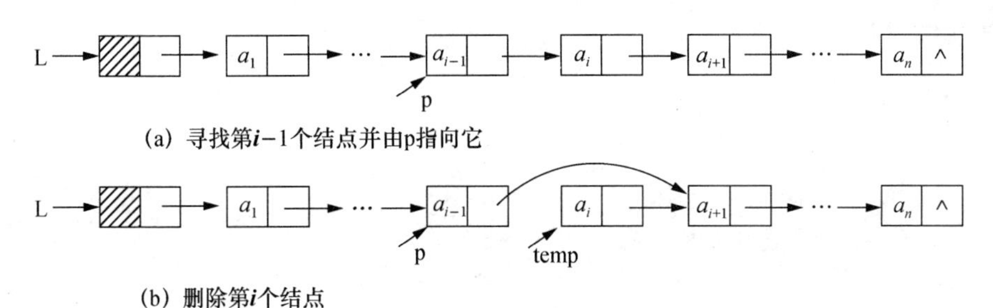

图 2.8　删除单链表中第 i 个结点的过程

【算法描述】

```
/* 在带头结点的单链表 L 中删除第 i 个元素,并将值保存到指针变量 x 中 * /
int deleteList(LinkList L,int i,ElementType *x)
{
     /* 查找被删除结点 i 的前驱结点 i-1,p 指向该结点 * /
     p = locate(L,i-1);

     /* 删除位置不合法:i > n 或者 i < 1 * /
     if(p == NULL || i < 1 || p -> next == NULL){
        return 0;
     }
     temp = p -> next;
     p -> next = temp -> next;
     *x = temp -> data;
     free(temp);
     return  1;
}
```

删除算法的时间复杂度为 $O(n)$。

当有些空间不再需要时,可以用 free 命令通知系统来回收它。free(p)的结果是:p 正在指向的地址没变,但在该地址处的数据此时已无定义了。

从单链表的插入、删除的操作实现中可以看出:在单链表上插入、删除一个结点,必须知道其前驱结点;单链表不具有按序号随机访问的特点,只能从头指针开始一个个地顺序进行。

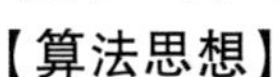

2.4.7　单链表的倒置

给定一个单链表 L,将它就地倒置,即不需要申请新的结点,只需将链表的第一个元素转为最后一个元素,第二个元素转为倒数第二个元素……

【算法思想】

首先,将原链表中的头结点和第一个结点断开,即令其指针域为空,先构成一个新的空表。然后,从第一个结点起,将原链表中各结点依次插入到这个新表的头部,即采用头插法。

【算法步骤】

利用循环,从链表头开始逐个处理。

(1) 先使指针 p 指向第一个结点,然后单链表 L 的头指针可以脱离出来成为一个带头结点的空的单链表。

(2) 如果指针 p 不为空,则用指针 q 记录指针 p 的后继;然后把指针 p 指向的结点插入单链表 L 成为它的第一个结点;最后把指针 q 的值赋给指针 p,即指针 p 与指针 q 的指向一致。此时不断重复,直到指针 p 为空为止。

【算法描述】

```
void reverse(LinkList L)
{
    p=L->next;
    L->next=NULL;
    while(p!=NULL){
        q=p->next;/*用指针q记录p的后继*/

        /*把p指向的结点插入单链表L成为它的第一个结点*/
        p->next=L->next;
        L->next=p;

        p=q;/*p与q的指向一致*/
    }
}
```

视频讲解

2.4.8 单链表的合并

例 2.2 有两个单链表LA和LB，它们的元素均为非递减有序序列。编写一个算法，将它们合并成一个单链表，要求合并后的单链表中的元素也是非递减有序序列，并且不需要额外申请结点空间。例如，LA=(2,2,3)，LB=(1,3,3,4)，合并后为(1,2,2,3,3,3,4)。

【算法步骤】

可以把LA和LB这两条单链表合并成一条单链表LA。合并单链表时，可通过更改表LA和表LB中的结点的next指针来建立新表的元素之间的线性关系并满足非递减有序，从而达到不需要额外申请结点空间的要求。为保证合并后的单链表仍然递增有序，可以利用尾插法。

(1) 指针pa和pb分别指向单链表LA和LB中的第一个结点。单链表LA的头结点与它的第一个结点断开，并设一个尾指针指向单链表LA的头结点。

(2) 若pa->data≤pb->data，将pa指向的结点插入到单链表LA的尾部；否则，将pb指向的结点插入到单链表LA的尾部。

(3) 重复步骤(2)，直到其中一个单链表被扫描完毕。

(4) 若pa不为空，即原单链表LA未处理完，则把剩余的结点挂到单链表LA的尾部；若pb不为空，即单链表LB未处理完，则把剩余的结点挂到单链表LA的尾部。

【算法描述】

```
voidmergeList(LinkList LA,LinkList LB)
{
    /*pa和pb分别指向单链表LA和LB中的第一个结点*/
    pa=LA->next;
    pb=LB->next;
    LA->next=NULL;  /*头结点与它的第一个结点断开*/
    r=LA;  /*尾指针r,初值为LA*/

    /*当两个表中均未处理完时,选择较小值的结点挂接*/
    while(pa!=NULL && pb!=NULL){
```

```
        if(pa->data <= pb->data){
            r->next=pa;
            r=pa;
            pa=pa->next;
        }
        else{
            r->next=pb;
            r=pb;
            pb=pb->next;
        }
    }

    if(pa!=NULL){/*若单链表LA未处理完*/
        r->next=pa;
    }
    if(pb!=NULL){/*若单链表LB未处理完*/
        r->next=pb;
    }

    free(LB);   /*释放空间*/
}
```

例2.3 假设集合 *A* 用单链表 LA 表示,集合 *B* 用单链表 LB 表示,设计算法求这两个集合的差,即求 LA - LB。

【算法思想】

由集合运算的规则可知,集合的差 LA - LB 中包含所有属于集合 *A* 而不属于集合 *B* 的元素。

具体做法是,对于集合 *A* 的链表 LA 中的每个结点,在集合 *B* 的链表 LB 中进行查找,若找到与 LA 中相同的结点,则从 LA 中将其删除。

【算法描述】

```
void  difference(LinkList LA,LinkList LB)
{
      /*pre始终为pa的前驱*/
      pre=LA;
      pa=LA->next;/*pa指向单链表LA的第一个结点*/
      while(pa!=NULL){
      /*函数调用:在链表LB中找与pa->data值相同的结点.找到就删除此结点*/
         if(find(LB,pa->data)!=NULL){
              temp=pa;
              pre->next=pa->next;
              pa=pa->next;
              free(temp);
         }
         else{
              pre=pa;
              pa=pa->next;
         }
      }
}
```

2.5 循环单链表

循环单链表(Circular Singly Linked List)是一个首尾相接的链表。将单链表最后一个结点的指针由 NULL 改为指向表头的结点,就得到了单链形式的循环链表,称为**循环单链表**。

在循环单链表中,表中所有结点都被链在一个环上,为让某些操作容易实现,在循环单链表中也可设置一个头结点。这样,空循环链表仅由一个自成循环的头结点表示。带头结点的循环单链表如图 2.9 所示。

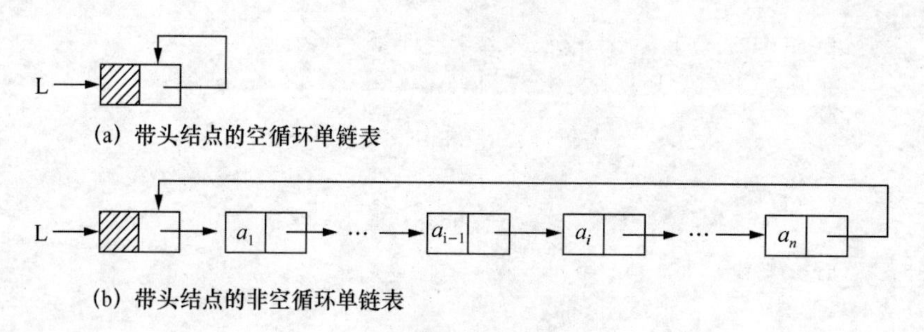

图 2.9 带头结点的循环单链表

带头结点的循环单链表的各种操作的实现算法与带头结点的单链表的实现算法类似。

2.6 双 链 表

在单链表的每个结点的指针域中再增加一个指向其前趋的指针 prior,这样形成的链表中就有两条方向不同的链,称为**双链表**(Double Linked List)。双链表的结点结构如图 2.10 所示。

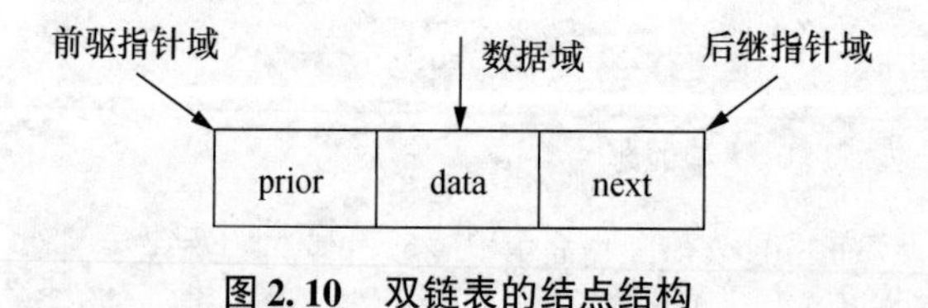

图 2.10 双链表的结点结构

用 C 语言描述双链表类型如下。

```
typedef struct Node{
    ElementType data;
    struct Node *prior;
    struct Node *next;
}DNode,*DList;
```

与单链表类似,双链表也可增加头结点使双链表的某些运算变得更方便。同时双链表也可以有循环链表,称为**循环双链表**(Circular Double Linked List),其结构如图 2.11 所示。

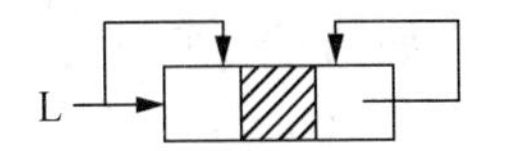

(a) 带头结点的空循环双链表

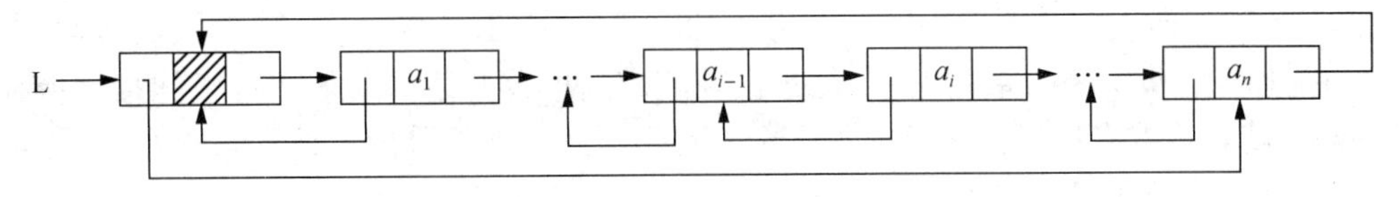

(b) 带头结点的非空循环双链表

图2.11 循环双链表

2.7 顺序表与链表的比较

顺序表和链表这两种存储结构各有优缺点。在实际应用中究竟选用哪一种存储结构，这要根据具体的要求和性质来决定。

2.7.1 基于空间的考虑

(1) 当线性表的长度变化较大,难以估计其存储规模时,采用动态链表作为存储结构较好。

因为顺序表的存储空间是静态分配的,所以在程序执行之前必须明确规定它的存储规模。若线性表的长度 n 变化较大,则存储规模难以预先确定;而动态链表的存储空间是动态分配的,只要内存空间尚有空闲,就不会产生溢出。

(2) 当线性表的长度变化不大,易于事先确定其大小时,为了节约存储空间,宜采用顺序表作为存储结构。

这样做的原因是:顺序表的存储密度为1,而链表的存储密度小于1。所谓**存储密度**(Storage Density)是指,结点数据本身所占的存储量和整个结点结构所占的存储量之比,即

存储密度 = 结点数据本身所占的存储量 ÷ 结点结构所占的存储总量

一般地,存储密度越大,存储空间的利用率就越高。链表中的每个结点,除了数据域外,还要额外设置指针域,从存储密度来讲,这是不经济的。

2.7.2 基于时间的考虑

(1) 若线性表的操作主要是进行查找,而很少做插入和删除,则采用顺序表作存储结构为宜。

因为顺序表是由数组实现的,它是一种随机存取结构,对表中任意一个结点都可以在 $O(1)$ 时间内直接存取;而链表中的结点,需要从头指针起顺着链查找才能取得。

(2) 对于频繁进行插入和删除操作的线性表,宜采用链表作存储结构。

对于链表,在确定插入或删除的位置后,插入或删除操作无须移动数据,只需要修改指针,时间复杂度为 $O(1)$。而对于顺序表,进行插入或删除操作时,平均要移动表中近一半的结点,尤其是当每个结点的信息量较大时,移动结点的时间开销相当可观,时间复杂度为 $O(n)$。

2.8 应用实例:一元多项式

一元多项式的标准表达式可以写为:

$$P(x) = a_0 + a_1x + a_2x^2 + \cdots + a_nx^n \tag{2.1}$$

与一元多项式相关的主要运算是多项式相加、相减、相乘等操作。如何在计算机中表示一元多项式并实现相关的运算呢?

【分析】

首先考虑如何表示多项式的问题。由式(2.1)可以看出,决定一个多项式的关键数据有多项式的项数 n、每一项的系数 a_i(当然也涉及相应的指数 i)。如果能直接或间接地保存这些数据,那就意味着在计算机中保存了一个一元多项式。下面讨论3种不同的方法。

1. 采用顺序存储结构直接表示一元多项式

用一个数组 a 存储多项式的相关数据:数组分量 $a[i]$ 表示 x^i 项的系数 a_i,即用数组分量下标对应相应项的指数,而数组分量值就是系数。

例如,$1-3x^2+4x^5$ 可以用表2.1中的数组表示。

表2.1 多项式的数组直接表示

数组下标 i	0	1	2	3	4	5
$a[i]$	1	0	-3	0	0	4

这种表示方法,在一般情况下对实施多项式运算还是比较方便的。例如,要实现两个多项式相加,只要把两个数组对应分量项相加即可,这样程序也很容易编写。

但在多项式比较稀疏(指多项式有比较高的阶,但只有很少非零项)的情况下,时间和空间效率都会比较差。例如,表示 $1+2x^{30\,000}$ 这样的多项式,就必须采用一个大小至少为30 001的数组,而在这个数组中绝大部分数据为0,只有两项不为0,显然空间浪费很大。而要将它与多项式 $x+3x^{2\,000}$ 相加,虽然这两个多项式一共只有4个非零项,但也必须遍历(30 001 + 2 001)个数组元素,可见时间效率很低。

因此,在多项式比较稀疏的情况下,最好只存储非零项的信息,其他项不用为之浪费空间,于是有了第二种表示方法。

2. 采用顺序存储结构表示多项式的非零项

每个非零项 a_ix^i 涉及两个信息:系数 a_i 和指数 i。因此,可以将一个多项式看成是一个 (a_i,i) 二元组的集合。为了方便多项式运算,可以按照指数上升的顺序组织这些二元组,即把多项式看成是 (a_i,i) 二元组的有序序列 $\{(a_0,0),(a_1,1),\cdots,(a_{n-1},n-1),(a_n,n)\}$。

对于以上非零项二元组的有序序列,可以用一个结构数组来存储,数组的大小根据多项式非零项的最多个数来确定。显然,这样的表示方法,对于稀疏多项式的情况能节省大量空间,反之则空间节省的优势就没有了,甚至需要的空间更多。

表2.2和表2.3给出了用结构数组表示两个给定多项式 $P_1(x)=3x^2+15x^8+9x^{12}$ 和 $P_2(x)=82-13x^6-4x^8+26x^{19}$ 的例子。

表2.2 多项式 $P_1(x)$ 的非零项的结构数组表示

下标 i	0	1	2
系数	3	15	9
指数	2	8	12

表2.3 多项式 $P_2(x)$ 的非零项结构数组表示

下标 i	0	1	2	3
系数	82	-13	-4	26
指数	0	6	8	19

但这种顺序存储结构的存储空间分配不够灵活。由于事先无法确定多项式的非零项数,因此需要根据预期估计可能的最大值定义数组的大小,这种分配方式可能会带来两种问

题:一种是实际非零项数比较小,浪费了大量存储空间;另一种是实际非零项数超过了最大值,存储空间不够。另外在实现多项式的相加运算时,还需要开辟一个新的数组保存结果多项式,这导致算法的空间复杂度较高。解决方法是利用链式存储结构表示多项式的有序序列,这样灵活性更大些。

3. 采用链表结构来存储多项式的非零项

用链表表示多项式时,每个链表结点存储多项式中的一个非零项,包括数据域(系数 coef 和指数 exp)和指针域(指向下一个结点的指针 next),其结点结构可以表示为

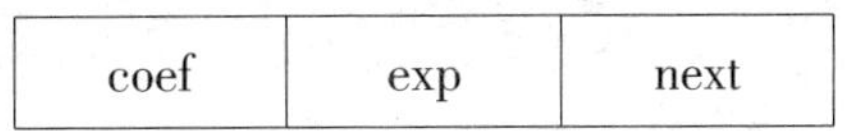

对应的数据结构定义为

```
typedef struct Node{
    int  coef;  /*系数(coefficient)*/
    int  exp;   /*指数(exponent)*/
    struct Node *next;
}PolyNode,*PolyList;
```

例 2.4 一元多项式的相加示例。

假设采用带头结点的单链表结构表示一元多项式。有两个多项式如下。

$$A(x)=7+3x+9x^8+15x^{17}$$

$$B(x)=8x+22x^7-9x^8$$

用两个单链表分别表示这两个一元多项式,如图 2.12 所示。

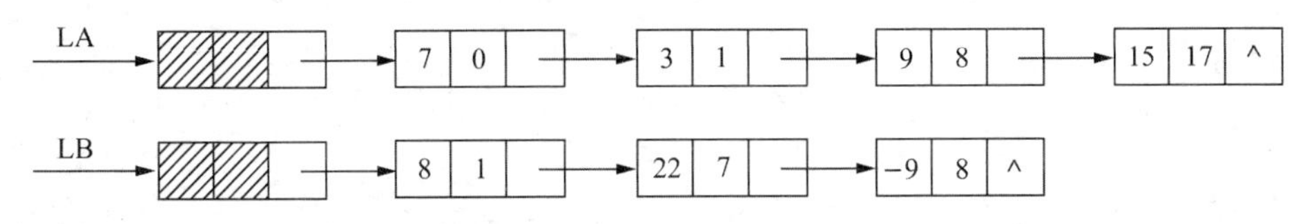

图 2.12 多项式的单链表表示

【算法思想】

用单链表 LA 和 LB 分别表示两个一元多项式 Ax 和 Bx,$Ax+Bx$ 的求和运算就等同于单链表的插入问题,将单链表 LB 中的结点插入到单链表 LA 中,因此"和多项式"中的结点无须另外生成。

设 pa、pb 分别指向单链表 LA 和 LB 的当前项,通过比较 pa、pb 结点的指数项,由此得到下列运算规则。

(1) 若 pa->exp<pb->exp,则结点 pa 所指的结点应是"和多项式"中的一项,令指针 pa 后移。

(2) 若 pa->exp>pb->exp,则结点 pb 所指的结点应是"和多项式"中的一项,令指针 pb 后移。

(3) 若 pa->exp=pb->exp,则将两个结点中的系数相加。当和不为 0 时,修改结点 pa 的系数,释放 pb 结点;若和为 0,则和多项式中无此项,则同时释放 pa 结点和 pb 结点。

【算法描述】

```
/*将两个多项式相加,和多项式存放在多项式 A 中。
采用尾插法生成和多项式的单链表,r 指针动态记录当前生成的和多项式的尾结点,也就是待
插入“和多项式”的结点的直接前驱。*/
void polyAdd(PolyList LA,PolyList LB)
{
    pa=LA->next;/*pa 指向单链表 LA 的第 1 个结点*/
    pb=LB->next;/*pb 指向单链表 LB 的第 1 个结点*/

    LA->next=NULL;  /*头结点与它的第 1 个结点断开*/
    r=LA;/*尾指针 r,初值为 LA*/

    while(pa!=NULL && pb!=NULL){
      if(pa->exp < pb->exp){
             /*将 p 结点加入到"和多项式中"*/
          r->next=pa;
          r=pa;
          pa=pa->next;
      }
      else if(pa->exp > pb->exp){
          /*将 q 结点加入到"和多项式中"*/
          r->next=pb;
          r=pb;
          pb=pb->next;
      }
      else{
         sum=pa->coef+pb->coef;
         if(sum!=0){
             pa->coef=sum;
             r->next=pa;
             r=pa;
             pa=pa->next;
          }
          else{
             /*释放 pa 结点*/
             temp=pa;
             pa=pa->next;
             free(temp);
          }
          /*释放 pb 结点*/
          temp=pb;
          pb=pb->next;
          free(temp);
          }
      }

      if(pa!=NULL){
         r->next=pa;
      }
      if(pb!=NULL){
```

```
            r->next=pb;
        }

        free(LB);
}
```

【算法分析】

假设 A 多项式有 M 项，B 多项式有 N 项，则上述算法的时间复杂度为 $O(M+N)$。

本章小结

线性表是若干数据元素组成的有序序列，其基本操作有插入、删除、查找等。基于顺序存储的线性表实现方式简单，可对元素随机访问，但动态性不够，是实现静态线性数据管理的理想方式。链表存储方式对于频繁增删结点且表长有较大变化的应用来说更加适合。

学完本章内容后，读者应能够熟练掌握顺序表和链表的查找、插入和删除算法，链表的创建算法并能够设计出线性表应用的常用算法，如线性表的合并等。要求能够从时间复杂度和空间复杂度的角度比较两种存储结构的不同特点及其适用场合，明确它们各自的优缺点。

习　　题

一、单项选择题

1. 线性表是具有 $n(n\geqslant 0)$ 个(　　)的有限序列。

   A. 表元素　　B. 字符　　C. 数据元素　　D. 数据项

2. 线性表是(　　)。

   A. 一个有限序列，可以为空　　B. 一个有限序列，不能为空

   C. 一个无限序列，可以为空　　D. 一个无限序列，不能为空

3. 线性表中的所有元素都有一个前驱元素和后继元素。这个说法是(　　)。

   A. 正确的　　B. 错误的

4. 关于线性表，下列说法中正确的是(　　)。

   A. 线性表中每个元素都有一个直接前驱和一个直接后继

   B. 同一线性表中的数据元素可以具有不同的数据类型

   C. 线性表中数据元素的类型是确定的

   D. 线性表中任意一对相邻的数据元素之间存在序偶关系

5. 线性表的逻辑顺序与存储顺序总是一致的。这个说法是(　　)。

   A. 正确的　　B. 错误的

6. 同一个顺序表中所有结点的类型必须相同。这个说法是(　　)。

   A. 正确的　　B. 错误的

7. 线性表中的元素可以是各种各样的，但同一个线性表中的数据元素具有相同的特

性,因此属于同一个数据对象。这个说法是(　　)。

A. 正确的　　B. 错误的

8. 在线性表的顺序存储结构中,逻辑上相邻的两个元素在物理位置上并不一定相邻。这个说法是(　　)。

A. 正确的　　B. 错误的

9. 线性表的顺序存储结构是一种(　　)的存储结构。

A. 随机存取　B. 顺序存取　C. 索引存取　D. 散列存取

10. 顺序存储的线性表可以按序号随机存取。这个说法是(　　)。

A. 正确的　　B. 错误的

11. n 个结点的线性表采用数组实现,算法的时间复杂度为 $O(1)$ 的操作是(　　)。

A. 访问第 $i(1\leqslant i\leqslant n)$ 个结点和求第 $i(2\leqslant i\leqslant n)$ 个结点的直接前驱

B. 在第 $i(1\leqslant i\leqslant n)$ 个结点后面插入一个新结点

C. 删除第 $i(1\leqslant i\leqslant n)$ 个结点

D. 以上都不对

12. 在一个长度为 n 的顺序表的任一位置插入一个新元素的时间复杂度为(　　)。

A. $O(n)$　B. $O(n/2)$　C. $O(1)$　D. $O(n^2)$

13. 采用顺序表存储的线性表,设其长度为 n,在任何位置上插入操作都是等概率的,则插入一个元素时平均要移动表中的(　　)个元素。

A. $n/2$　B. $(n+1)/2$　C. $(n-1)/2$　D. 1

14. 表长为 n 的顺序表,当在任何位置上删除一个元素的概率相等时,删除一个元素需要移动元素的平均个数为(　　)。

A. $n/2$　B. $(n+1)/2$　C. $(n-2)/2$　D. $(n-1)/2$

15. 在一个长度为 n 的顺序表的第 $i(1\leqslant i\leqslant n+1)$ 个元素之前插入一个元素时,需向后移动(　　)个元素。在一个长度为 n 的顺序表中删除第 i 个元素 $(1\leqslant i\leqslant n)$ 时,需向前移动(　　)个元素。

A. $n-i+1,i$　　B. $n-i+1,n-i$

C. $n-i,n-i$　　D. $n-i+1,n-i+1$

16. 在顺序表中插入或删除一个元素,平均约需要移动一半元素,具体移动的元素个数与插入、删除的位置有关。这个说法是(　　)。

A. 正确的　　B. 错误的

17. 在线性表的链式存储结构中,逻辑上相邻的元素在物理位置上并不一定相邻。这个说法是(　　)。

A. 正确的　　B. 错误的

18. 在链式存储结构中,要求(　　)。

A. 每个结点占用一片连续的存储区域

B. 所有结点占用一片连续的存储区域

C. 结点的最后一个域是指针域

D. 每个结点有多少个后继就设多少个指针

19. 链式存储的存储结构所占存储空间(　　)。

A. 分两部分,一部分存放结点值,另一部分存放表示结点间关系的指针

B. 只有一部分,存放结点值

C. 只有一部分,存放表示结点间关系的指针

D. 分两部分,一部分存放结点值,另一部分存放结点所占单元数

20. 采用链式存储结构表示数据时,相邻的数据元素的存储地址(　　)。

A. 一定连续　　B. 一定不连续

C. 不一定连续　　D. 部分连续,部分不连续

21. 线性表的链式存储结构是用一组任意的存储单元来存储线性表中数据元素的。这个说法是(　　)。

A. 正确的　　B. 错误的

22. 线性表的链式存储结构是一种(　　)的存储结构。

A. 随机存取　　B. 顺序存取　　C. 索引存取　　D. 散列存取

23. 单链表中,增加一个头结点的目的是为了(　　)。

A. 使单链表至少有一个结点　　B. 标识表结点中首结点的位置

C. 方便运算的实现　　D. 说明单链表是线性表的链式存储

24. 在带头结点的非空单链表中,头结点的存储位置由头指针指示,第一个元素结点的存储位置由头结点的指针指示,除了第一个元素结点以外,其他任意一个元素结点的存储位置由其前驱的指针指示。这个说法是(　　)。

A. 正确的　　B. 错误的

25. 带头结点的单链表 L 为空的判定条件是(　　)。

A. L == NULL　　B. L -> next == NULL

C. L -> next == L　　D. L!　= NULL

26. 在一个单链表中,若 p 所指的结点不是最后的结点,在 p 之后插入 s 所指的结点,则执行(　　)。

A. s -> next = p;p -> next = s　　B. s -> next = p -> next;p -> next = s

C. s -> next = p -> next;p = s　　D. p -> next = s;s -> next = p

27. 给定有 n 个元素的无序单链表,建立一个有序单链表的时间复杂度为(　　)。

A. $O(1)$　　B. $O(n)$　　C. $O(n^2)$　　D. $O(n\log_2 n)$

28. 在一个具有 n 个结点的有序单链表中插入一个新结点并仍然有序的时间复杂度为(　　)。

A. $O(1)$　　B. $O(n)$　　C. $O(n^2)$　　D. $O(n\log_2 n)$

29. 链式存储在插入和删除时需要保持物理存储空间的顺序分配,不需要保持数据元素之间的逻辑顺序。这个说法是(　　)。

A. 正确的　　B. 错误的

30. 在一个长度为 $n(n>1)$ 的带头结点的单链表 h 上,另设有尾指针 r 指向尾结点,执行(　　)操作与链表的长度有关。

A. 删除单链表中的第一个元素

B. 删除单链表中的最后一个元素

C. 在单链表的第一个元素前插入一个新元素

D. 在单链表的最后一个元素后插入一个新元素

31. 在单链表中,要取得某个元素,只要知道该元素的指针即可,因此,单链表是随机存取的存储结构。这个说法是(　　)。

A. 正确的　　B. 错误的

32. 循环链表不是线性表。这个说法是(　　)。

A. 正确的　　B. 错误的

33. 在双链表中,每个结点有两个指针,一个指向前驱,另一个指向后继。这个说法是(　　)。

A. 正确的　　B. 错误的

34. 顺序存储方式的优点是存储密度大,且插入、删除操作的运算效率高。这个说法是(　　)。

A. 正确的　　B. 错误的

35. 线性表的链式存储结构优于顺序存储结构。这个说法是(　　)。

A. 正确的　　B. 错误的

36. 下面关于线性表的叙述错误的是(　　)。

A. 线性表采用顺序存储,必须占用一片地址连续的单元

B. 线性表采用顺序存储,便于进行插入和删除操作

C. 线性表采用链式存储,不必占用一片地址连续的单元

D. 线性表采用链式存储,便于进行插入和删除操作

37. 顺序存储结构的优点是(　　)。

A. 存储密度大

B. 插入运算方便

C. 删除运算方便

D. 可方便地用于各种逻辑结构的存储表示

38. 用链表表示线性表的优点是(　　)。

A. 便于随机存取

B. 花费的存储空间比顺序表少

C. 便于插入与删除

D. 数据元素的物理顺序与逻辑顺序相同

39. 下列选项中,(　　)项是链表不具有的特点。

A. 插入和删除操作不需要移动元素

B. 所需要的存储空间与线性表的长度成正比

C. 不必事先估计存储空间大小

D. 可以随机访问表中的任意元素

40. 当线性表中的元素总数基本稳定,且很少进行插入和删除操作,但要求以最快的速度存取线性表中的元素时,该线性表应采用顺序存储结构。这个说法是(　　)。

A. 正确的　　B. 错误的

二、简答题

1. 用线性表的顺序存储结构来描述一个城市的设计和规划是否合适,并说明为什么?

2. 线性表的顺序存储结构具有3个弱点:其一,插入或删除操作需移动大量元素;其二,由于难以估计,必须预先分配较大的空间,往往使存储空间不能得到充分利用;其三,表的容量难以扩充。请问线性表的链式存储结构是否能够克服上述3个弱点。

3. 请描述以下3个概念:头指针,头结点,首结点。

三、算法设计

1. 设计算法实现删除顺序表中重复的元素操作,要求算法移动元素的次数较少并使剩余元素的相对次序保持不变。

2. 设计算法实现对一个非递减有序的单链表,删除其所有值在[min,max]范围内的结点操作。

3. 设计一个高效算法,实现在顺序表中删除所有元素值为 x 的元素操作,要求空间复杂度为 $O(1)$。假设顺序表的数据元素类型为整型。

4. 设计算法实现将顺序表调整为左右两部分,左边的元素均为奇数,右边的元素均为偶数的操作,并要求算法的时间复杂度为 $O(n)$,空间复杂度为 $O(1)$。假设顺序表的数据元素类型为整型。

5. 设计算法实现二进制数加1的操作。二进制数用链表表示,每一个结点代表一位,第一个结点代表最高位,依次存放,最后一个结点代表最低位。

6. 带头结点的单链表H中存放着互不相同的若干自然数,表中的数据无次序。请编写一个高效算法实现按值递减的次序逐个输出单链表H中各结点的数据,输出后立即释放该结点所占的存储空间,最终单链表H被撤销的操作。

第3章
栈和队列

本章将介绍两种典型且应用广泛的线性结构:栈和队列。线性表的基本操作是插入和删除,栈是插入和删除操作只发生在同一端的线性表,因此具有**先进后出**(FILO)的特性;而队列是插入和删除操作分别发生在两端的线性表,即一端只做插入,另一端只做删除,因此呈现**先进先出**(FIFO)的特性。

栈和队列在各种类型的软件系统中应用广泛。栈技术被广泛应用于编译软件和程序设计中,在操作系统和事务管理中广泛应用了队列技术。因此,讨论栈和队列的结构特征与操作实现特点有着重要的意义。

3.1 栈

3.1.1 栈的定义

栈(Stack)是一种限定性线性表,它的插入和删除运算限制为仅在表的一端进行。通常将表中允许进行插入、删除操作的一端称为**栈顶**(Top),表的另一端称为**栈底**(Bottom)。当栈中没有元素时称为**空栈**。栈的插入操作被形象地称为**进栈**或**入栈**,删除操作称为**出栈**或**退栈**。

栈的抽象数据类型定义如下。

ADT Stack{

数据对象:

一个有0个或多个元素的有穷线性表, $D = \{a_i \mid a_i \in ElementType, i = 1, 2, \dots, n, n \geqslant 0\}$

数据关系:

$R = \{ <a_{i-1}, a_i> \mid a_{i-1}, a_i \in D, i = 2, \dots, n\}$, 约定 a_n 端为栈顶, a_1 端为栈底.

基本操作:

(1) Stack * create(): 创建栈;

(2) int empty(Stack * S): 判断栈是否空;

(3) int full(Stack * S): 判断栈是否满;

(4) int push(Stack * S, ElementType x): 入栈;

(5) int pop(Stack * S): 出栈;

(6) ElementType top(Stack * S): 取栈顶元素;

……

}ADT Stack

3.1.2 进栈出栈变化形式

最先进栈的元素,是不是就只能是最后出栈呢?答案是不一定,要看具体情况。

栈对线性表的插入和删除的位置进行了限制,但并没有对元素进出的时间进行限制,也就是说,在不是所有元素都进栈的情况下,先进去的元素也可以先出栈,只要保证是栈顶元素出栈就可以。

举例来说,如果现在有3个整型数字元素1、2、3依次进栈,会有哪几种出栈序列呢?

第1种:1、2、3进,再3、2、1出。这是最简单,也是最好理解的一种,出栈序列为321。

第2种:1进、1出,2进、2出,3进、3出。也就是说,进一个就出一个,出栈序列为123。

第3种:1进、2进,2出、1出;3进、3出。出栈次序为213。

第4种:1进、1出;2进、3进,3出、2出。出栈次序为132。

第5种:1进、2进,2出,3进、3出、1出。出栈次序为231。

有没有可能是312这样的出栈序列呢?答案是肯定不会的。因为3先出栈,就意味着3曾经进栈,既然3都进栈了,那也就意味着,1和2已经进栈。此时,2一定是在1的上面,更接近栈顶,那么出栈的序列可能是321,不然不满足1、2、3依次进栈的要求,所以此时不会发生1比2先出栈的情况。

从这个简单的例子就能看出,只是3个元素,就有5种可能的出栈序列,如果元素数量增多,那么出栈序列的情况将会更多。下面给出根据进栈序列计算出栈序列个数的公式。

设入栈序列为$I(n)$:1,2,…,n,则:

(1) $I(n)$有$\frac{C_{2n}^{n}}{n+1}$个出栈序列。

(2) $L(n)$是$I(n)$的一个出栈序列,当且仅当对于$L(n)$的任意一位数M,其后面比它小的数降序排列。

例3.1 请选择正确选项。

一个栈的入栈序列是{a,b,c,d,e},则栈不可能的输出序列是(　　)。

A. {e,d,c,b,a}　　B. {d,e,c,b,a}

C. {d,c,e,a,b}　　D. {a,b,c,d,e}

答案:C

由于栈是一种特殊的线性表,因此栈的存储结构可采用顺序和链式两种形式。顺序存储的栈称为**顺序栈**,又分为一般顺序栈和多栈;链式存储的栈称为**链栈**,又分为一般链栈和多链栈。

3.2 一般顺序栈

视频讲解

一般顺序栈是指,利用一组地址连续的存储单元依次存放自栈底到栈顶的数据元素。由于栈操作的特殊性,还必须附设一个栈顶指针(top)来动态地指示栈顶元素在顺序栈中的位置。当top = -1时,代表栈空。

用C语言描述一般顺序栈类型如下。

```
typedef struct{
    ElementType *array;    /*存放元素的数组*/
    int top;               /*栈的栈顶下标*/
    int capacity;          /*容量*/
}SeqStack;
```

若现在有一个栈,capacity是5,则一般顺序栈示意图如图3.1所示。

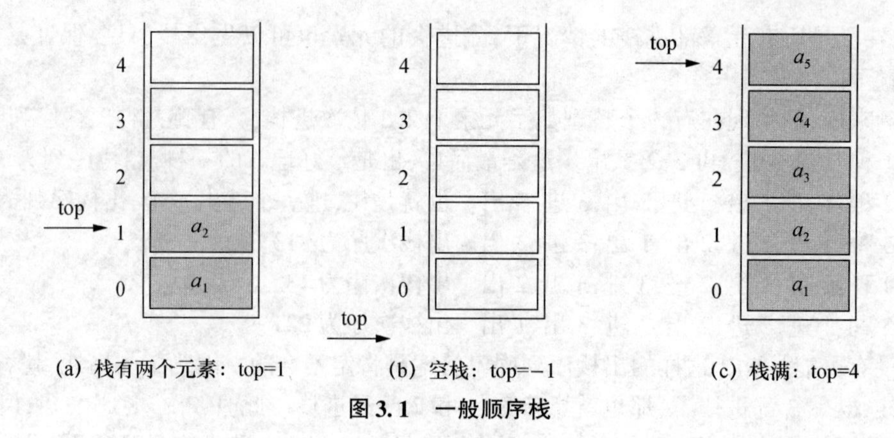

(a) 栈有两个元素：top=1　　(b) 空栈：top=−1　　(c) 栈满：top=4

图 3.1　一般顺序栈

下面来介绍顺序栈的几种操作是如何实现的。

1. 一般顺序栈的创建

一般顺序栈的创建就是为顺序栈动态分配一个预定义大小的数组空间。

```
SeqStack* createStack(int capacity)
{
    S = (SeqStack *)malloc(sizeof(SeqStack));

    S->top = -1;
    S->capacity = capacity;
    S->array = (ElementType *)malloc(
        capacity * sizeof(ElementType));

    return S;
}
```

2. 判断栈是否空

当栈 S 空时,则返回真;否则返回假。

```
int empty(SeqStack *S)
{
     if(S->top == -1){
         return  1;
     }
     else{
         return  0;
     }
}
```

3. 判断栈是否满

当栈 S 满时则返回真;否则返回假。

```
int full(SeqStack *S)
{
     if(S->top >= S->capacity -1){
         return  1;
     }
     else{
         return  0;
     }
}
```

4. 进栈

进栈时,需要将 S -> top 加 1。要注意防止"上溢"现象,**上溢**是指,当栈满时做进栈运算产生空间溢出的现象,上溢是一种出错状态,应设法避免。

```
int push(SeqStack *S,ElementType x)
{
    if(full(S)){
        return 0;/*栈已满*/
    }
    else{
        S->top++;
        S-array[S->top]=x;
        return 1;
    }
}
```

5. 出栈

出栈时,需将 S -> top 减 1。要注意防止"下溢"现象,**下溢**是指,当栈空时做出栈运算产生的溢出现象,下溢是正常现象,常用作程序控制转移的条件。

```
int pop(SeqStack *S)
{
    if(empty(S)){/*栈为空*/
        return 0;
    }
    else{
        S->top--;/*修改栈顶指针*/
        return 1;
    }
}
```

6. 取栈顶元素

将栈 S 的栈顶元素弹出,但栈顶指针保持不变。

```
ElementType top(SeqStack *S)
{
    return S->array[S->top];
}
```

3.3 双 端 栈

视频讲解

栈的应用非常广泛,经常会出现在一个程序中需要同时使用多个栈的情况。若使用顺序栈,会因为对栈空间大小难以准确估计而产生有的栈溢出、有的栈空间还很空闲的情况。

为了解决这个问题,可以让多个栈共享一个足够大的数组空间,利用栈的动态特性来使其存储空间互相补充,这就是多栈的共享技术。

在顺序栈的共享技术中最常用的是两个栈的共享,即双端栈。数组有两个端点,两个栈有两个栈底,让一个栈的栈底为数组的始端,另一个栈的栈底为数组的末端,如果两个栈增加元素,就使两个端点向中间延伸,如图 3.2 所示。

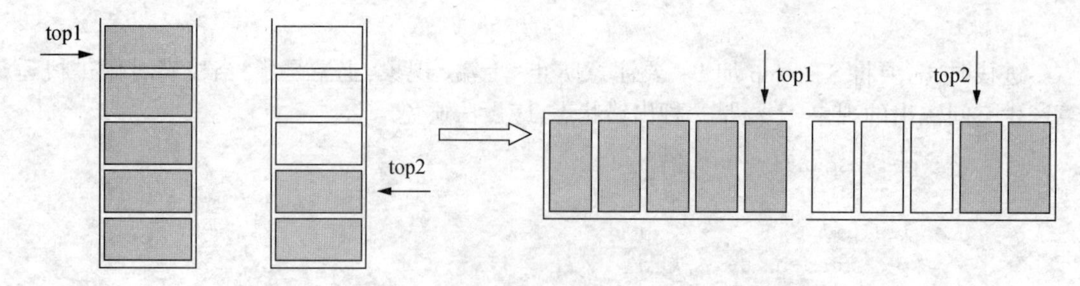

图 3.2　双端栈

设一维数组的容量为 capacity,两个栈的栈底设在两端。

当栈 1 为空时,即 top1 = -1;而当 top2 = capatity 时,即栈 2 为空。

那什么时候栈满呢?极端情况时,若栈 2 是空栈,栈 1 的 top1 = capacity - 1,则栈 1 满;反之,若栈 1 是空栈,栈 2 的 top2 = 0 时,则栈 2 满。但更多的情况,就是两个栈顶指针相差 1 时,即 top1 + 1 = top2 为栈满。

用 C 语言描述双端栈类型如下。

```
typedef struct{
    ElementType *array;    /*存放元素的数组*/
    int top1;              /*第1个栈的栈顶下标*/
    int top2;              /*第2个栈的栈顶下标*/
    int capacity;          /*容量*/
}DStack;
```

对双端栈的操作主要有进栈和出栈。进栈时要考虑进几号栈,栈是否满,如果栈满了,就不能进栈;出栈时要考虑是从几号栈出栈,栈是否空,如果栈空,就不能出栈。

3.4　一般链栈

视频讲解

为了便于操作,采用带头结点的单链表实现栈,把链表的头指针作为栈顶指针。

采用链栈不必预先估计栈的最大容量,只要系统有可用的空间,链栈就不会出现溢出的情况。对于链栈,使用完毕后,应该释放其空间。

链栈的各种基本操作的实现与单链表的操作类似。链栈分为一般链栈和多链栈。

在图 3.3 中,top 为栈顶指针,始终指向头结点。若 top -> next = NULL,则表示栈空。

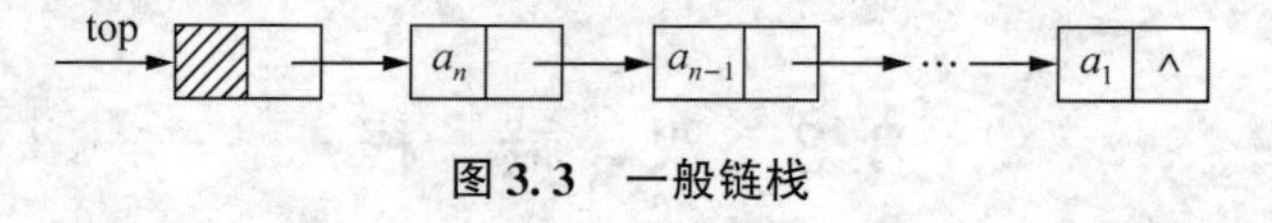

图 3.3　一般链栈

用 C 语言描述一般链栈类型如下。

```
typedef struct Node{
    ElementType  data;
    struct Node *next;
}Node,*LinkStack;
```

下面介绍一般链栈的几种操作是如何实现的。

1. 一般链栈的创建

创建一个栈的头结点,返回指向头结点的指针。

```
LinkStack createStack()
{
    top = (LinkStack)malloc(sizeof(Node));
    top->next = NULL;
    return top;
}
```

2. 进栈

首先申请空间,如果申请失败,则返回0,表示进栈不成功;否则数据进栈,并且返回1,表示进栈成功。

```
int push(LinkStack top,ElementType x)
{
    s = (Node *)malloc(sizeof(Node));
    if(s == NULL){/* 申请空间失败 */
        return 0;
    }
    else{
        s->data = x;
        s->next = top->next;
        top->next = s;
        return 1;
    }
}
```

3. 出栈

首先判断栈是否空,如果栈空,则返回0;否则出栈,释放空间,并且返回1。

```
int pop(LinkStack top)
{
    temp = top->next;
    if(temp == NULL){/* 栈空 */
        return 0;
    }
    else{
        top->next = temp->next;
        free(temp);/* 释放存储空间 */
        return 1;
    }
}
```

3.5 多链栈

视频讲解

在实际应用中,有时需要同时使用两个以上的栈,采用多个顺序栈来处理很不方便,这时可以采用多链栈来处理。

多链栈是将多个链栈的栈顶指针放在一个一维指针数组中统一管理,从而实现同时管理和使用多个栈,如图3.4所示。

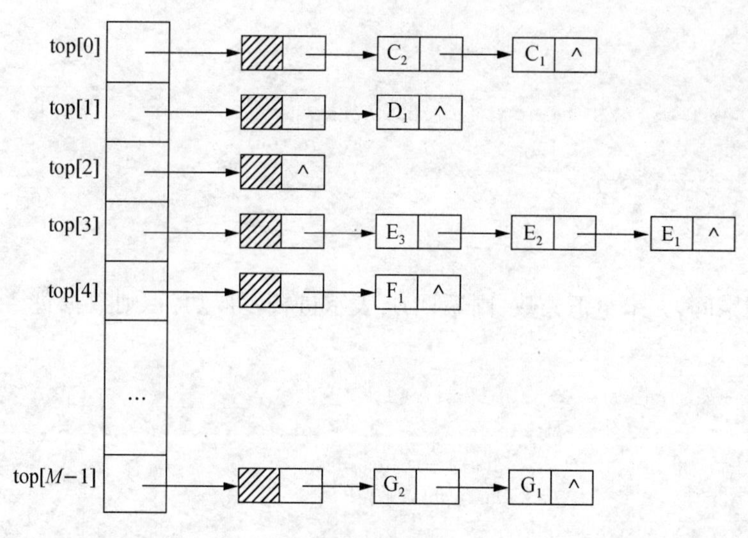

图 3.4　多链栈

对多链栈的操作主要有进栈和出栈。进栈时要考虑进几号栈,只要申请空间成功,就能入栈;出栈时要考虑是从几号栈出栈,栈是否空,如果栈空,就不能出栈。

3.6　应用实例:栈的应用

栈具有的"后进先出"特性使得它成为程序设计中的有用工具,下面来讨论应用栈的几个实例。

视频讲解

3.6.1　括号匹配

每一个右圆括号")"、右方括号"]"及右花括号"}"必然有其对应的左括号。例如,序列"([{}])([])"是匹配的,而序列"{[]})}"是不匹配的。

现在来检验给定的括号序列是否匹配。为简单起见,这里仅就圆括号、方括号和花括号进行检验并忽略出现的任何其他字符。

【算法思想】

首先设置一个栈,然后开始读括号序列。

(1) 若读入的是左括号,则直接入栈,等待相匹配的同类右括号。

(2) 若读入的是右括号,如果此时栈空,则不匹配;否则,与当前栈顶左括号进行比较。如果同类,那么二者匹配,并将栈顶的左括号出栈,继续读括号序列;如果括号不同类,则不匹配。

(3) 如果输入序列已读完,但栈中仍有等待匹配的左括号,则不匹配。只有当输入序列和栈同时变为空时,才说明所有括号完全匹配。

【算法描述】

```
/* str 为输入的字符串,利用堆栈技术来检查该字符串中的括号是否匹配 */
int bracketMatch(char *str)
{
    Stack S;
    for(i = 0;str[i]! ='\0';i ++){
        if(str[i] =='(' || str[i] =='[' || str[i] =='{'){
            push(&S,str[i]);
```

```
        }
        if(str[i] ==')' || str[i] ==']' || str[i] =='}'){
            if(empty(&S)){
                return 0;
            }
            ch = top(&S);
            if(!match(ch,str[i])){/* 两个括号不匹配 */
                return  0;
            }
            pop(&S);
        }
    }
    if(empty(&S)){
        return  1;
    }
    else{
        return  0;
    }
}
```

3.6.2 后缀表达式求值

视频讲解

后缀表达式的求值,可以利用堆栈来实现。

【算法思想】

从左到右读入后缀表达式的各项,并根据读入的对象判断所要执行的操作。操作分为下面3种情况。

(1) 若读入的是运算数,则将其压入堆栈中。

(2) 若读入的是运算符,则从堆栈中弹出适当数量的运算数并进行计算,然后将计算结果再压回到栈中。

(3) 处理完整个后缀表达式之后,堆栈栈顶上的元素就是表达式的结果值。

例如,有一个中缀表达式"((2+3)*8+5+3)*6",其后缀表达式为"6 5 2 3 +8* +3+ *"。表3.1所示为利用堆栈对后缀表达式"6 5 2 3 +8* +3+ *"求值的过程。

表3.1 后缀表达式"6 5 2 3 +8* +3+ *"的求值过程示例

步骤	待处理表达式	堆栈状态(→底顶)	输出状态
1	6 5 2 3 +8 * +3 + *		
2	5 2 3 +8 * +3 + *	6	
3	2 3 +8 * +3 + *	6 5	
4	3 +8 * +3 + *	6 5 2	
5	+8 * +3 + *	6 5 2 3	
6	8 * +3 + *	6 5 5	
7	* +3 + *	6 5 5 8	
8	+3 + *	6 5 40	
9	3 + *	6 45	
10	+ *	6 45 3	
11	*	6 48	
12		288	
13			288

计算一个后缀表达式花费的时间是 $O(N)$,因为对输入中的每个元素的处理都是由一些栈操作组成的,从而花费常数时间。该算法的计算是非常简单的。

注意　当一个表达式以后缀形式给出时,没有必要知道任何优先规则。这是一个明显的优点。

视频讲解

3.6.3 中缀表达式转换为后缀表达式

可以应用堆栈将中缀表达式转换为后缀表达式。

【算法思想】

规定运算符的优先级,然后开始读表达式序列。

(1) 若读入的是空格,则认为是分隔符,无须处理。

(2) 若读入的是运算数,则直接输出。

(3) 若读入的是左括号,则将其压入堆栈中。

(4) 若读入的是右括号,则表明括号内的中缀表达式已经扫描完毕,将栈顶的运算符弹出并输出,直到遇到左括号。最后左括号也出栈,但不输出。

(5) 当读入的是运算符时:如果栈顶运算符优先级"低于"当前运算符,则当前运算符进栈;否则,将栈顶的运算符弹出并输出,重复这个步骤,直到栈顶运算符优先级"低于"当前运算符,最后将该运算符压栈。

(6) 若中缀表达式中的各对象处理完毕,则把堆栈中存留的运算符一一弹出并输出。

表3.2所示为利用堆栈将中缀表达式"2 * (9 +6/3 -5) +4"转换成后缀表达式"2 9 6 3/ +5 - *4 +"的过程。

注意　可以采用一些小技巧,就是用一对小括号把表达式括起来,即转换成:"(2 * (9 +6/3 -5) +4)"。

表3.2　中缀表达式转换成后缀表达式的求值过程示例

步　骤	待处理表达式	堆栈状态(→底顶)	输出状态
1	(2 * (9 +6/3 -5) +4)		
2	2 * (9 +6/3 -5) +4)	(	
3	* (9 +6/3 -5) +4)	(	2
4	(9 +6/3 -5) +4)	(*	2
5	9 +6/3 -5) +4)	(* (	2
6	+6/3 -5) +4)	(* (	2 9
7	6/3 -5) +4)	(* (+	2 9
8	/3 -5) +4)	(* (+	2 9 6
9	3 -5) +4)	(* (+/	2 9 6
10	-5) +4)	(* (+/	2 9 6 3
11	5) +4)	(* (-	2 9 6 3/ +
12	) +4)	(* (-	2 9 6 3/ +5
13	+4)	(*	2 9 6 3/ +5 -
14	4)	(+	2 9 6 3/ +5 - *
15	)	(+	2 9 6 3/ +5 - *4
16			2 9 6 3/ +5 - *4 +

与前面相同,这种转换只需要 $O(N)$ 时间并经过一趟输入后即可完成工作。

3.6.4　中缀表达式求值

中缀表达式求值不可能严格地从左到右进行,因为某些运算符可能具有比其他运算符更高的优先级。为了正确地处理表达式,需要使用栈。

【算法思想】

首先规定运算符的优先级,然后设置两个栈:运算数栈 ovs 和运算符栈 optr。这些准备好后,就开始读表达式序列。

(1) 若读入的是运算数,则进运算数栈 ovs。

(2) 若读入的是左括号,则进运算符栈 optr。

(3) 若读入的是右括号,表明括号内的中缀表达式已经扫描完毕,将 optr 栈顶的运算符 θ 弹出,ovs 连续出栈两次,得到两个运算数 b、a,对 a、b 执行 θ 运算得到结果 c,然后 c 进 ovs 栈。重复这个步骤,直到遇到左括号,然后左括号也出栈。

(4) 当读入的是运算符时:如果 optr 栈顶运算符优先级“低于”当前运算符,则当前运算符进 optr 栈;否则,将 optr 栈顶的运算符 θ 弹出,ovs 连续出栈两次,得到两个运算数 b、a,对 a、b 执行 θ 运算得到结果 c,然后 c 进 ovs 栈,重复这个步骤,直到 optr 栈顶运算符优先级“低于”当前运算符,最后该运算符进 optr 栈。

例 3.2　给定一些只包含加减号、乘除号和小括号的表达式,求出该表达式的值。例如,利用堆栈求中缀表达式“6 * (5 + (2 +3) * 8 +3)”的值。

首先,给出运算符的优先级表。用 < 表示“低于”,用 > 表示“高于”,用 = 表示“等于”,用 $ 表示“不可比”。那么运算符的优先级如表 3.3 所示。

表 3.3　运算符的优先级表

运算符1 \ 运算符2	+	−	*	/	(	)
+	>	>	<	<	<	>
−	>	>	<	<	<	>
*	>	>	>	>	<	>
/	>	>	>	>	<	>
(	<	<	<	<	<	=
)	>	>	>	>	$	>

事实上,算法中右括号“)”是不进栈的,所以表 3.3 中的“ $ ”是不可能出现的;而且读到右括号“)”时,把 optr 栈中的运算符出栈,直到把左括号“(”出栈,所以“ = ”也不可能出现。

其次,可以采用一些小技巧,可以将表达式用一对小括号括起来,即转换成“(6 * (5 + (2 +3) * 8 +3))”。表 3.4 所示为利用堆栈对中缀表达式求值的过程。

表 3.4　中缀表达式的求值过程示例

步　骤	待处理表达式	optr 堆栈状态(→底顶)	ovs 堆栈状态(→底顶)	输出状态
1	(6*(5+(2+3)*8+3))			
2	6*(5+(2+3)*8+3))	(		
3	*(5+(2+3)*8+3))	(	6	
4	(5+(2+3)*8+3))	(*	6	
5	5+(2+3)*8+3))	(*(	6	
6	+(2+3)*8+3))	(*(	6 5	
7	(2+3)*8+3))	(*(+	6 5	
8	2+3)*8+3))	(*(+(	6 5	
9	+3)*8+3))	(*(+(	6 5 2	
10	3)*8+3))	(*(+(+	6 5 2	
11	)*8+3))	(*(+(+	6 5 2 3	
12	*8+3))	(*(+	6 5 5	
13	8+3))	(*(+*	6 5 5	
14	+3))	(*(+*	6 5 5 8	
15	3))	(*(+	6 45	
16	))	(*(+	6 45 3	
17	)	(*	6 48	
18			288	288

【算法描述】

```
int expression(char str[])
{
    Stack    optr;  /*运算符栈*/
    StackOvs  ovs;  /*运算数栈*/

    for(i=0;str[i]!='\0';i++){
        if(isOvs(str[i])){/*str[i]是数字字符*/
            push(&ovs,str[i]-'0');
        }
        else if(str[i]=='('){
              push(&optr,str[i]);
        }
        else if(str[i]==')'){
              while(1){
                  op=top(&optr);
                  if(op=='('){
                      pop(&optr);
                      break;
                  }
```

```
                pop(&optr);
                b = top(&ovs);
                pop(&ovs);
                a = top(&ovs);
                pop(&ovs);

                /* 对 a 和 b 进行 op 运算 * /
                c = execute(a,op,b);
                push(&ovs,c);
            }
        }
        else if(str[i] =='+' || str[i] =='-'
            || str[i] =='*' || str[i] =='/'){
            while(1){
                op = top(&optr);
                /* 如果栈顶运算符优先级低于当前运算符 * /
                if(compare(op,str[i])){
                    push(&optr,str[i]);
                    break;
                }

                pop(&optr);
                b = top(&ovs);
                pop(&ovs);
                a = top(&ovs);
                pop(&ovs);

                /* 对 a 和 b 进行 op 运算 * /
                c = execute(a,op,b);
                push(&ovs,c);
            }
        }
    }
    value = top(&ovs);
    return value;
}
```

3.7 队　　列

队列(Queue)是另一种限定性的线性表,它只允许在表的一端插入元素,而在另一端删除元素,所以队列具有先进先出的特性。在队列中,允许删除的一端称为**队头**(front),允许插入的一端称为**队尾**(rear)。

所以,队列的抽象数据类型定义如下。

ADT Queue{
数据对象:
　　一个有 0 个或多个元素的有穷线性表, $D = \{a_i \mid a_i \in ElementType, i = 1, 2, \ldots, n, n \geq 0\}$

数据关系:

$R = \{ <a_{i-1}, a_i> | a_{i-1}, a_i \in D, i = 2, \ldots, n\}$,约定 a_n 端为队尾,a_1 端为队头。

基本操作:

(1) Queue * create():创建队列;
(2) int empty(Queue *Q):判断队列是否空;
(3) int full(Queue *Q):判断队列是否满;
(4) int push(Queue *Q, ElementType x):入队;
(5) int pop(Queue *Q):出队;
(6) ElementType front(Queue *Q):取队头元素;
……
}ADT Queue

由于队列是一种特殊的线性表,因此队列的存储结构可采用顺序和链式两种形式。顺序存储的队列称为**顺序队列**,链式存储的队列称为**链队列**。

视频讲解

3.8 循环队列

在队列的顺序存储结构中,可以用一组地址连续的存储单元依次存放从队头到队尾的数据元素。

由于队列中队头和队尾的位置都是动态变化的,因此需要附设两个指针 front 和 rear,分别指示队头数据元素和队尾数据元素。入队时,直接将数据元素送入队尾指针 rear 所指的单元,然后队尾指针加 1;出队时,直接取出当前的队头指针 front 所指的数据元素,然后队头指针加 1。图 3.5 所示为顺序队列的几种情况。

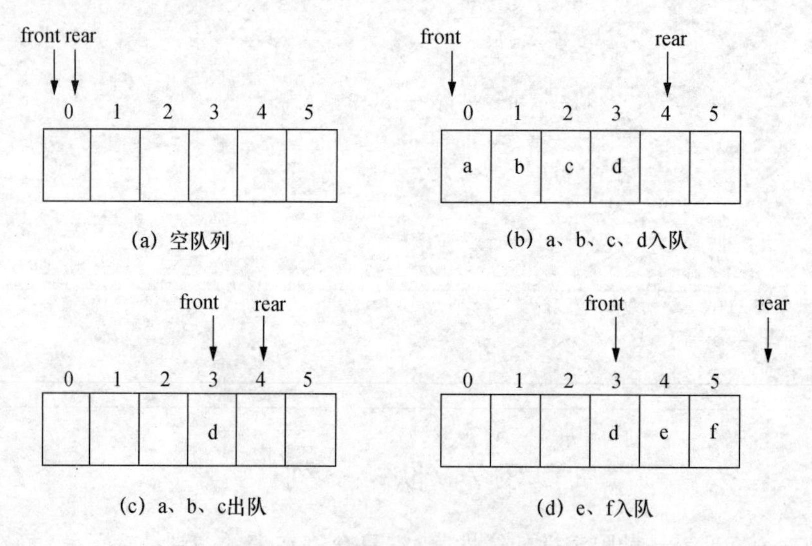

图 3.5 顺序队列的几种情况

在图 3.5(d)中,认为队满,但此时队列没有满,因为随着部分数据元素的出队,数组前面出现一些空单元。由于数据元素只能在队尾入队,使得上述空单元无法使用。把这种现象称为**假溢出**。

为了解决假溢出现象并使得队列空间得到充分利用,一个较巧妙的方法是将顺序队列的数组看成一个环状的空间,即规定最后一个单元的后继为第一个单元,称为**循环队列**(Circular Queue)。

假设队列数组 array 的容量为 capacity。初始时令 front = rear = 0，最后一个单元 array[capacity - 1]的后继是 array[0]。通过数学中的模运算来实现：rear = (rear + 1) mod capacity。

入队操作时，队尾指针的变化是 rear = (rear + 1) mod capacity；而出队操作时，队头指针的变化是 front = (front + 1) mod capacity。图 3.6 所示为循环队列的几种情况。

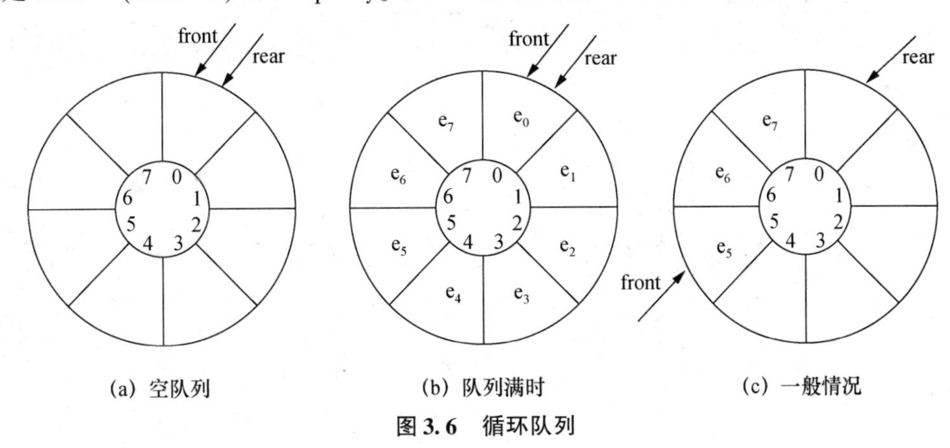

图 3.6 循环队列

从图 3.6 中可知，只凭 front = rear 无法判别队列的状态是“空”还是“满”。对于这个问题，一般有 3 种解决方法。

第 1 种方法，少用一个空间。当队尾指针所指向的空单元的后继单元是队头元素所在的单元时，则停止入队，所以队列满时不会有 front = rear。因此队列满的条件为(rear + 1) mod capacity = front，队列空的条件为 front = rear。

第 2 种方法，增设一个标志量 tag。以 tag 的值为 0 或 1 来区分队尾指针和队头指针相同时的队列状态是“空”还是“满”。

初始时，rear = front 并且 tag = 0，此时队列空。一旦元素入队列后使 rear = front 时，需要置 tag 为 1，此时队列满；一旦元素出队列后使 front = rear 时，需要置 tag 为 0，此时队列空。

第 3 种方法，是使用一个计数器 count。count 用来记录队列中元素的总数。当 count = 0 时，队列空；当 count = capacity 时，队列满。

现在介绍第 1 种方法，即损失一个存储空间以区分队列空与满的方法。用 C 语言描述循环队列类型如下。

```
typedef struct{
    ElementType *array;
    int front;  /*队头指针*/
    int rear;   /*队尾指针*/
    int capacity;/*队列总容量*/
}SeqQueue;
```

下面来介绍循环队列的几种操作是如何实现的。

1. 循环队列的创建

循环队列的创建就是动态分配一个预定义大小的数组空间。

视频讲解

```
SeqQueue* createQueue(int capacity)
{
    Q = (SeqQueue *)malloc(sizeof(SeqQueue));

    Q->front = 0;
```

```
    Q->rear=0;
    Q->capacity=capacity;
    Q->array=(ElementType *)malloc(
        sizeof(ElementType)*capacity);
    return Q;
}
```

2. 判断队列是否空

若队列 Q 空,则返回真;否则返回假。

```
int empty(SeqQueue *Q)
{
    if(Q->front==Q->rear){
        return 1;
    }
    else{
        return 0;
    }
}
```

3. 判断队列是否满

若队列 Q 满,则返回真;否则返回假。

```
int full(SeqQueue *Q)
{
    if((Q->rear+1)% Q->capacity == Q->front){
        return 1;
    }
    else{
        return 0;
    }
}
```

4. 入队

入队操作是指在队尾插入一个新的元素。首先要判断队列是否满,若满,则返回 0;否则将新元素插入队尾,同时队尾指针加 1。

```
int push(SeqQueue *Q,ElementType x)
{
    if(full(Q)){
        return  0;
    }
    else{
        Q->array[Q->rear]=x;
        Q->rear=(Q->rear+1)% Q->capacity;
        return  1;
    }
}
```

5. 出队

出队操作是删除队头元素。首先要判断队列是否空,若空,则返回 0;否则保存队头元素,队头指针加 1。

```
int pop(SeqQueue  *Q)
{
    if(empty(Q)){/*队列为空*/
        return  0;
    }
    else{
        Q->front=(Q->front+1)% Q->capacity;
        return  1;
    }
}
```

6. 取队头元素

取队头元素就是取出 front 所指向的元素。与出队不一样,它不需要修改队头指针。

```
ElementType front(SeqQueue  *Q)
{
    return S->array[S->front];
}
```

3.9　链　队　列

为了便于操作,这里采用带头结点的链表结构,并设置一个队头指针和一个队尾指针。队头指针始终指向头结点,队尾指针指向最后一个元素。空的**链队列**(Linked Queue)的队头指针和队尾指针均指向头结点。通常将队头指针和队尾指针封装在一个结构中,如图 3.7 所示。

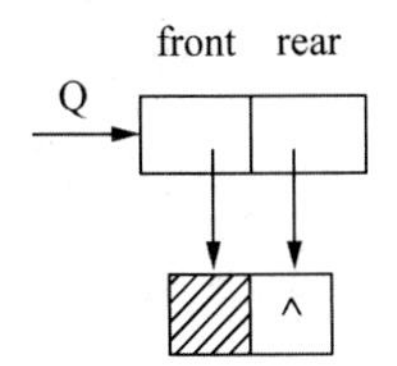

(a) 空的链队列

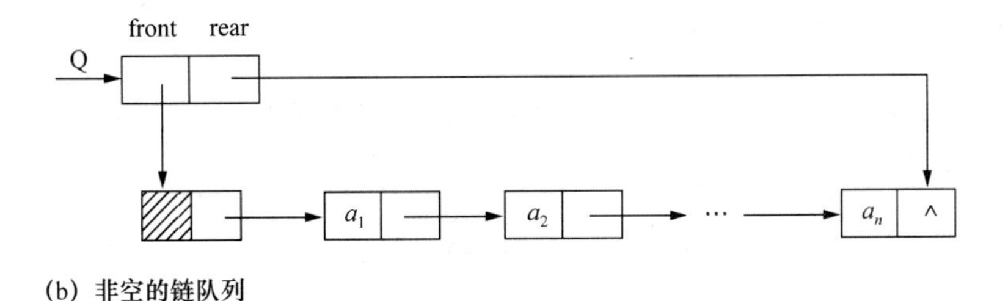

(b) 非空的链队列

图 3.7　链队列

用 C 语言描述链队列类型如下。

```
typedef struct Node{
     ElementType  data;
     struct Node *next;
}QNode;
typedef struct{/*链队列结构*/
     QNode   *front;
     QNode   *rear;
}LinkQueue;
```

下面介绍链队列的几种操作是如何实现的。

视频讲解

1. 链队列的创建

链队列的创建就是构造一个只有一个头结点的空队。生成新结点作为头结点,队头指针和队尾指针指向此结点,头结点的指针域置空。

```
/* 创建一个空的链队列 */
LinkQueue * createQueue()
{
    Q = (LinkQueue * )malloc(sizeof(LinkQueue));

    Q -> front = (QNode * )malloc(sizeof(QNode));
    Q -> rear = Q -> front;
    Q -> front -> next = NULL;

    return Q;
}
```

视频讲解

2. 入队

首先开辟开空,如果失败,则返回 0;否则入队,返回 1。

```
int push(LinkQueue * Q,ElementType x)
{
    s = (QNode * )malloc(sizeof(QNode));
    if(s == NULL){/* 开辟空间失败 */
        return 0;
    }
    else{
        s -> data = x;
        s -> next = NULL;

        Q -> rear -> next = s;
        Q -> rear = s;
        return 1;
    }
}
```

视频讲解

3. 出队

首先判断队列是否空,如果空,则返回 0;否则出队,返回 1。

```
intpop(LinkQueue * Q)
{
    if(Q -> front == Q -> rear){/* 如果队空 */
        return 0;
    }
    else{/* 队头元素出队 */
        temp = Q -> front -> next;
        Q -> front -> next = temp -> next;

        if(Q -> rear == temp){/* 将要删除的结点是尾结点 */
            Q -> rear = Q -> front;
        }

        free(temp);    /* 释放存储空间 */
        return 1;
    }
}
```

本章小结

栈是一种只在一端做插入或删除的受限的线性表,具有“先进后出”的特点,主要操作包括入栈、出栈、栈满和栈空判断。栈的实现可以采用顺序存储和链式存储两种方式。

队列是一种在一端进行插入而在另一端进行删除的受限的线性表,具有“先进先出”的特点,主要操作包括入队、出队、队满和队空判断。队列的实现也可以采用顺序存储和链式存储两种方式。

学完本章内容后,要求掌握栈和队列的特点,熟练掌握栈的顺序栈和链栈的进栈和出栈算法,循环队列和链队列的进队和出队算法。要求能够灵活运用栈和队列设计解决实际应用问题,掌握表达式的求值算法。

习　　题

一、单项选择题

1. 栈是一种线性结构。这个说法是(　　)。

A. 正确的　　B. 错误的

2. 对于栈操作数据的原则是(　　)。

A. 先进先出　　B. 先进后出　　C. 后进后出　　D. 不分顺序

3. (　　)不是栈的基本运算。

A. 删除栈顶元素　　B. 删除栈底元素

C. 判断栈是否为空　　D. 将栈置为空栈

4. 经过以下栈运算后,x 的值是(　　)。

```
initStack(s);push(s,a);push(s,b);  pop(s,&x);top(s,&x);
```

A. a　　B. b　　C. 1　　D. 0

5. 经过以下栈运算后,empty(s)的值是(　　)。

```
initStack(s);push(s,a);push(s,b);pop(s,&x);pop(s,&y);
```

A. a　　B. b　　C. 1　　D. 0

6. 一个栈的输入序列为{1,2,3,4},下面(　　)序列不可能是这个栈的输出序列。

A. {1,3,2,4}　　B. {2,3,4,1}　　C. {4,3,1,2}　　D. {3,4,2,1}

7. 若已知一个栈的入栈序列是$\{1,2,3,\cdots,n\}$,其输出序列为$\{p_1,p_2,p_3,\cdots,p_n\}$,若 $p_1=n$,则 p_i 为(　　)。

A. i　　B. $n-i$　　C. $n-i+1$　　D. 不确定

8. 若已知一个栈的入栈序列是$\{1,2,3,\cdots,n\}$,其输出序列为$\{p_1,p_2,p_3,\cdots,p_n\}$,若 $p_n=n$,则 p_i 为(　　)。

A. i　　B. $n-i$　　C. $n-i+1$　　D. 不确定

9. 若一个栈的输入序列是$\{1,2,3,\cdots,n\}$,其输出序列是$\{p_1,p_2,p_3,\cdots,p_n\}$。若 $p_1=3$,则 p_2 的值(　　)。

A. 一定是2　　B. 一定是1　　C. 不可能是1　　D. 以上都不对

10. 若一个栈的输入序列是$\{p_1,p_2,p_3,\cdots,p_n\}$,其输出序列是$\{1,2,3,\cdots,n\}$。若$p_3=1$,则$p_1$的值(　　)。

A. 可能是2　　B. 一定是2
C. 不可能是2　　D. 不可能是3

11. 设有一顺序栈S,数据元素a,b,c,d,e,f依次进栈,如果6个数据元素出栈的顺序是$\{b,d,c,f,e,a\}$,则栈的容量至少应该是(　　)。

A. 2　　B. 3　　C. 5　　D. 6

12. 当字符序列t,3,_依次通过栈,输出长度为3且可用作C语言标识符的序列有(　　)。

A. 4个　　B. 5个　　C. 3个　　D. 6个

13. 若一个栈以向量$\boldsymbol{v}[1\cdots n]$存储,初始栈顶指针top为$n+1$,则下面$x$进栈的正确操作是(　　)。

A. top = top + 1;v[top] = x;　　B. v[top] = x;top = top + 1;
C. v[top] = x;top = top - 1;　　D. top = top - 1;v[top] = x;

14. 链栈与顺序栈相比较,明显的优点是(　　)。

A. 插入操作更加方便　　B. 删除操作更加方便
C. 通常不会出现栈满的情况　　D. 通常不会出现栈空的情况

15. 在一个栈顶指针为top的带头结点的链栈中插入一个p所指结点时,其操作步骤为(　　)。

A. top -> next = p;
B. p -> next = top -> next;top -> next = p;
C. p -> next = top;top = p;
D. p -> next = top;top = top -> next;

16. 由两个栈共享一个数组空间的好处是(　　)。

A. 减少存取时间,降低下溢发生的概率
B. 节省存储空间,降低上溢发生的概率
C. 减少存取时间,降低上溢发生的概率
D. 节省存储空间,降低下溢发生的概率

17. 采用顺序存储的两个栈的共享空间为S[1⋯m],top[i]代表第i个栈($i=1$、2)的栈顶,栈1的底在S[1],栈2的底在S[m],则栈满的条件是(　　)。

A. top[2] - top[1] = 0　　B. top[1] + 1 = top[2]
C. top[1] + top[2] = m　　D. top[1] = top[2]

18. 栈是一种按"先进后出"原则进行插入和删除操作的数据结构,因此(　　)必须用栈。

A. 实现函数或过程的递归调用及返回处理时
B. 将一个元素序列进行逆置
C. 链表结点的申请和释放
D. 可执行程序的装入和卸载

19. 设计一个判别表达式中左右括号是否配对的算法,采用(　　)数据结构最佳。

A. 顺序表　　B. 栈　　C. 队列　　D. 链表

20. 一个队列的进队列顺序是{1,2,3,4},则出队列顺序为(　　)。

A. {4,3,2,1}　　B. {2,4,3,1}　　C. {1,2,3,4}　　D. {3,2,1,4}

21. 已知一个循环队列Q,它最多有MAXQSIZE个元素,采取少用一个空间的方法解决判别队列的状态是“空”还是“满”。此循环队列Q为空的条件是(　　)。
A. Q->front == Q->rear
B. Q->front! = Q->rear
C. Q->front == (Q->rear+1)%MAXQSIZE
D. Q->front! = (Q->rear+1)%MAXQSIZE

22. 已知一个循环队列Q,它最多有MAXQSIZE个元素,采取少用一个空间的方法解决判别队列的状态是“空”还是“满”。此循环队列Q为满的条件是(　　)。
A. Q->front == Q->rear
B. Q->front! = Q->rear
C. Q->front == (Q->rear+1)%MAXQSIZE
D. Q->front! = (Q->rear+1)%MAXQSIZE

23. 在循环队列中用数组$A[0\cdots m-1]$存放队列元素,其队头和队尾指针分别为front和rear,采取少用一个空间的方法解决判别队列的状态是“空”还是“满”。则当前队列中的元素个数是(　　)。
A. (front - rear + 1)%m　　B. (rear - front + 1)%m
C. (front - rear + m)%m　　D. (rear - front + m)%m

24. 不论是入队列操作还是入栈操作,在顺序存储结构上都需要考虑“溢出”情况。这个说法是(　　)。
A. 正确的　　B. 错误的

25. 栈和队列具有相同的(　　)。
A. 抽象数据类型　　B. 逻辑结构　　C. 存储结构　　D. 运算

26. 栈和队列的共同点是(　　)。
A. 都是先进先出
B. 都是先进后出
C. 只允许在端点处插入和删除元素
D. 没有共同点

27. 栈和队列的主要区别在于(　　)。
A. 它们的逻辑结构不一样　　B. 它们的存储结构不一样
C. 所包含的操作不一样　　D. 插入、删除操作的限定不一样

28. 栈和队列的存储,既可以采用顺序存储结构,又可以采用链式存储结构。这个说法是(　　)。
A. 正确的　　B. 错误的

29. 顺序表、栈和队列都是线性结构。可以在顺序表的任意位置插入和删除元素;对于栈只能在栈顶插入和删除元素;对于队列只能在队尾插入元素和队首删除元素。这个说法是(　　)。
A. 正确的　　B. 错误的

30. 设栈S和队列Q的初始状态为空,元素e_1,e_2,e_3,e_4,e_5,e_6依次入栈S,一个元素出栈后即进入队列Q,若6个元素出队的顺序是e_2,e_4,e_3,e_6,e_5,e_1,则栈S的容量至少应该是(　　)。

A. 6　　B. 4　　C. 3　　D. 2

31. 在解决计算机主机与打印机之间速度不匹配问题时通常设置一个打印缓冲区,该缓冲区应该是一个(　　)结构。

A. 栈　　B. 队列　　C. 数组　　D. 线性表

二、算法设计

如果希望循环队列中的元素都能得到利用,则需设置一个标志域 tag,并以 tag 的值为 0 或 1 来区分尾指针和头指针相同时的队列状态是“空”还是“满”。试编写与此结构相应的入队算法和出队算法。

第4章 串

计算机处理的对象分为数值数据和非数值数据,串是许多非数值计算的处理对象,作为一种数据类型在越来越多的程序设计语言中得到应用,如数据处理、文本编辑、词法扫描、符号处理及自然语言理解等都是以串作为处理的基本数据对象。

串是一种特殊的线性表,其特殊性就在于组成线性表的每个元素都是一个字符,所以串也称字符串。

4.1 串的定义

串(String)是由零个或多个字符组成的有限序列。一般记为 S =“$a_1a_2\cdots a_n$”($n\geqslant 0$)。其中,S 为**串名**,用双引号(有的书中用单引号)括起来的为**串值**,注意双引号不属于串的内容。

a_i($1\leqslant i\leqslant n$)可以是字母、数字或其他字符,i 就是该字符在串中的位置。串中的字符数目 n 称为**串的长度**。

下面介绍与串相关的几个基本概念。

(1) 空串。无任何字符组成的串称为**空串**(Empty String)。其串的长度为零。

(2) 空格串。由一个或多个称为空格的特殊字符组成的串称为**空格串**(Blank String)。其长度为串中空格字符的个数。

(3) 子串。串中任意一个连续的字符组成的子序列称为该串的**子串**(Substring)。

(4) 主串。包含子串的串称为**主串**(Primary String)。

(5) 子串在主串中的位置:通常将字符在串中的序号称为该字符在串中的位置。**子串在主串中的位置**则以子串的第一个字符在主串中的位置来表示。

(6) 串相等。两个串的长度相等,并且每个对应位置的字符都相同,称为这两个**串相等**。

(7) 模式匹配。设 S 为目标串(主串),T 为模式串(子串),在主串 S 中查找子串 T 的过程为**模式匹配**(Pattern Matching)。

所以,串的抽象数据类型定义如下。

```
ADT String{
数据对象:
    D = {a_i | a_i ∈ ElementType, i = 1, 2,··· , n, n≥0}
数据关系:
    R = { <a_{i-1}, a_i > |a_{i-1}, a_i ∈ D, i = 2,··· , n}
基本操作:
    (1) strAssign(String t, char * chars): 生成一个其值等于 chars 的串 t;
```

```
    (2)destroyString(String s):销毁串 s;
    (3)strEmpty(String s):判断串 s 是否空;
    (4)subString(String sub,String s,int pos,int len):用 sub 返回串 s 的第 pos 个字符串开始长度为 len 的子串;
    (5)strLength(String s):求串 s 的长度;
    (6)concat(String T,String s1,String s2):用 T 返回由 s1 和 s2 连接而成的新串;
    (7)compare(String s,String t):两个串的比较。若 s>t,则返回值大于 0;若 s=t,则返回值为 0;若 s<t,则返回值小于 0;
    ……
}ADT String
```

4.2 串的存储结构

串是字符的线性序列,可以采用线性表的各种技术来实现,用顺序表或链表的形式表示。

另外,还可以根据串本身的特点和串操作特点考虑其他表示方式。当然,无论如何表示,实现的基础只能是基于顺序存储或链式存储结构。关键问题是,所采用的表示方式应能较好地支持串的管理和实现相关的操作。

4.3 串的模式匹配

串的模式匹配在符号处理中占有重要地位,它的效率非常重要。采用顺序串为存储结构,常见的精确匹配算法有 Brute-Force(BF)、Knuth-Morris-Pratt(KMP)等。

视频讲解

4.3.1 BF 算法

【算法思想】

BF 算法是一种带回溯的匹配算法,其思想如下。

从主串 S 的第 pos 个字符开始,与模式串 T 的第一个字符比较,如果相等,就继续比较后续字符;如果不相等,则从主串 S 的第 pos+1 个字符开始重新与模式串 T 比较,直到模式串 T 中的每一个字符和主串 S 中的一个连续字符子序列全部相等为止,则称为**匹配成功**,返回与 T 中第一个字符相等的字符在主串中的位置;如果主串中没有与模式串相等的字符序列,则称为**匹配失败**。

【算法步骤】

(1) 设 i 和 j 指示主串 S 和模式串 T 中当前正比较的字符位置,i 初值为 pos,j 初值为 1。

(2) 如果两个串均未比较到串尾,即 i 和 j 均分别小于等于 S 和 T 的长度时,则循环执行以下操作。

①S. ch[i]和 T. ch[j]比较,若相等,则 i 和 j 分别指向串中下一个位置,继续比较后续字符。

②若不相等,则指针后退重新开始匹配,$i=i-j+2$,$j=1$,再重新进行主串和模式串的比较操作。

(3) 若 $j>$ T. length,说明模式串 T 中的每个字符依次与主串 S 中的一个连续的字符序列相等,则匹配成功,返回与模式串 T 中第一个字符相等的字符在主串 S 中的序号($i-$T. length);否则称匹配失败,返回 0。

【算法描述】

```
int indexBF(String S,int pos,String T)
{
    /* 主串从 pos 开始,模式串从 1 开始 * /
    i =pos;
    j =1;
    while(i < =S.length && j < =T.length){
        if(S.ch[i] ==T.ch[j]){/* 当前对应字符相等时推进 * /
            i ++;
            j ++;
        }
        else{/* 当前对应字符不相等时回溯 * /
            i =i -j +2;
            j =1;
        }
    }
    if(j >T.length){
        return  i-T.length;
    }
    else{
        return  0;
    }
}
```

【算法分析】

BF 算法的匹配过程易于理解,且在某些应用场合效率也较高。在匹配成功的情况下,考虑以下两种极端情况。

(1) 最好情况下,每趟不成功的匹配都发生在模式串的第一个字符与主串中相应字符的比较。最好情况下的时间复杂度是 $O(\text{S. length} + \text{T. length})$。

(2) 最坏情况下,每趟失败的匹配都发生在模式串的最后一个字符与主串相应字符的比较。最坏情况下的时间复杂度是 $O(\text{S. length} \times \text{T. length})$。

BF 算法思路直观简明。但当匹配失败时,主串的指针 i 总是要回溯到 $i-j+2$ 位置,模式串的指针 j 总是要回溯到 1 位置,因此,算法时间复杂度高。

4.3.2 KMP 算法

视频讲解

视频讲解

【算法思想】

KMP 算法可以在 $O(\text{S. length} + \text{T. length})$ 的时间数量级上完成串的模式匹配操作。相比 BF 算法,其改进在于:每趟匹配过程中出现字符比较不相等时,不回溯主串指针 i,而是利用已得到的“部分匹配”结果将模式串向右滑动尽可能远的一段距离,继续进行比较。

模式串“向右滑动”可行的距离多远,换句话说,当主串中第 i 个字符与模式串中第 j 个字符“失配”时,主串中第 i 个字符(i 指针不回溯)应与模式串中的哪个字符再进行比较?

假设此时应与模式中第 $k(k<j)$ 个字符继续比较,则模式串中前 $k-1$ 个字符的子串必须满足下列关系式,且不可能存在 k 满足下列关系式:

$$"t_1t_2\cdots t_{k-1}" = "s_{i-k+1}s_{i-k+2}\cdots s_{i-1}" \tag{4.1}$$

而已经得到的“部分匹配”的结果是:

$$"t_{j-k+1}t_{j-k+2}\cdots t_{j-1}" = "s_{i-k+1}s_{i-k+2}\cdots s_{i-1}" \tag{4.2}$$

由式(4.1)和式(4.2)推出下列等式:

$$"t_1t_2\cdots t_{k-1}" = "t_{j-k+1}t_{j-k+2}\cdots t_{j-1}" \tag{4.3}$$

因此,当匹配过程中,主串中第 i 个字符与模式串中第 j 个字符比较不相等时,仅需将模式串向右滑动至模式串中第 k 个字符和主串中第 i 个字符对齐,然后依次向后进行比较。

可以把模式串各个位置的 j 值的变化定义为一个数组 next,next 的长度就是模式串的长度。由此可以得到下面的函数定义

$$\text{next}[j] = \begin{cases} 0,\text{当 } j = 1 \\ \text{Max}\{k \mid 1 < k < j,\text{且有}"t_1t_2\cdots t_{k-1} = t_{j-k+1}t_{j-k+2}\cdots t_{j-2}"\} \\ 1,\text{其他情况} \end{cases}$$

从 next[j]的定义出发,计算 next[j]就是要在模式串 T[1…j]中找出最长的相等的前缀子串 T[1…$k-1$]和后缀子串 T[$j-k+1$…$j-1$],这个查找的过程实际上仍是一个模式匹配的过程,只是目标串和模式串现在是同一个串 T。

具体如何推导出一个串的 next[j]的值,下面来看一个具体例子。例如,模式串"abaabcac"。

(1) 当 $j=1$ 时,next[1]=0。

(2) 当 $j=2$ 时,由 1 到 $j-1$ 就只有字符"a",属于其他情况 next[2]=1。

(3) 当 $j=3$ 时,由 1 到 $j-1$ 串是"ab",显然"a"与"b"不相等,属于其他情况 next[3]=1。

(4) 当 $j=4$ 时,由 1 到 $j-1$ 串是"aba",由于前缀字符"a"与后缀字符"a"相等,因此 next[4]=2。

(5) 当 $j=5$ 时,由 1 到 $j-1$ 串是"abaa",由于前缀字符"a"与后缀字符"a"相等,因此 next[5]=2。

(6) 当 $j=6$ 时,由 1 到 $j-1$ 串是"abaab",由于前缀字符"ab"与后缀字符"ab"相等,因此 next[6]=3。

(7) 当 $j=7$ 时,由 1 到 $j-1$ 串是"abaabc",属于其他情况 next[7]=1。

(8) 当 $j=8$ 时,由 1 到 $j-1$ 串是"abaabca",由于前缀字符"a"与后缀字符"a"相等,因此 next[8]=2。

next 函数值,如表 4.1 所示。

表 4.1　模式串的 next 函数值

j	1	2	3	4	5	6	7	8
模式串	a	b	a	a	b	c	a	c
next[j]	0	1	1	2	2	3	1	2

根据经验可以得到:如果前后缀一个字符相等,则 k 值是 2;如果两个字符相等,则 k 值是 3;如果 n 个字符相等,则 k 值是 $n+1$。

【算法描述:计算 next 函数的值】

```
void getNext(String T,int next[])
{
    i=1;
    next[1]=0;
    j=0;
    while(i<T.length){
        if(j==0 ||T.ch[i]==T.ch[j]){
            i++;  j++;
            next[i]=j;
        }
        else{
            j=next[j];
        }
    }
}
```

【KMP 算法描述】

```
int indexKMP(String S,int pos,String T)
{
    i=pos;
    j=1;
    while(i<=S.length && j<=T.length){
        if(j==0 ||S.ch[i]==T.ch[j]){/*继续比较后续字符*/
            i++;  j++;
        }
        else{/*模式串向右滑动*/
            j=next[j];
        }
    }
    if(j>T.length){
        return i-T.length;
    }
    else{
        return 0;
    }
}
```

在求得模式串的 next 函数之后,可进行如下匹配。

(1) 假设以指针 i 和 j 分别指示主串和模式串中正比较的字符,令 i 的初值为 pos,j 的初值为 1。

(2) 若在匹配过程中 $S_i = T_j$,则 i 和 j 分别增 1;否则,i 不变,而 j 退到 next[j]的位置再比较,若两个字符相等,则指针各自增 1,否则 j 再退到下一个 next 值的位置。以此类推,直至出现下列两种情况。

① j 退到某个 next 值(next[next[…next[j]…]])时字符比较相等,则指针各自增 1,继续进行匹配。

② j 退到值为零(即模式串的第一个字符"失配"),则此时需将模式串继续向右滑动,即从主串的下一个字符 S_{i+1} 起与模式串重新开始匹配。

例如,主串为"acabaabaabcacaabc",模式串为"abaabcac",图 4.1 所示为它们的匹配过程。

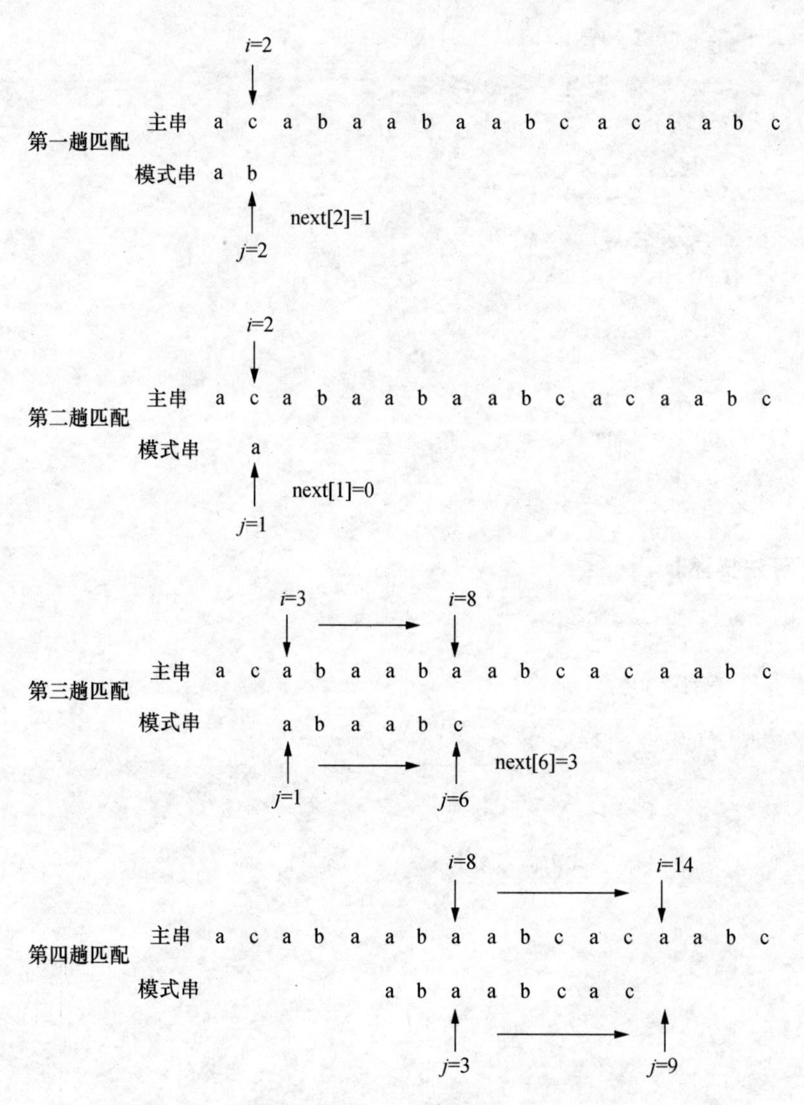

图 4.1 利用模式串的 next 函数进行匹配的过程示例

前面定义的 next 函数在某些情况下还有缺陷。例如,模式串"aaaab"在与主串"aaabaaaab"匹配时,当 $i=4$、$j=4$ 时 S. ch[4]≠T. ch[4],由 next[j]的指示还需要进行 $i=4$、$j=3$, $i=4$、$j=2$, $i=4$、$j=1$ 这 3 次比较。实际上,因为模式串中第 1~3 个字符和第 4 个字符都相等,因此不需要再与主串中第 4 个字符相比较,而可以将模式串连续向右滑动 4 个字符的位置直接进行比较,即 $i=5$、$j=1$ 时的字符比较。计算 next 函数的修正值的算法如下。

【算法描述:计算 next 函数的修正值】

```
void getNext(String T,int next[])
{
    i =1;
    next[1] =0;
    j =0;
    while(i <T.length){
        if(j ==0 ||T.ch[i] ==T.ch[j]){
```

```
                i ++ ;  j ++ ;
                if(T.ch[i]! = T.ch[j]){
                    next[i] = j;
                }
                else{
                    next[i] = next[j];
                }
            }
            else{
                j = next[j];
            }
        }
    }
```

next 函数修正值的计算结果如表 4.2 所示。

表 4.2 模式串的 next 函数修正值

j	1	2	3	4	5
模式串	a	a	a	a	b
next[j]	0	1	2	3	4
修正 next[j]	0	0	0	0	4

本章小结

串是由零个或多个字符组成的有限序列,又称为字符串。本质上,它是一种线性表的扩展,但相对于线性表关注一个个元素来说,对串这种结构更多的是关注它子串的应用问题,如查找、替换等操作。

现在的高级语言都有针对串的函数可以调用。在使用这些函数时,同时也应该理解它的原理,以便于在碰到复杂的问题时,可以更加灵活地使用。

学完本章内容后,要求掌握串的模式匹配算法:BF 算法和 KMP 算法。

习　题

一、单项选择题

1. 串是一种特殊的线性表,其特殊性体现在(　　)。

   A. 可以顺序存储　　B. 数据元素是一个字符

   C. 可以链式存储　　D. 数据元素是多个字符

2. 串是一种数据对象和操作都特殊的线性表。这个说法是(　　)。

   A. 正确的　　B. 错误的

3. 串是(　　)。

   A. 不少于一个字母的序列　　B. 任意一个字母的序列

C. 不少于一个字符的序列　　　　D. 有限个字符的序列

4. 下面关于串的叙述错误的是(　　)。
   A. 串是字符的有限序列
   B. 串既可以采用顺序存储,也可以采用链式存储
   C. 空串是由空格构成的串
   D. 模式匹配是串的一种重要运算
5. 串的长度是指(　　)。
   A. 串中所含不同字母的个数　　　　B. 串中所含字符的个数
   C. 串中所含不同字符的个数　　　　D. 串中所含非空格字符的个数
6. 串相等是指两个串的长度相等。这个说法是(　　)。
   A. 正确的　　　　B. 错误的
7. 设 S 和 T 是两个给定的串,在 S 中寻找等于 T 的子串的过程称为模式匹配,T 称为模式串。这个说法是(　　)。
   A. 正确的　　　　B. 错误的

二、填空题

1. ________称为空串;空格串是指________,其长度等于它包含的空格个数。
2. 两个字符串相等的充分必要条件是________。
3. 一个字符串中________称为该串的子串。

第5章 数组和广义表

数组和广义表是特殊的线性结构,其特殊性不像栈和队列那样表现在对数据元素的操作受限制,也不像串表现在内容受限制,而是反映在数据元素的构成上。

在组成线性表的元素方面,数组可看成是由具有某种结构的数据构成的,广义表可以是由单个元素或子表构成的。因此数组和广义表中的数据元素可以是单个元素,也可以是一个线性结构。从这个意义上讲,数组和广义表是线性表的一种扩充。

5.1 数　　组

5.1.1 数组的类型定义

数组是由类型相同的数据元素构成的有序集合,每个元素称为**数组元素**。从逻辑结构上看,数组可以看成是一般线性表的扩充。一维数组即为线性表,而二维数组可以定义为"其数据元素为一维数组(线性表)"的线性表。以此类推,即可得到多维数组的定义。

由数组的结构可以看出,数组中的每一个元素由一个值和一个下标来描述。"值"代表数组中元素的数据信息,"下标"用来描述数组中元素的位置信息。数组的维数不同,描述其相对位置的下标的个数也不同。

数组是一种特殊的数据结构,一旦给定数组的维数及各维长度,则该数组中元素的个数就可以固定。由于这个性质,使得对数组的操作不像对线性表的操作那样可以在表中任意一个合法的位置插入或删除一个元素。对于数组的操作一般只有两类:①获得特定位置的元素值;②修改特定位置的元素值。

因此数组的操作主要是数据元素的定位,即给定元素的下标,得到该元素在计算机中的存放位置,其本质上就是地址计算问题。

5.1.2 数组的顺序存储

由于数组的基本操作中不涉及数组结构的变化,因此对于数组而言,采用顺序存储表示比较适合。

在计算机中,内存储器的结构是一维的。对于一维数组可以直接采用顺序存储,而用一维的内存存储表示多维数组,就必须按照某种次序将数组中的元素排成一个线性序列,然后将这个线性序列存放在一维的内存储器中,这就是数组的**顺序存储结构**。

数组的顺序存储结构有两种:一种是按行序存储,如高级语言 BASIC、PASCAL、C、Java 等;另一种是按列序存储,如高级语言 FORTRAN 等。显然,对于二维数组 $A_{m\times n}$ 以行序为主的存储序列为:

$$\underbrace{a_{11},a_{12},\cdots,a_{1n}}_{\text{第1行元素}},\underbrace{a_{21},a_{22},\cdots,a_{2n}}_{\text{第2行元素}},\cdots,\underbrace{a_{m1},a_{m2},\cdots,a_{mn}}_{\text{第}m\text{行元素}}$$

而以列序为主存储序列为：

$$\underbrace{a_{11},a_{21},\cdots,a_{m1}}_{\text{第1列元素}},\underbrace{a_{12},a_{22},\cdots,a_{m2}}_{\text{第2列元素}},\cdots,\underbrace{a_{1n},a_{2n},\cdots,a_{mn}}_{\text{第}n\text{列元素}}$$

因此,如果知道了多维数组的维数,以及每维的上下界,就可以方便地将多维数组按顺序存储结构存放在计算机中。同时,根据数组的下标,可以计算出其在存储器中的位置。

但在高级语言的应用层上,一般不会涉及数组的地址计算公式。计算内存地址的任务是由高级语言的编译系统来完成的。在使用时,只需给出数组的下标范围,编译系统会根据用户提供的参数,进行地址分配,用户则不必考虑其内存情况。

5.2 特殊矩阵的压缩存储

矩阵是很多科学计算与工程计算问题中研究的数学对象,矩阵用二维数组来表示是最自然的方法。但是,在数值分析中经常会出现一些阶数很高的矩阵,而且矩阵中有许多值相同的元素或有许多零元素。有时为了节省存储空间,可以对这类矩阵进行压缩存储。所谓**压缩存储**,是指为多个值相同的元素只分配一个存储空间,而对零元素不分配空间。

对于值相同的元素或零元素在矩阵中的分布有一定规律,称此类矩阵为**特殊矩阵**。

特殊矩阵主要包括对称矩阵、三角矩阵和对角矩阵等,下面重点讨论这3种特殊矩阵的压缩存储。

5.2.1 对称矩阵

对于对称矩阵,可以为每一对对称元素分配一个存储空间,则可将 n^2 个元素压缩存储到 $n(n+1)/2$ 个元素的空间中,可以行序为主序存储其下三角(包括对象线)中的元素。

5.2.2 三角矩阵

以主对角线划分,三角矩阵有上三角矩阵和下三角矩阵两种。**上三角矩阵**是指,矩阵下三角(不包括对角线)中的元素均为常数 c 或零的 n 阶矩阵,**下三角矩阵**与之相反。

对三角矩阵进行压缩存储时,除了与对称矩阵一样,只存储其上(下)三角中的元素之外,再加一个存储常数 c 的存储空间即可。

5.2.3 对角矩阵

对角矩阵是指在矩阵中的所有非零元素都集中在以主对角线为中心的带状区域中,其中最常见的是三对角带状矩阵。例如:

$$\begin{bmatrix} 1 & 12 & 0 & 0 & 0 \\ 13 & 2 & 45 & 0 & 0 \\ 0 & 1 & 3 & 46 & 0 \\ 0 & 0 & 37 & 4 & 10 \\ 0 & 0 & 0 & 32 & 5 \end{bmatrix}$$

对这种矩阵,也可按某个原则(以行序为主或以对角线的顺序)将其压缩存储到一维数组上。

假设将带状区域上的非零元素按行序存储到一个一维数组中。从三对角带状矩阵中可看出,除第一行和最后一行只有两个非零元素外,其余各行均有3个非零元素,由此可得到一维数组所需的空间个数 $s=2+3(n-2)+2=3n-2$。假设下标从1开始,则二维数组 A 中的

元素 $A_{i,j}$ 在一维数组 B 中的下标:$k=3(i-1)-1+(j-i+1)+1$。

例如,将一个 $A[1\cdots100,1\cdots100]$ 的三对角矩阵,按行序存储到一维数组 $B[1\cdots298]$ 中,则二维数组 A 中的元素 $A_{66,65}$ 在数组 B 中的下标 $k=3(i-1)-1+(j-i+1)+1=3(66-1)-1+(65-66+1)+1=195$。

然而,在实际应用中还经常会遇到另一类矩阵,其非零元素少,且分布没有一定规律,称此类矩阵为稀疏矩阵。从直观上讲,当非零元素个数只占矩阵元素总数的25%～30%或低于这个百分数时,这样的矩阵为**稀疏矩阵**(Sparse Matrix)。这类矩阵的压缩存储就要比特殊矩阵复杂。

5.3 稀疏矩阵的压缩存储

对于稀疏矩阵的压缩存储,采取只存储非零元素的方法。由于稀疏矩阵中非零元素的分布一般是没有规律的,因此要求在存储非零元素的同时存储该非零元素在矩阵中所处的行号和列号的位置信息。

稀疏矩阵的压缩存储一般有两种方法:稀疏矩阵的三元组表表示法、稀疏矩阵的十字链表表示法。

5.3.1 三元组表表示法

用C语言描述稀疏矩阵三元组表的类型如下。

```
typedef struct{
    int row,col;           /* 非零元素的行下标和列下标 */
    ElementType value;     /* 非零元素的值 */
}Triple;
#define MAXSIZE 1000       /* 非零元素个数最多为 1000 */
typedef struct{            /* 非零元素的三元组表 */
    Triple data[MAXSIZE+1];/* data[0]不用,可以方便实现一些操作 */
    int m,n,number;            /* 矩阵的行数 m,列数 n 和非零元素个数 number */
}SMatrix;
```

稀疏矩阵的三元组表表示法虽然节约了存储空间,但与矩阵的正常存储方式相比,其实现相同操作要耗费较多的时间,即以耗费更多的时间为代价来换取节省的空间。通常,算法在执行时间上的节省一定是以增加空间存储为代价的,反之亦然。同时,这也增加了算法的难度。

5.3.2 十字链表表示法

用三元组表表示法在进行矩阵加法、减法和乘法等运算时,有时矩阵中的非零元素的位置和个数会发生很大的变化,势必会为了保持三元组表按行序存储,而需要大量移动元素。

十字链表(Orthogonal Linked-List)的存储表示,能够灵活地插入因矩阵运算而产生的新非零元素、删除因运算而产生的新零元素,实现矩阵的各种运算。

用C语言描述十字链表的类型如下。

```
typedef struct Node{
    int row,col;
    ElementType value;
    struct Node  *right, *down;
}OLNode, *OLink;
typedef struct{
```

```
    OLink   *rowHead, *colHead;
    int  m,n,number;
}CrossList;
```

在十字链表中,矩阵的每一个非零元素用一个结点表示,该结点除了(row,col,value)以外,还有 right 指针和 down 指针。right 指针用于链接同一行中的下一个非零元素,down 指针用于链接同一列中的下一个非零元素。

矩阵中任一非零元素 $m[i][j]$ 所对应的结点既处在第 i 行的行链表上,又处在第 j 列的列链表上,这好像数据元素处在一个十字交叉路口上一样,所以称其为十字链表。

然后,再用两个一维指针数组分别存放行链表的头指针和列链表的头指针。

5.4 广 义 表

广义表(Generalized Lists)也是线性表的一种推广。它被广泛地应用于人工智能等领域的**表处理**(List Processing,LISP)语言中。在 LISP 语言中,广义表是一种最基本的数据结构,LISP 语言的程序也表示为一系列的广义表。

广义表是 n 个数据元素($d_1,d_2,d_3,\cdots,d_n$)的有限序列,d_i 既可以是单个元素(原子),也可以是一个广义表(子表),因此广义表是递归定义的,通常记作 GL=($d_1,d_2,d_3,\cdots,d_n$)。GL=(),表示 GL 是一个空表,其长度为 0。

GL 是广义表的**名称**,通常广义表的名称用大写字母表示;n 是广义表的长度;d_1 是广义表 GL 的**表头**(Head),而广义表 GL 的其余部分组成的表($d_2,d_3,\cdots,d_n$)则是广义表的**表尾**(Tail)。

下面列举几个广义表的例子。

(1) $A=(a,(b,c))$是表长度为 2 的广义表。其中,第一个元素是 a,第二个元素是一个子表(b,c)。表 A 的表头 Head(A)$=a$,表 A 的表尾 Tail(A)$=((b,c))$。

(2) $C=(a,C)$表示长度为 2 的递归定义的广义表。其中,C 相当于无穷表 $C=(a,(a,(a,(\cdots))))$。

(3) 广义表也是一种多层次结构,广义表的深度定义为所含括号的重数。因此,对广义表而言,"空表"的深度为 1,而"原子"的深度为"0"。例如:

$C=(a,(b,c))$

$D=(A,B,C)=((),(d,e),(a,(b,c)))$

则广义表 C 的深度为 2,广义表 D 的深度为 3。

从上面的例子可以看出:

(1) 广义表的元素可以是子表,子表的元素还可以是子表……由此可见,广义表是一个多层次的结构。

(2) 广义表可以被其他广义表共享,只要通过子表的名称就可以引用该表,如上例(3)中广义表 D,A、B、C 都为 D 的子表,则在 D 中可以不必列出子表的值,而是通过子表的名称来引用。

(3) 广义表具有递归性,如上例(2)中的广义表 C。

本章小结

多维数组可以看成是线性表的推广,其特点是结构中的元素本身可以是具有某种结构的数据，但属于同一数据类型。科学计算与工程计算中的矩阵通常用二维数组来表示，为了节省存储空间，对于几种常见形式的特殊矩阵，如对称矩阵、三角矩阵和对角矩阵，在存储时可进行压缩存储。

广义表是另外一种线性表的推广形式，表中的元素可以是单个元素，也可以是一个子表，所以线性表可以看成广义表的特例。广义表的结构相当灵活，在某种前提下，它可以兼容线性表、数组、树和有向图等各种常用的数据结构。广义表的常用操作有取表头和取表尾。

学完本章内容后，明确数组和广义表这两种数据结构的特点，了解稀疏矩阵的三元组表表示法和十字链表表示法，了解广义表这种数据结构。

习　题

一、单项选择题

1. 数组的逻辑结构不同于下列(　　)的逻辑结构。
   A. 线性表　B. 栈　C. 队列　D. 树
2. 将数组称为随机存取结构是因为(　　)。
   A. 数组元素是随机的
   B. 对数组任一元素的存取时间是相等的
   C. 随时可以对数组进行访问
   D. 数组的存储结构是不确定的
3. 数组 A 中，每个元素的长度为 3 个字节，行下标 i 从 1 到 8，列下标 j 从 1 到 10，从首地址 100 开始连续存放在存储器内。若该数组按行主序存放，则元素 $A[8][5]$ 的起始地址为(　　)；若该数组按列主序存放，则元素 $A[8][5]$ 的起始地址为(　　)。
   A. 222，117　B. 322，217　C. 180，141　D. 280，241
4. 在数组 A 中，每个元素的长度为 6 个字节，行下标 i 从 1 到 6，列下标 j 从 1 到 8，从首地址 100 开始连续存放在存储器内。若该数组按行主序存放，则元素 $A[4][5]$ 的起始地址为(　　)；若该数组按列主序存放，则元素 $A[4][5]$ 的起始地址为(　　)。
   A. 232，208　B. 132，108　C. 268，262　D. 258，252
5. 有一个三维数组 $a[5][10][20]$，按行存储到内存中(每个下标均从 1 开始)，则 $a[3][4][7]$ 这个元素之前一共有(　　)个元素
   A. 1000　B. 687　C. 466　D. 84
6. 将 n 阶对称矩阵压缩存储到一维数组 A 中，则数组 A 的长度最少为(　　)。
   A. $n(n+1)/2$　B. $n(n-1)/2$　C. n^2　D. $n^2/2$
7. 将一个 $A[1\cdots100,1\cdots100]$ 的三对角矩阵，按行优先存入一维数组 $B[1\cdots298]$ 中，A 中元素 $A_{66,65}$ 在 B 数组中的下标 k 为(　　)。
   A. 195　B. 196　C. 197　D. 198
8. 设一个大小 100×100 的对称矩阵，保存其下三角所需要的元素个数为(　　)。
   A. 5 050　B. 100　C. 10 000　D. 5 000
9. 下面(　　)不属于特殊矩阵。
   A. 对角矩阵　B. 三角矩阵　C. 稀疏矩阵　D. 对称矩阵

10. 稀疏矩阵压缩存储后,必会失去随机存取功能。这个说法是(   )
    A. 正确的   B. 错误的
11. 稀疏矩阵采用压缩存储,一般有(   )两种方法。
    A. 二维数组和三维数组   B. 三元组和散列
    C. 三元组表和十字链表   D. 散列和十字链表
12. 稀疏矩阵可以用三元组表来表示,其中一个三元组表的数据中不包括非零元素的(   )。
    A. 行号   B. 列号   C. 元素值   D. 元素总数
13. 广义表中的元素或者是一个不可分割的原子,或者是一个非空的广义表。这个断言是(   )。
    A. 正确的   B. 错误的
14. 广义表(a,b,c,d)的表头是(   )。
    A. a B. (a) C. a,b,c D. (a,b,c)
15. 所谓取广义表的表尾就是返回广义表中最后一个元素。这个说法是(   )。
    A. 正确的   B. 错误的
16. 一个广义表的表尾总是一个广义表。这个说法是(   )。
    A. 正确的   B. 错误的
17. 广义表$((a),a)$的表尾是(   )。
    A. a B. b C. (a) D. $((a))$
18. 广义表$((a))$的表尾是(   )。
    A. a B. (a) C. $(\ )$ D. $((a))$
19. 广义表$((a,b),c,d)$的表尾是(   )。
    A. a B. b C. (a,b) D. (c,d)
20. 若广义表A满足$\text{Head}(A)=\text{Tail}(A)$,则$A$为(   )。
    A. $(\ )$ B. $((\ ))$
    C. $((\ ),(\ ))$ D. $((\ ),(\ ),(\ ))$
21. 广义表的(   )定义为广义表中括弧的重数。
    A. 长度   B. 深度   C. 长度和深度   D. 长度或深度
22. 设广义表$L=((a,b,c))$,则L的长度和深度分别为(   )。
    A. 1和1   B. 1和3   C. 1和2   D. 2和3
23. 广义表$(a,(a,b),d,e,((i,j),k))$的长度和深度分别是(   )。
    A. 5和5   B. 4和3   C. 5和3   D. 5和4

二、算法设计

1. 数组A中存放n个实数,请设计算法删除其中所有值在(x,y) $(x\leq y)$之间的元素,要求以较高的效率实现,并请分析算法的时间复杂度。

2. 设计一个时间复杂度为$O(n)$的算法,实现将数组$A[n]$的所有元素循环左移k个位置。

第6章 树和二叉树

在树结构中,结点之间的关系是前驱唯一而后继不唯一,即结点之间是一对多的关系。树结构应用非常广泛,特别是在大量数据处理(如在文件系统、编译系统、目录组织等)方面,显得非常突出。

树结构是以分支关系定义的一种层次结构,它类似于自然界中的树。在客观世界中,人类社会的族谱和各种社会组织机构等都可以用树结构表示。在计算机领域中,编译程序可用树结构表示源程序的语法结构,数据库系统可用树结构表示信息的组织形式。

树结构是非线性逻辑结构,它的理论基础属于离散数学的内容,数据结构重点讨论树结构的实现技术。本章主要讨论树结构的特性、存储及其操作的实现。

6.1 树

6.1.1 树的定义

树(Tree)是一种非常重要的非线性数据结构,它的形式化定义如下。

树是 $n(n\geqslant 0)$ 个结点的有限集合 T。当 $n=0$ 时,称为空树;当 $n>0$ 时,该集合满足如下条件。

(1) 树中必有一个称为**根**(Root)的特殊结点,它没有直接前驱,但有零个或多个直接后继。

(2) 其余 $n-1$ 个结点可以划分成 $m(m\geqslant 0)$ 个互不相交的有限集 $T_1,T_2,T_3,\cdots,T_m$,其中 T_i 又是一棵树,称为根的**子树**(SubTree)。每棵子树的根结点有且仅有一个直接前驱,但有零个或多个直接后继。

由上述树的定义可以看出这是一种递归的定义形式。由于子树是不相交的,那么除了根结点以外,树中每条边将某个结点与其父结点连起来。因此,除了根结点以外,每个结点有且仅有一个父结点,即一棵 N 个结点的树有 $N-1$ 条边。

6.1.2 树的表示法

(1) 树形表示法,又称倒置树结构。在计算机科学中,为了描述上述树的结构通常采用倒置结构,即树的根位于顶部,如图6.1所示。

(2) 广义表表示法,又称嵌套括号表示法。例如,上面的树用广义表形式表示为 $A(B(E(K,L),F),C(G),D(H(M),I,J))$。

(3) 文氏图表示法,又称嵌套集合表示法。例如,上面的树用文氏图表示法表示如图6.2所示。

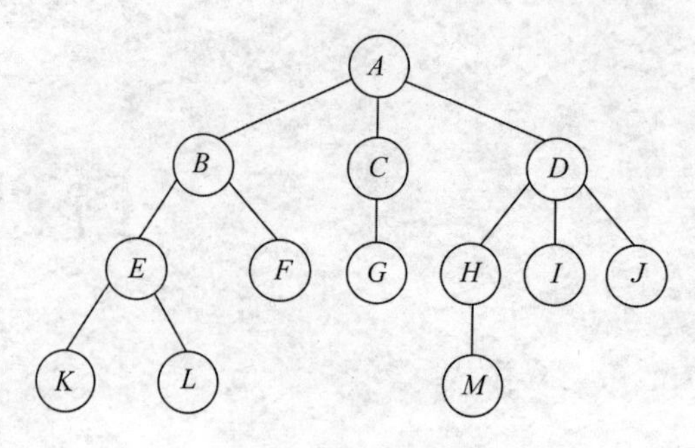

图 6.1 倒置树结构

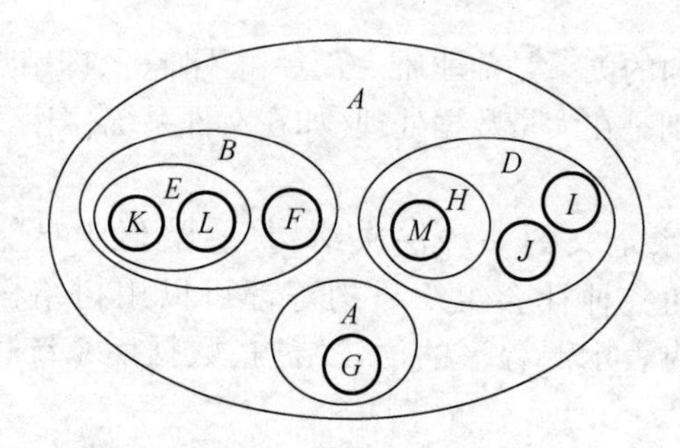

图 6.2 用文氏图表示法表示的树

(4) 凹入表示法。用位置的缩进表示其层次。如程序的缩进结构、书的目录编排格式等。例如,上面的树用凹入表示法表示,如图 6.3 所示。

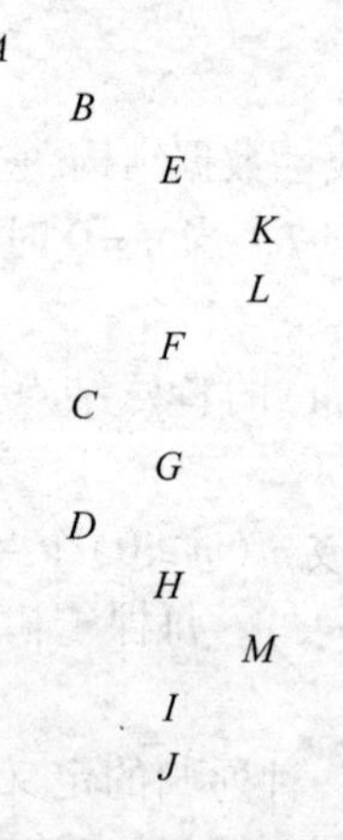

图 6.3 用凹入表示法表示的树

6.1.3 树的基本术语

下面是有关树的一些基本术语。

(1) **结点**:包含一个数据元素及若干指向其他结点的分支信息。

(2) **结点的度**:一个结点的子树个数称为此结点的度。

(3) **树的度**:树的所有结点中最大的度数。

(4) **叶子结点**:度为 0 的结点,即无后继的结点,也称为**终端结点**。

(5) **分支结点**:度不为 0 的结点,也称为**非终端结点**。

(6) **双亲结点**:一个结点的直接前驱称为该结点的双亲结点。

(7) **孩子结点**:一个结点的直接后继称为该结点的孩子结点。

(8) **兄弟结点**:同一双亲结点的孩子结点之间互称为兄弟结点。

(9) **堂兄弟结点**:父亲是兄弟关系或堂兄关系的结点称为堂兄弟结点。

(10) **祖先结点**:一个结点的直接前驱或间接前驱称为该结点的祖先结点。

(11) **子孙结点**:一个结点的直接后继或间接后继称为该结点的子孙结点。

(12) **结点的层次**:从根结点开始,根结点的层次为1,根的直接后继的层次为2,以此类推。

(13) **树的高度**(**也称深度**):树中所有结点的层次的最大值。

(14) **前辈**:层号比该结点小的结点,都称为该结点的前辈。

(15) **后辈**:层号比该结点大的结点,都称为该结点的后辈。

(16) **分支**:树中两个相邻结点的连边。

(17) **有序树与无序树**:如果把树中结点的各子树看成从左至右是有次序的、不能互换的,则称该树为有序树;否则称为无序树。

(18) **森林**:$m(m\geqslant 0)$棵互不相交的树的集合。将一棵非空树的根结点删去,树就变成了一个森林;反之,给森林增加一个统一的根结点,森林就变成一棵树。

6.1.4 树的抽象数据类型

根据树的结构定义,加上树的一组基本操作就构成了树的抽象数据类型。

ADT Tree{

数据对象:

D是具有相同特性的数据元素的集合。

数据关系:

若D为空集,则称为空树;

若D仅含一个数据元素,则R为空集;否则R={H},H是如下二元关系:

(1)在D中存在唯一的称为根的数据元素root,它在关系H下无前驱;

(2)若D={root}≠Φ,则存在D-{root}的一个划分$D_1, D_2, \ldots, D_m(m>0)$,对任意$j\neq k(1\leqslant j, k\leqslant m)$有$D_j\cap D_k=\Phi$,且对任意的$i(1\leqslant i\leqslant m)$,唯一存在数据元素$x_i\in D_i$,有$<root, x_i>\in H$;

(3)对应于D-{root}的划分,H-{$<root, x_1>, \ldots, <root, x_m>$=有唯一的一个划分$H_1, H_2, \ldots, H_m(m>0)$,对任意$j\neq k(1\leqslant j, k\leqslant m)$有$H_j\cap H_k=\Phi$,且对任意$i(1\leqslant i\leqslant m)$,$H_i$是$D_i$上的二元关系,$(D_i, \{H_i\})$是一棵符合本定义的树,称为根root的子树。

基本操作:

(1) Tree create():创建空树;

(2) void destroy(Tree T):销毁树;

(3) Tree parent(Tree T, ElementType x):返回x结点的双亲;

……

}ADT Tree

6.1.5 树的存储结构

树的存储主要有双亲表示法、孩子表示法和孩子兄弟表示法这3种方法。

1. 双亲表示法

双亲表示法是用一组连续的空间来存储树中的结点,在保存每个结点的同时附设一个指示器来指示其双亲结点在表中的位置,其结点的结构如图6.4所示。

数据	双亲
data	parent

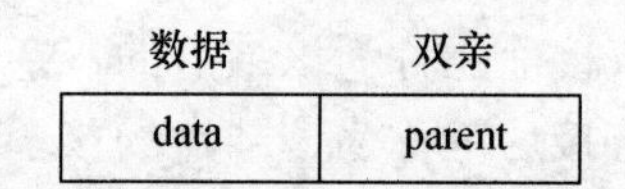

图 6.4　双亲表示法结点的结构

例如,如图 6.5 所示的二叉树。

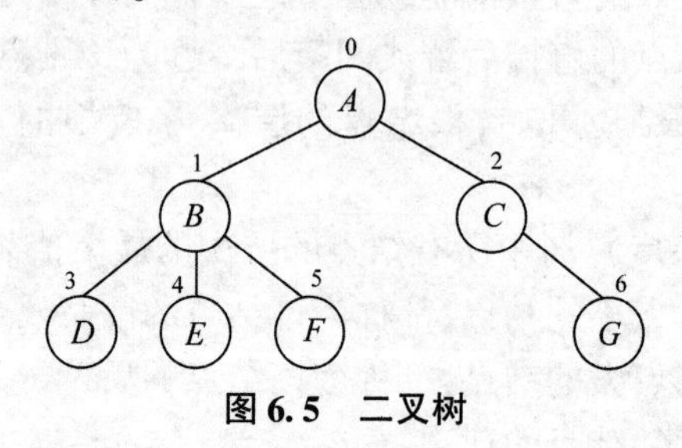

图 6.5　二叉树

此树的双亲表示法如图 6.6 所示。

结点序号	data	parent
0	*A*	-1
1	*B*	0
2	*C*	0
3	*D*	1
4	*E*	1
5	*F*	1
6	*G*	2

图 6.6　二叉树的双亲表示法

这种表示法利用了树中每个结点(根结点除外)只有一个双亲结点的性质,使得查找某个结点的双亲结点非常容易。

如果反复使用求双亲结点的操作,就可以较容易地找到树根。但是,在这种存储结构中,求某个结点的孩子时需要遍历整个数组。

2. 孩子表示法

通常把每个结点的孩子结点排列起来,构成一条单链表,称为**孩子链表**。

n 个结点共有 n 条孩子链表(叶子结点的孩子链表为空表),而 n 个结点的数据和 n 个孩子链表的头指针又组成一个顺序表。图 6.5 所示的二叉树的孩子表示法如图 6.7 所示。

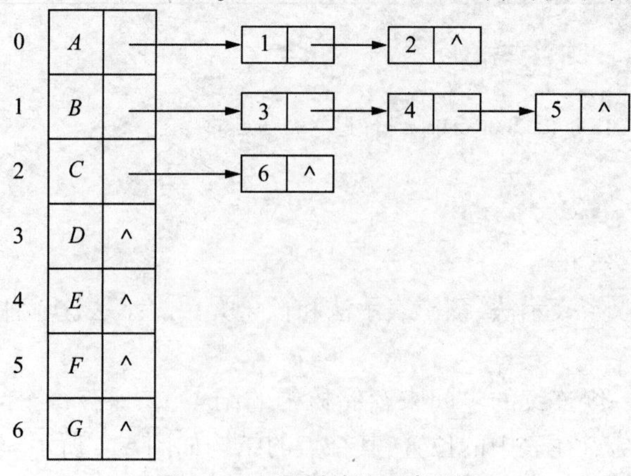

图 6.7　二叉树的孩子表示法

3. 孩子兄弟表示法

孩子兄弟表示法又称为树的二叉表示法(也称二叉链表表示法),即以二叉链表作为树的存储结构。链表中每个结点设有 firstChild 和 nextSibling 两个指针,分别指向该结点的第一个孩子结点和该结点的右兄弟结点。图 6.5 所示的二叉树的孩子兄弟表示法如图 6.8 所示。

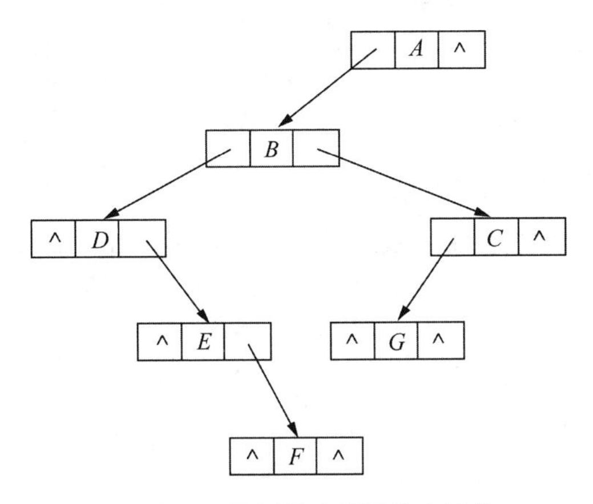

图 6.8 二叉树的孩子兄弟表示法

孩子兄弟表示法便于实现树的各种操作。例如,如果要访问结点 x 的第 i 个孩子,则只要先从 firstChild 找到 x 的第一个孩子结点,然后沿着这个孩子结点的 nextSibling 指针连续走 $i-1$ 步,便可找到 x 的第 i 个孩子。

如果在孩子兄弟表示法中为每个结点增设一个 parent,则同样可以方便地实现查找双亲的操作。

6.2 二 叉 树

二叉树(Binary Tree)的每个结点最多只有两棵子树,而且它的子树有左右之分,其次序不能任意颠倒。二叉树可以是空集,根可以有空的左子树或右子树,或者左、右子树皆为空。

二叉树的特点如下。

(1) 每个结点最多有两棵子树,所以二叉树中不存在度大于 2 的结点。

注意 不是只有两棵子树,而是最多有两棵子树,没有子树或有一棵子树都是可以的。

(2) 左子树和右子树是有顺序的,次序不能任意颠倒。

(3) 即使树中某结点只有一棵子树,也要区分它是左子树还是右子树。

所以,二叉树有 5 种基本形态,如图 6.9 所示。

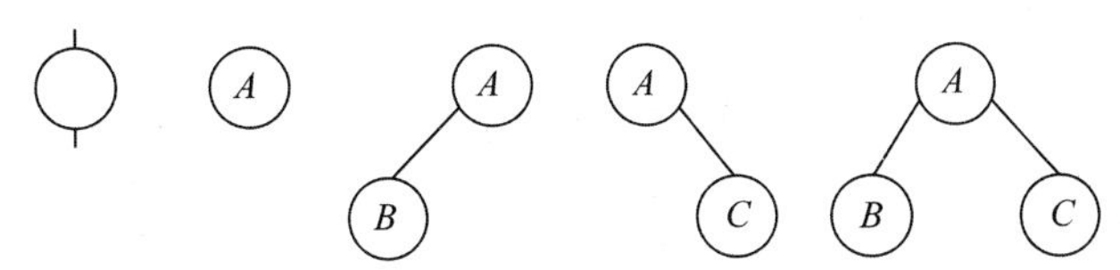

图 6.9 二叉树的 5 种基本形态

二叉树的抽象数据类型定义如下。

ADT BTree{

数据对象:

D是具有相同特性的数据元素的集合。这个集合可以为空,若不为空,则它是由根结点和其左、右二叉树组成的。

数据关系:

若 D = Φ,则 R = Φ,称 BTree 为空的二叉树;

若 D≠Φ,则 R = {H},H 是如下二元关系:

(1)在 D 中存在唯一的称为根的数据元素 root,它在关系 H 下无前驱;

(2)若 D - {root} ≠Φ,则存在 D - {root} = {D_l, D_r},且 $D_l \cap D_r = \Phi$;

(3)若 $D_l \neq \Phi$,则 D_l 中存在唯一的元素 x_l,<root, x_l> ∈H,且存在 D_l 上的关系 $H_l \subset H$;若 $D_r \neq \Phi$,则 D_r 中存在唯一的元素 x_r,<root, x_r> ∈H,且存在 D_r 上的关系 $H_r \subset H$;H = {<root, x_l>, <root, x_r>, H_l, H_r};

(4)(D_l, {H_l})是一棵符合本定义的二叉树,称为根的左子树,(D_r, {H_r})是一棵符合本定义的二叉树,称为根的右子树。

基本操作:

(1)BTree create():创建二叉树;

(2)boolean empty(Btree bt):判断二叉树是否为空;

(3)void traversal(Btree bt):二叉树的遍历;

……

}ADT BTree

因为二叉树适合于计算机处理,而任何树都可以转换为二叉树进行处理,所以二叉树是研究的重点。

6.2.1 特殊二叉树

1. 斜树

所有的结点都只有左子树的二叉树称为**左斜树**,所有结点都只有右子树的二叉树称为**右斜树**,这两者统称为**斜树**。斜树有很明显的特点,就是每一层都只有一个结点,结点的个数与二叉树的深度相同。

斜树与线性表结构是一样的吗?答案是的,其实线性表结构就可以理解为是树的一种极其特殊的表现形式。

2. 满二叉树

满二叉树(Full Binary Tree)是一棵深度为 k 且有 $2^k - 1$ 个结点的二叉树,如图 6.10 所示。

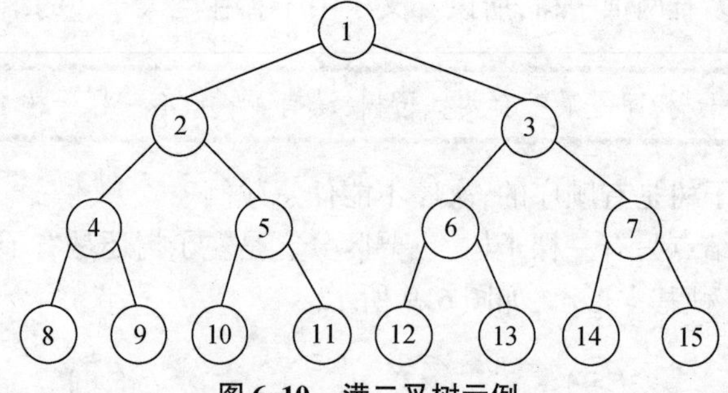

图 6.10 满二叉树示例

满二叉树的特点如下。

(1)每一层上的结点数都达到最大值。即对给定的高度,它是具有最多结点数的二叉树。

(2)满二叉树中不存在度为 1 的结点,每个分支结点均有两棵高度相同的子树,且叶子结点都在最下面一层上。

3. 完全二叉树

如果二叉树只有最下面两层上的结点的度可以小于2,并且最下面一层上的结点都集中在该层最左边的若干位置上,则此二叉树称为**完全二叉树**(Complete Binary Tree),如图6.11所示。

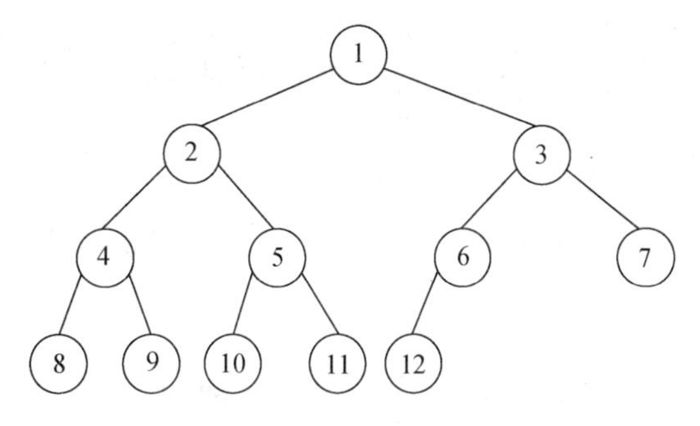

图6.11　完全二叉树示例

完全二叉树的特点如下。

(1) 在满二叉树的最下面一层上,从最右边开始连续删去若干结点后得到的二叉树仍然是一棵完全二叉树。

(2) 在完全二叉树中,若某个结点没有左孩子,则它一定没有右孩子,即该结点必是叶子结点。

(3) 完全二叉树中除最下面一层外,各层都充满了结点。

满二叉树与完全二叉树的关系是:满二叉树必为完全二叉树,而完全二叉树不一定是满二叉树。

6.2.2　二叉树的性质

视频讲解

二叉树有很多重要的性质,下面介绍5个重要特性。

性质1　在二叉树的第 i 层上最多有 2^{i-1} 个结点($i \geq 1$)。

证明:用数学归纳法。

(1) 归纳基础:当 $i=1$ 时,整个二叉树只有一个根结点,此时 $2^{i-1}=2^0=1$,结论成立。

(2) 归纳假设:假设 $i=k$ 时结论成立,即第 k 层上结点总数最多为 2^{k-1} 个。

(3) 现在证明当 $i=k+1$ 时,结论成立。

因为二叉树中每个结点的度最大为2,则第 $k+1$ 层的结点总数最多为第 k 层上结点最大数的2倍,即 $2^{k-1}\times 2=2^{(k+1)-1}$。

故结论成立。

性质2　深度为 k 的二叉树最多有 2^k-1 个结点($k \geq 1$)。

证明:因为深度为 k 的二叉树,其结点总数的最大值是二叉树每层上结点的最大值之和,所以深度为 k 的二叉树的结点总数最多为

$$\sum_{i=1}^{k} \text{第}\, i\, \text{层上的最大结点个数} = \sum_{i=1}^{k} 2^{i-1} = 2^k - 1$$

故结论成立。

性质3　对任意一棵二叉树 T,若终端结点数为 n_0,度为2的结点数为 n_2,则 $n_0=n_2+1$。

证明:设二叉树中结点总数为 n,度为1的结点数为 n_1。因为二叉树中所有结点的度小于等于2,所以有 $n=n_0+n_1+n_2$。

再设二叉树中分支数目为 B,因为除根结点以外,每个结点均对应一个进入它的分支,所以有 $n=B+1$。又因为二叉树中的分支都是由度为1和度为2的结点发出的,所以分支数

目为 $B=n_1+2n_2$。

所以,$n_0+n_1+n_2=n_1+2n_2+1$,得出 $n_0=n_2+1$。

故结论成立。

性质4 具有 n 个结点的完全二叉树的深度为$\lfloor \log_2 n \rfloor+1$。

证明:假设 n 个结点的完全二叉树的深度为 k,根据性质 2 可知,$k-1$ 层满二叉树的结点总数 $n_1=2^{k-1}-1$,k 层满二叉树的结点总数 $n_2=2^k-1$。

显然有 $n_1<n\leqslant n_2$,进一步可以推出 $n_1+1\leqslant n<n_2+1$。

所以,$2^{k-1}\leqslant n<2^k$,即 $k-1\leqslant \log_2 n<k$。因为 k 是整数,所以 $k-1=\lfloor \log_2 n \rfloor$,即 $k=\lfloor \log_2 n \rfloor+1$。

故结论成立。

性质5 对于具有 n 个结点的完全二叉树,如果按照从上到下、从左到右的顺序对二叉树中的所有结点从 1 开始顺序编号,则对于任意的序号为 i 的结点有:

(1) 如果 $i=1$,则序号为 i 的结点是根结点,无双亲结点;否则,序号为 i 的结点的双亲结点序号为$\lfloor i/2 \rfloor$。

(2) 如果 $2i>n$,则序号为 i 的结点无左孩子;否则,序号为 i 的结点的左孩子结点的序号为 $2i$。

(3) 如果 $2i+1>n$,则序号为 i 的结点无右孩子;否则,序号为 i 的结点的右孩子结点的序号为 $2i+1$。

视频讲解

6.2.3 二叉树的存储结构

在计算机内存储二叉树时,除了存储它的每个结点数据以外,也要体现结点之间的逻辑关系(父子关系)。

二叉树是非线性结构,每个结点最多有两个后继。二叉树的存储结构有两种:顺序存储结构和链式存储结构。

1. 二叉树的顺序存储结构

用一维数组来存储二叉树,将二叉树中序号为 i 的结点存放在数组的第 i 个下标中,如图 6.12 所示。

由图 6.12 可知,对于一棵完全二叉树,这种存储结构既不浪费空间,又可以根据公式计算出每一个结点的左、右孩子的位置。

但是,对于一个深度为 k 且只有 k 个结点的二叉树,在最坏的情况下(每个结点只有左孩子或只有右孩子)需要占用 2^{k-1} 个存储单元,而实际上该二叉树只有 k 个结点,空间浪费很大,如图 6.13 所示。

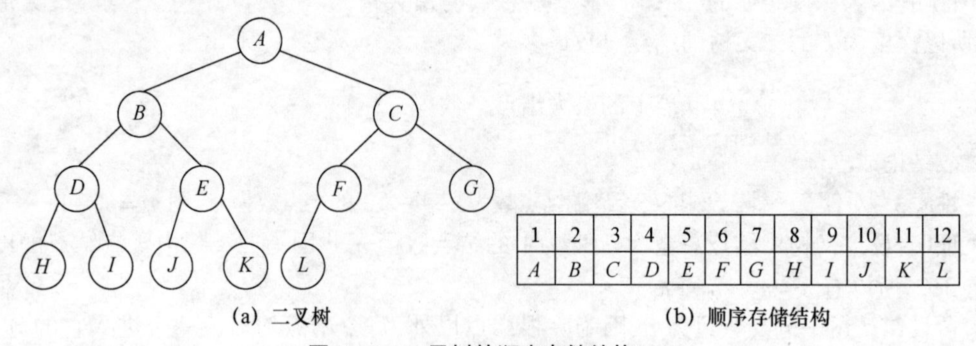

图 6.12 二叉树的顺序存储结构(1)

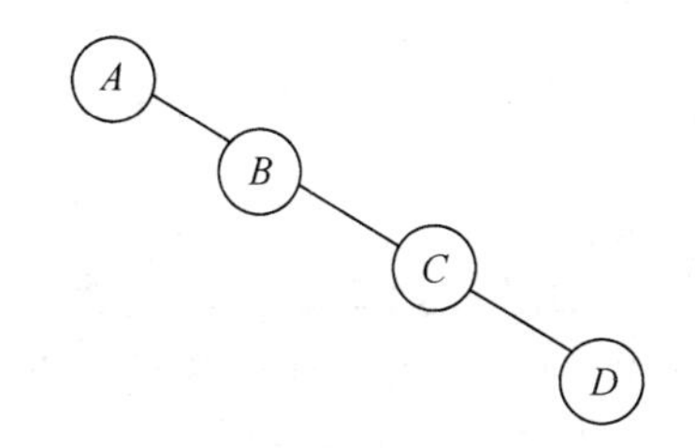

(a) 最坏情况下的二叉树

1	2	3	4	5	6	7	8	9	10	11	12	13	14	15
A		*B*				*C*								*D*

(b) 顺序存储结构

图 6.13　二叉树的顺序存储结构(2)

2. 二叉树的链式存储结构

因为对于一般的二叉树来说,采用顺序存储结构空间浪费较大;另外,二叉树的顺序存储方式避免不了顺序存储结构的固有缺点,即不容易实现增加、删除操作。实际上,二叉树的最常用的表示方法是采用链表存储结构,每个结点由数据和左孩子、右孩子三部分组成,如图 6.14 所示。

left	data	right

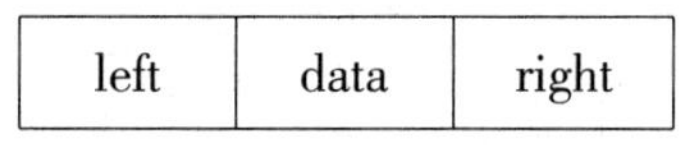

图 6.14　二叉树的链表表示法

这种结点形成的二叉树称为二叉链表,如图 6.15 所示。

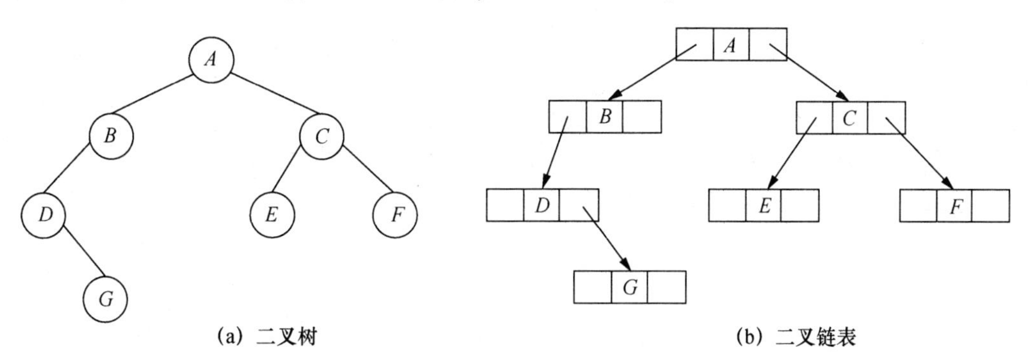

(a) 二叉树　　(b) 二叉链表

图 6.15　二叉树的链式存储结构

用 C 语言描述二叉树的链式存储结构类型如下。

```
typedef struct Node{
    ElementType data;
    struct Node *left;
    struct Node *right;
}BTNode, *BTree;
```

不同的存储结构实现二叉树的操作也不同。如果要查找某个结点的双亲结点,在三叉链表中很容易实现,而在二叉链表中则需要从根指针出发一一查找。可见,在具体应用中,要根据二叉树的形态和要进行的操作来决定二叉树的存储结构。

6.3 二叉树的遍历

二叉树的遍历是指按一定规律对二叉树中的每个结点进行访问且仅访问一次。访问是一个抽象的概念,实际上可以是对结点数据的各种处理,如输出结点信息。

为什么需要遍历二叉树呢?因为二叉树是非线性结构的,通过遍历就能得到访问结点的顺序序列,目的在于将非线性化结构变成线性化的访问序列。

按照二叉树的构成及访问结点的顺序二叉树的遍历可分为4种方式:先序遍历、中序遍历、后序遍历和层序遍历。

视频讲解

6.3.1 二叉树的先序遍历

先序遍历是指对二叉树中任意一个结点的访问是在其左、右子树遍历之前进行的。遍历从根结点开始,遇到每个结点时,其遍历过程为:①访问根结点;②先序遍历其左子树;③先序遍历其右子树。

【算法描述】

```
/* 先序遍历二叉树 */
void preOrder(BTree root)
{
    if(root != NULL){
        visit(root->data);/* 访问根结点 */
        preOrder(root->left);
        preOrder(root->right);
    }
}
```

二叉树的递归遍历算法的时间复杂度为$O(n)$。

在图6.16中,标注了二叉树先序遍历算法的执行过程及其输出结果。遍历从根结点开始,在每条边旁边的箭头表示算法执行过程中沿各结点指针的探索过程,而各结点旁边的带数字的黑底色圆框给出了结点输出的顺序。

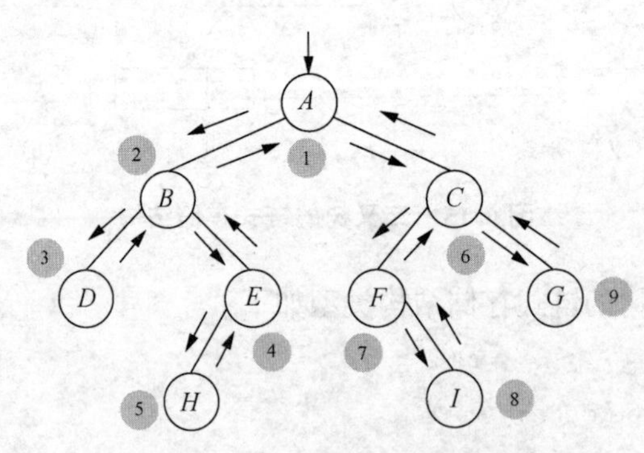

图6.16 二叉树先序遍历示例

二叉树先序遍历后的输出序列为$\{A,B,D,E,H,C,F,I,G\}$。

视频讲解

6.3.2 二叉树的中序遍历

中序遍历(或称**对称遍历**)是指对树中任一结点的访问是在遍历其左子树后进行的,访问此结点后,再遍历其右子树。遍历从根结点开始,遇到每个结点时,其遍历过程为:①中序遍历其左子树;②访问根结点;③中序遍历其右子树。

【算法描述】

```
/* 中序遍历二叉树 */
void inOrder(BTree root)
{
    if(root! =NULL){
        inOrder(root->left);
        visit(root->data);/* 访问根结点 */
        inOrder(root->right);
    }
}
```

二叉树的递归遍历算法的时间复杂度为 $O(n)$。

同先序遍历类似,在图6.17中标注了中序遍历二叉树的具体过程。

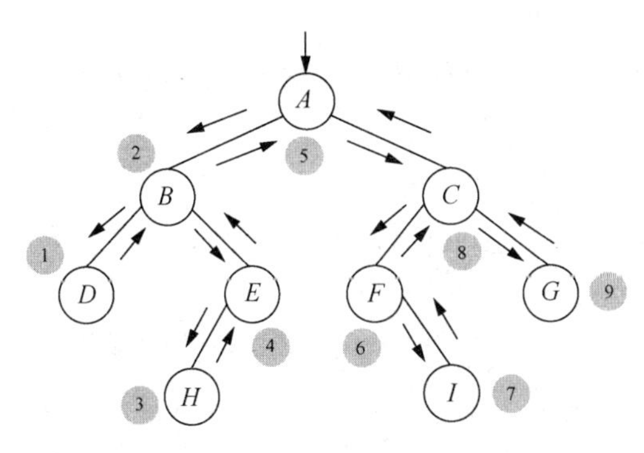

图6.17　二叉树中序遍历示例

二叉树中序遍历后的输出序列为{D,B,H,E,A,F,I,C,G}。

6.3.3　二叉树的后序遍历

后序遍历是指对树中任一结点的访问是在其左、右子树遍历之后进行的。后序遍历也是从根结点开始,遇到每个结点时,其遍历过程为:①后序遍历其左子树;②后序遍历其右子树;③访问根结点。

【算法描述】

```
/* 后序遍历二叉树 */
void postOrder(BTree root)
{
    if(root! =NULL){
        postOrder(root->left);
        postOrder(root->right);
        visit(root->data);/* 访问根结点 */
    }
}
```

二叉树的递归遍历算法的时间复杂度为 $O(n)$。

同先序遍历类似,在图6.18中标注了后序遍历二叉树的具体过程。

二叉树后序遍历后的输出序列为{D,H,E,B,I,F,G,C,A}。

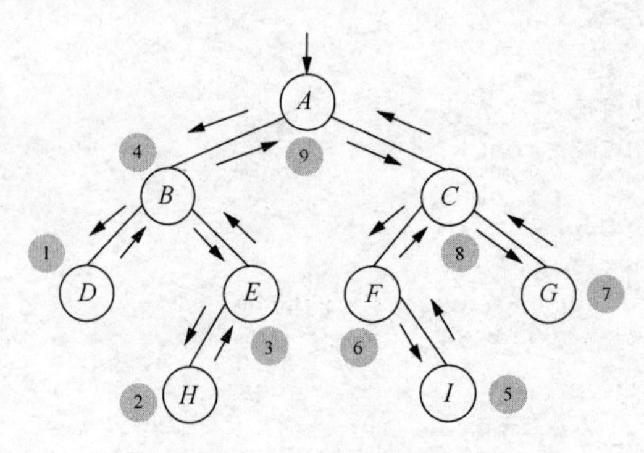

图 6.18　二叉树后序遍历示例

视频讲解

6.3.4　二叉树的层序遍历

层序遍历就是从上到下、从左到右访问二叉树的结点,又称为广度优先遍历。它需要队列这种数据结构来辅助。

【算法描述】

```
/* 层序遍历二叉树,root 为指向二叉树根结点的指针 * /
void layerOrder(BTree root)
{
    BTNode *p;
    Queue Q;/* 队列 * /

    push(&Q,root);/* 根结点入队 * /
    while(!empty(&Q)){/* 队列非空 * /
        p = front(&Q);
        pop(&Q);
        visit(p -> data);/* 访问 p 结点 * /
        if(p -> left! = NULL){/* 左子树非空 * /
            push(&Q,p -> left);
        }
        if(p -> right! = NULL){/* 右子树非空 * /
            push(&Q,p -> right);
        }
    }
}
```

同先序遍历类似,在图 6.19 中标注了层序遍历二叉树的具体过程。

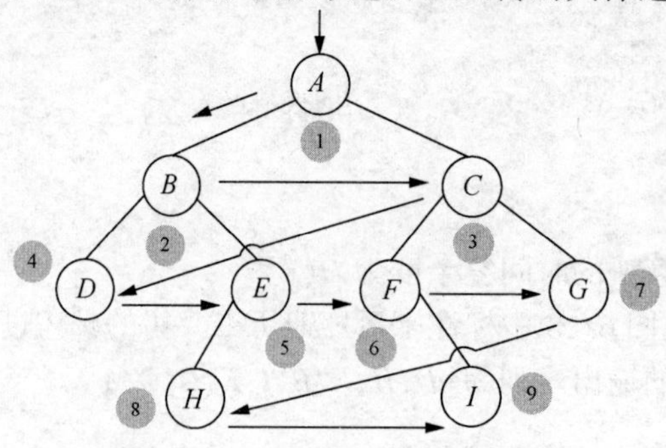

图 6.19　二叉树层序遍历示例

二叉树层序遍历的输出序列为{A,B,C,D,E,F,G,H,I}。

6.4　二叉树遍历的非递归算法

前面给出的二叉树先序、中序和后序3种遍历算法都是递归算法。但是，一方面，并非所有程序设计语言都支持递归操作；另一方面，递归程序虽然简洁，但程序执行效率并不高。因此，就提出了如何把一个递归算法转换为非递归算法的问题。

一般情况下，递归的问题可以直接转换成循环。但在很多复杂的情况下，需要采用栈消除递归。栈提供一种控制结构，当递归算法进层时需要将信息保留；当递归算法出层时需要从栈区退出信息。

6.4.1　先序遍历二叉树的非递归算法

视频讲解

先序遍历非递归算法需要设置一个栈，用以保留结点、结点的左孩子、结点的左左孩子……

【算法思想】

(1) 从当前结点开始，访问、进栈并走左子树，直到左子树为空。

(2) 退栈，然后走右子树。

【算法描述】

```
voidpreOrder(BTree root)
{
    Stack S;
    p=root;
    while(p!=NULL || !empty(&S)){
        if(p!=NULL){
            visit(p->data);/* 访问结点 */
            push(&S, p);
            p=p->left;
        }
        else{
            p=top(&S);/* 取栈顶 */
            pop(&S); /* 出栈 */
            p=p->right;
        }
    }
}
```

6.4.2　中序遍历二叉树的非递归算法

视频讲解

中序遍历非递归算法需要设置一个栈，用以保留结点指针，以便在遍历完某个结点的左子树后，再由该结点指针找到该结点的右子树。

【算法思想】

从根结点开始，如果当前结点存在，或者栈不空，则重复下面的操作。

(1) 从当前结点开始，进栈并走左子树，直到左子树为空。

(2) 退栈并访问，然后走右子树。

【算法描述】

```
void inOrder(BTree root)
{
    Stack S;
    p = root;
    while(p! = NULL || !empty(&S)){
        while(p! = NULL){/* 走左子树 * /
            push(&S,p);
            p = p -> left;
        }
        if(!empty(&S)){
            p = top(&S);/* 取栈顶 * /
            pop(&S);/* 出栈 * /
            visit(p -> data);/* 访问结点 * /
            p = p -> right;
        }
    }
}
```

视频讲解

6.4.3 后序遍历二叉树的非递归算法

后序遍历非递归算法比较复杂,它要求左、右子树都访问完后最后访问根结点。

【算法思想】

从根结点开始,如果当前结点存在,或者栈非空,则重复下面的操作。

(1) 从当前结点开始,进栈并走左子树,直到左子树为空。

(2) 取栈顶结点。

(3) 如果栈顶结点的右子树为空,或者栈顶结点的右孩子为刚访问过的结点,则退栈并访问,然后将当前结点指针置为空;否则,走右子树。

【算法描述】

```
void postOrder(BTree root)
{
    Stack S;
    pre = NULL;/* 初始时 pre 为 p 的前驱 * /
    p = root;
    while(p! = NULL || !empty(&S)){
        while(p! = NULL){/* 走左子树 * /
            push(&S,p);/* 进栈 * /
            p = p -> left;
        }

        p = top(&S);  /* 取栈顶结点 * /
        if(p -> right == NULL || p -> right == pre){
            visit(p -> data);/* 访问结点 * /
            pre = p;/* 把 p 赋给 pre,pre 为下一次处理结点的前驱 * /
            pop(&S);/* 出栈 * /
            p = NULL;
        }
        else{/* 走右子树 * /
            p = p -> right;
        }
    }
}
```

6.5　二叉树遍历算法的应用

6.5.1　输出二叉树中的叶子结点

输出二叉树中的叶子结点与输出二叉树中的结点相比,它是一个有条件的输出问题,即在遍历过程中走到每一个结点时都需进行测试,看是否满足叶子结点的条件。

【算法描述】

```
/* 先序遍历输出二叉树中的叶子结点 */
void leafNode(BTree root)
{
     if(root! =NULL){
        /* 如果结点没有左孩子也没有右孩子时,则输出该结点 */
        if(root->left ==NULL && root >right ==NULL){
              printf(root->data);/* 输出叶子结点 */
        }
        leafNode(root->left);
        leafNode(root->right);
     }
}
```

6.5.2　求二叉树的高度

一棵二叉树的高度是其结点的高度,而根结点的高度则是其左子树高度 h_l 和右子树高度 h_r 两者中的最大值加 1。因此可采用二叉树后序遍历的原理,递归计算出二叉树的高度。

【算法描述】

```
/* 后序遍历求二叉树 root 高度的递归算法 */
int depth(BTree root)
{
    int hl,hr,max;
    if(root! =NULL){
        hl  = depth(root->left);/* 求左子树的高度 */
        hr = depth(root->right);/* 求右子树的高度 */
        max  = hl >hr ? hl:hr;
        return  max+1;/* 返回树的高度 */
    }
    else{/* 如果是空树,则返回 0 */
        return  0;
    }
}
```

6.5.3　按树状打印二叉树

假设在以二叉链表存储的二叉树中,每个结点的数据均为单字母,要求实现图 6.20 所示的打印结果。

按由上而下的顺序看,结点输出的序列为{C,F,E,A,D,B},这恰为逆中序顺序。

二叉树的横向显示应是二叉树竖向显示的 90°旋转,采用"逆中序"遍历方式。

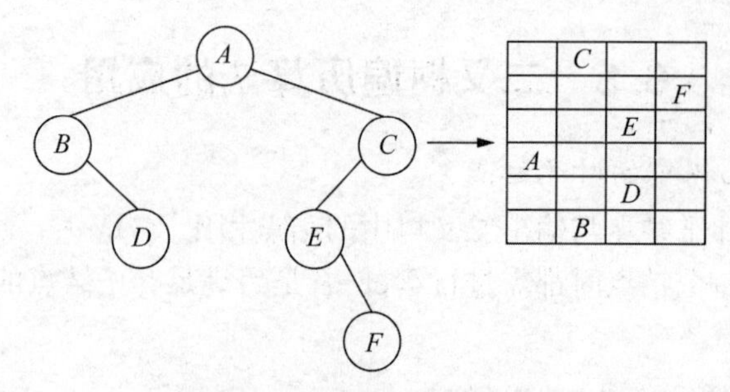

图6.20　按照树状打印二叉树

在这种输出格式中,结点的左、右位置与结点的层深有关,故算法中设置一个表示当前根结点层深的参数,以控制输出结点的位置,每当递归进层时层深参数加1。这些操作应在访问根结点时实现。

【算法描述】

```
int layer = 0;/* layer 为结点的层深,初值为 0 */
void printTree(BTree root,int layer)
{
    if(root != NULL){/* 按逆中序输出结点 */
        printTree(root -> right,layer + 1);/* 右子树 */

        /* 用层深决定结点的左、右位置 */
        for(i = 0;i < layer;i ++){
            printf(" ");
        }
        printf("%c\n",root -> data);

        printTree(root -> left,layer + 1);/* 左子树 */
    }
}
```

6.5.4　表达式树

第3章已介绍过利用栈进行表达式求值,一个表达式是由一系列运算符和运算数组成的,为了方便这里只考虑二元运算。

由于每个运算符完成两个运算数的算术运算,因此用二叉树表示便于运算。图6.21是表达式"$a + b * c + (d * e + f) * g$"的二叉树表示形式,树的叶子结点是运算数,可以是常量或变量名;树的非叶子结点是运算符。

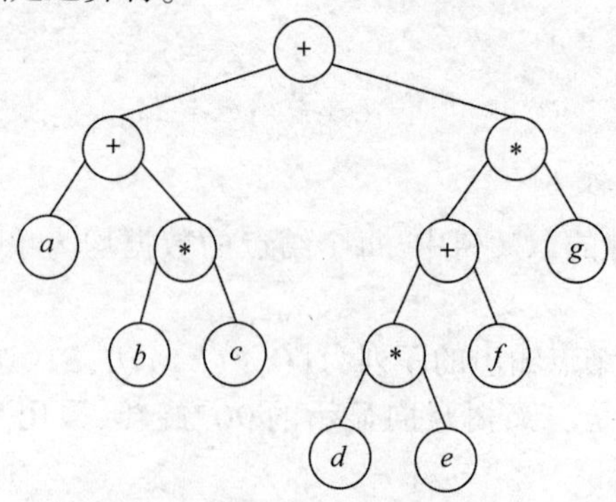

图6.21　表达式树

对图6.21所示的表达式树进行先序遍历序列为{$++a*bc*++*defg$}、中序遍历序列为{$a+b*c+d*e+f*g$}和后序遍历序列为{$abc*+de*f+g*+$}，它们分别对应前缀表达式、中缀表达式和后缀表达式。

人们常用的是中缀表达式，而计算机往往采用后缀表达式进行处理。

6.6　创建二叉树

由于树是非线性结构的，创建一棵二叉树必须首先确定树中结点的输入顺序，因此下面将讲解4种创建二叉树的方法。

6.6.1　由两种遍历序列创建二叉树

视频讲解

从二叉树的遍历过程可知，任意一棵二叉树结点的先序遍历和中序遍历是唯一的。反过来，给定结点的先序序列和中序序列，能否确定一棵二叉树？又是否唯一呢？

由定义可知，首先，二叉树先序遍历根结点 D；其次，遍历左子树 L；最后，遍历右子树 R，即在结点的先序序列中，第一个结点必是根结点 D。另外，由于中序遍历是先遍历左子树 L，然后访问根结点 D，最后遍历右子树 R，则根结点 D 将中序序列分割成两部分，即在根结点 D 之前是左子树结点的中序序列，在根结点 D 之后是右子树结点的中序序列。

反过来，根据左子树的中序序列中结点的个数，又可将先序序列除根以外分成左子树的先序序列和右子树的先序序列两个部分。依次类推，便可递归得到整棵二叉树。

由先序序列和中序序列创建二叉树，它是一个递归过程。

(1) 根据先序序列的第一个元素确定根结点。

(2) 在中序序列中找到该元素，确定根结点的左、右子树的中序序列。

(3) 在先序序列中确定左、右子树的先序序列。

(4) 由左子树的先序序列与中序序列建立左子树，由右子树的先序序列与中序序列建立右子树。

例6.1　由先序序列和中序序列创建二叉树。已知先序序列为{18,14,7,3,11,22,35,27}，中序序列为{3,7,11,14,18,22,27,35}。

由先序序列可知二叉树的根为18，则其左子树的中序序列为{3,7,11,14}，右子树的中序序列为{22,27,35}。

进而可得，其左子树的先序序列为{14,7,3,11}，右子树的先序序列为{22,35,27}。

依次类推，创建的一棵二叉树如图6.22所示。

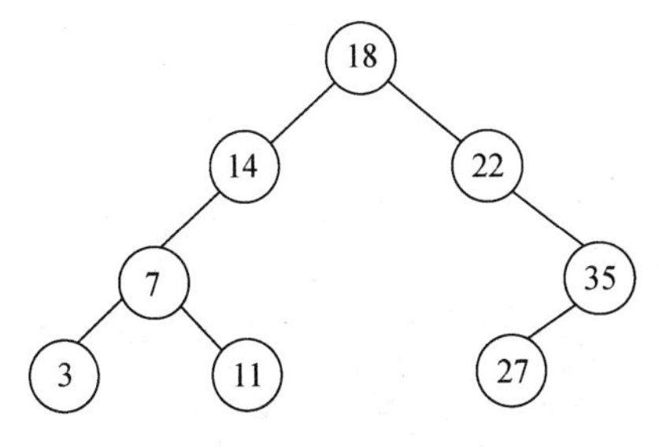

图6.22　二叉树

【算法描述】

```
/* pre 和 in 分别是二叉树的先序序列和中序序列。
b1,t1 分别是先序序列的下界(下标)和上界(下标);
b2,t2 分别是中序序列的下界(下标)和上界(下标)。
本算法是利用这两个序列,唯一构造一棵二叉树 * /
int pre[MAX],in[MAX]
BTree create(int b1,int t1,int b2,int t2)
{
    root = (BTNode * )malloc(sizeof(BTNode));
    root -> data = pre[b1];
    root -> left = NULL;
    root -> right = NULL;

    /* 在中序序列中查找根结点(即先序序列中的第一个结点) * /
    p = b2;
    while(in[p]! = pre[b1]){
        p ++;
    }
    cnt = p - b2;/* cnt 为左子树结点的个数 * /
    if(p! = b2){/* 创建左子树 * /
        root -> left = create(b1 +1,b1 + cnt,b2,p -1);
    }
    if(p! = t2){/* 创建右子树 * /
        root -> right = create(b1 + cnt +1,t1,p +1,t2);
    }

    return root;
}
```

给定结点的中序序列和后序序列,是否也可以唯一确定一棵二叉树呢?答案是可以。依据后序遍历和中序遍历的定义,后序序列的最后一个结点,就如同先序序列的第一个结点一样,可将中序序列分成两个子序列,分别为这个结点的左子树的中序序列和右子树的中序序列;然后再拿出后序序列的倒数第二个结点,并继续分割中序序列,如此递归下去;当倒着取尽后序序列中的结点时,便可以得到一棵二叉树。

给定结点的中序序列和层序遍历序列,是否也可以唯一确定一棵二叉树?答案是可以。

给定结点的先序序列和后序序列,是否也可唯一确定一棵二叉树呢?答案是不可以。

视频讲解

6.6.2 由二叉树的广义表表示创建二叉树

有如图 6.23 所示的一棵树。

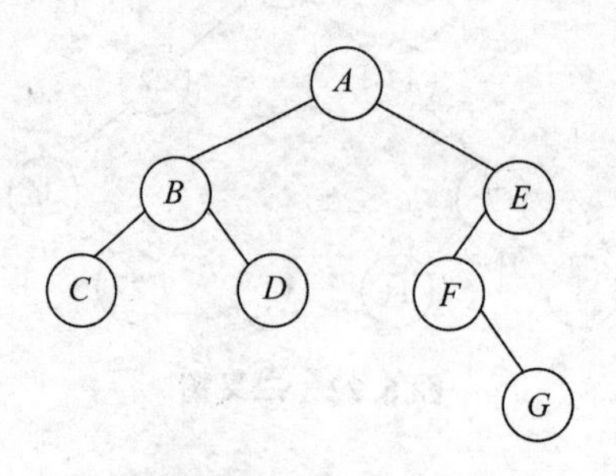

图 6.23 二叉树

图6.23中的二叉树用广义表表示为:$A(B(C,D),E(F(,G),))$。既可以由二叉树的广义表表示创建二叉树,也可以输出二叉树的广义表表示形式。

1. 由二叉树的广义表表示创建二叉树

利用广义表 $A(B(C,D),E(F(,G),))$ 创建二叉树,原则如下:遇到节点数据如'A''B''C'等数据,则创建新节点;遇到左括号'(',表明左子树开始;遇到逗号',',表明右子树开始;遇到右括号')',表明子树创建结束。

```
BTree create(char *str)
{
    int k =0;/* k 作为标志,当 k =1 时,处理左子树;当 k =2 时,处理右子树 */
    BTNode *s[M], *p;

    top =0;
    for(i =0;str[i]! ='\0';i ++){
        if(isalpha(str[i])){
            p = (BTNode *)malloc(sizeof(BTNode));
            p ->data = str[i];
            p ->left = NULL;
            p ->right = NULL;

            if(k ==1){
                s[top] ->left = p;  /* p 作为左子树 */
            }
            if(k ==2){
                s[top] ->right = p;/* p 作为右子树 */
            }
        }
        else if(str[i] =='('){
            top ++;
            s[top] = p;
            k =1;
        }
        else if(str[i] ==','){
            k =2;
        }
        else if(str[i] ==')'){
            top --;
        }
    }

    return s[1];
}
```

2. 输出二叉树的广义表表示形式

视频讲解

输出二叉树的广义表形式,有点类似于二叉树的先序遍历。

首先输出根结点,如果根结点的左孩子不为空,则递归输出其左子树;如果根结点的右孩子不为空,则递归输出其右子树。在输出过程中,根据结点是否为空,在合适的地方输出左括号、右括号及逗号。

```
void printBTree(BTree bt)
{
    /* 树为空时结束递归,否则执行如下操作 */
    if(bt != NULL){
        printf(bt->data);/* 输出根结点的值 */

        if(bt->left != NULL || bt->right != NULL){
            printf("(");

            printBTree(bt->left);
            printf(",");
            printBTree(bt->right);

            printf(")");
        }
    }
}
```

6.6.3 由扩展的先序序列创建二叉树

先序创建所用的结点输入序列是按树的扩展的先序遍历序列形成的,通常用特定的元素表示空子树。

例如,有如图 6.24 所示的一棵树。

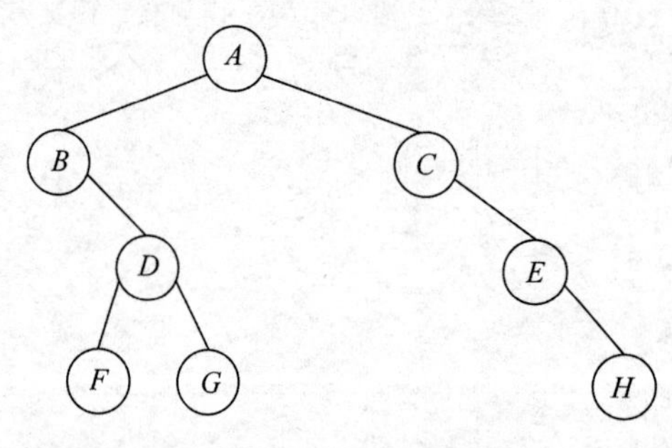

图 6.24　二叉树

如果用小圆点“.”表示空子树,此二叉树的“扩展的先序遍历序列”为 *AB. DF. . G. . C. E. H. .* 。

【算法思想】

采用类似先序遍历的递归算法,首先读入当前根结点的数据,如果是“.”,则将当前树根置为空;否则申请一个新结点,作为当前根结点。分别用当前根结点的左指针和右指针进行递归调用,创建左子树、右子树。

【算法描述】

```
BTree create()
{
    ch = getchar();
    if(ch == '.'){
        return NULL;
```

```
        }
        else{
            root = (BTree)malloc(sizeof(BTNode));
            root -> data = ch;
            root -> left = create();
            root -> right = create();
            return root;
        }
    }
```

6.6.4　由扩展的层序序列创建二叉树

层序创建所用的结点输入序列是按树的从上到下、从左到右的顺序形成的,通常用特定的元素表示空子树。

如果用小圆点“.”表示空子树,图6.24所示二叉树的扩展的层序遍历序列为 *ABC. D. EFG. H. . . . . .* 。

【算法步骤】

在构造二叉树过程中,需要用一个队列暂时存储各结点地址,其创建过程如下。

(1) 输入第一个数据。

若为“.”,则表示此树为空,树构造完毕;否则,动态分配一个结点单元,作为当前根结点,同时将该结点地址放入队列。

(2) 若队列不为空,则从队列中取出一个结点地址,并建立该结点的左、右孩子。

读入下一个数据,若读入的数据为“.”,则将出队结点的左孩子指针置空;否则,动态分配一个结点单元,并将其置为出队结点的左孩子,同时将此孩子地址入队。然后再读下一个数据,若读入的数据为“.”,则将出队结点的右孩子指针置空;否则,动态分配一个结点单元,并将其置为出队结点的右孩子,同时将此孩子地址入队。

(3) 重复步骤(2),直到队列为空,再无结点出队,构造过程到此结束。

【算法描述】

```
BTree create(char str[])
{
    i = 0;
    if(str[i] == '.'){
        return NULL;
    }

    Queue Q;
    root = (BTNode *)malloc(sizeof(BTNode));
    root -> data = str[i];
    push(&Q,root); /* 根结点入队 */
    while(!empty(&Q){
        p = front(&Q);
        pop(&Q);

        i ++;
        if(str[i] == '.'){
            p -> left = NULL;
        }
        else{
```

```
                p->left = (BTNode *)malloc(sizeof(BTNode));
                p->left->data = str[i];
                push(&Q,p->left);
            }

            i++;
            if(str[i] =='.'){
                p->right = NULL;
            }
            else{
                p->right = (BTNode *)malloc(sizeof(BTNode));
                p->right->data = str[i];
                push(&Q,p->right);
            }
        }
        return root;
    }
```

6.7 树、森林与二叉树

本节主要讨论树、森林与二叉树的相互转换,以及树的遍历、森林的遍历。

视频讲解

6.7.1 树、森林与二叉树的相互转换

1. 树转换为二叉树

对于一棵无序树,树中结点的各孩子的次序是无关紧要的,而二叉树中结点的左、右孩子结点是有区别的。为了避免混淆,可以约定树中每一个结点的孩子结点按照从左到右的次序顺序编号,即把树看作有序树。

将一棵树转换为二叉树的步骤如下。

(1) 在树中所有相邻兄弟之间加一条连线。

(2) 对树中的每一个结点,只保留它与第一个孩子结点之间的连线,删去它与其他孩子结点之间的连线。

(3) 以树的根结点为轴心,将整棵树顺时针旋转一定的角度,使之结构层次分明。

可以证明,树经过上述转换所构成的二叉树是唯一的。

例如,有如图6.25所示的一棵树。

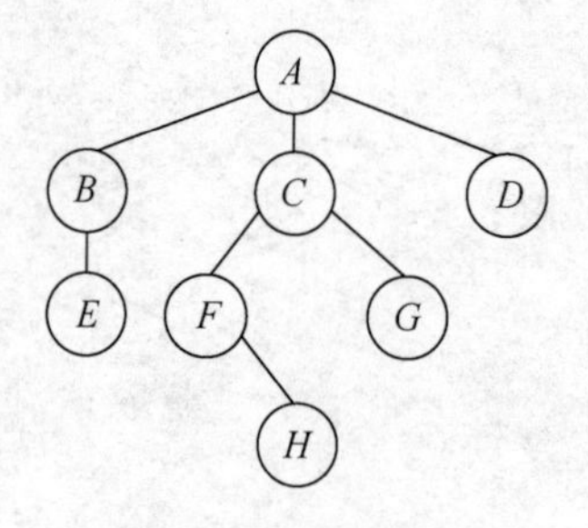

图6.25 树示例

它转换为二叉树的过程如图6.26所示。

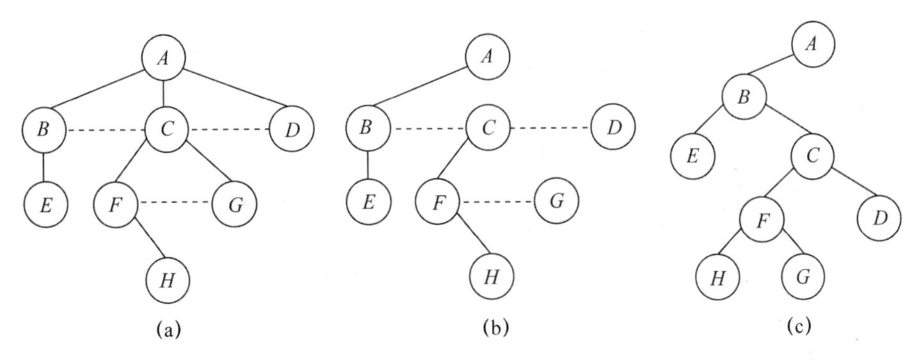

图 6.26 树转换为二叉树的过程

从图 6.26 中的转换过程可以看出,树中某结点的第一个孩子在二叉树中是相应结点的左孩子,树中某结点的右兄弟在二叉树中是相应结点的右孩子。也就是说,在二叉树中,左分支上的各结点在原来的树中是父子关系,而右分支上的各结点在原来的树中是兄弟关系。由于树的根结点没有兄弟,因此变换后的二叉树的根结点的右孩子必然为空。

2. 森林转换为二叉树

森林也可以很方便地用孩子兄弟表示法表示。森林是若干棵树的集合,树可以转换为二叉树,那么森林同样也可以转换为二叉树。森林转换为二叉树的步骤如下。

(1) 将森林中的每棵树转换为相应的二叉树。

(2) 第一棵二叉树不动,从第二棵二叉树开始,依次把后一棵二叉树的根结点作为前一棵二叉树根结点的右孩子。

(3) 当所有二叉树连在一起后,所得到的二叉树就是由森林转换得到的二叉树。

例如,有如图 6.27 所示的森林,它转换为二叉树的过程如图 6.28 所示。

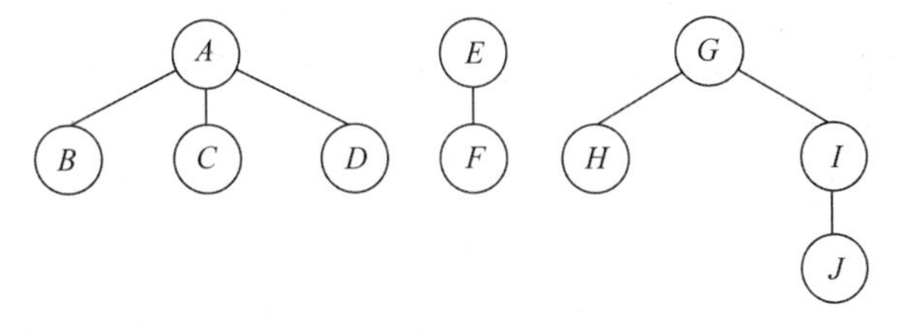

图 6.27 森林示例

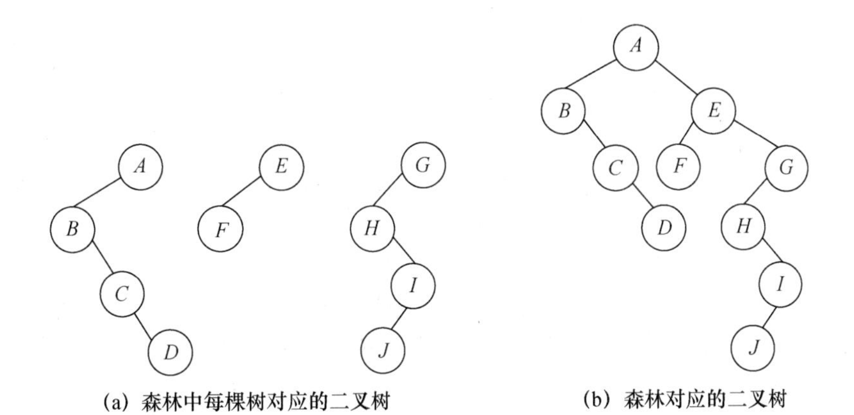

图 6.28 森林转换为二叉树的过程

3. 二叉树转换为树或森林

树和森林都可以转换为二叉树,二者不同的是:树转换后的二叉树,其根结点必然无右孩子;而森林转换后的二叉树,其根结点有右孩子。

将一棵二叉树转换为树或森林的步骤如下。

(1) 若 x 结点是其双亲结点 y 的左孩子,则把 x 结点的右孩子、右孩子的右孩子……都与 x 结点的双亲结点 y 用线连起来。

(2) 删除二叉树中所有双亲结点与右孩子结点的连线。

(3) 整理由前两步所得到的树或森林,使之结构层次分明。

例如,二叉树转换为森林的过程如图 6.29 所示。

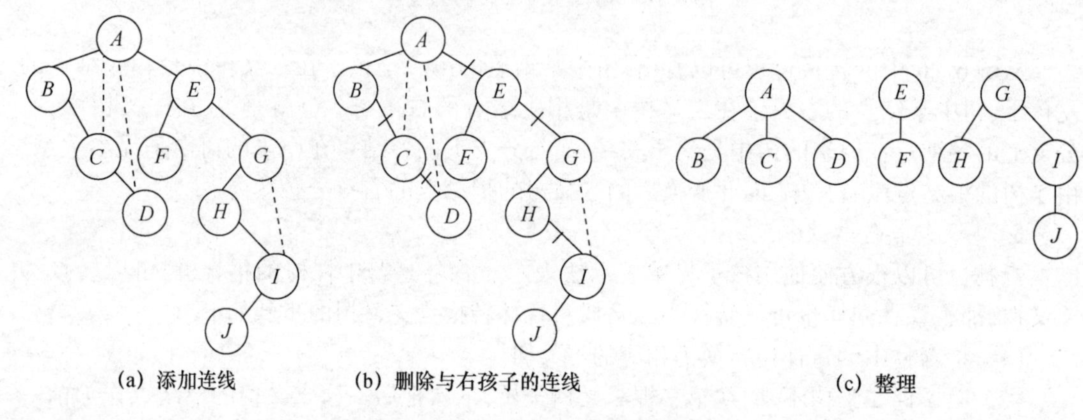

图 6.29 二叉树转换为森林的过程

6.7.2 树的遍历

树的遍历方法主要有先根遍历和后根遍历两种方法。

(1) 先根遍历。若树非空,则遍历方法为:访问根结点;从左到右,依次先根遍历根结点的每一棵子树。

(2) 后根遍历。若树非空,则遍历方法为:从左到右,依次后根遍历根结点的每一棵子树;访问根结点。

对照树与二叉树之间的转换关系可以发现,树的先根遍历、树的后根遍历与这棵树转换成的二叉树的先序遍历、中序遍历是对应一致的。因此可以用相应的二叉树的遍历结果来验证树的遍历结果,树的遍历算法可以采用其对应的二叉树的遍历算法来实现。

6.7.3 森林的遍历

森林的遍历方法主要有先序遍历、中序遍历和后序遍历 3 种。

1. 先序遍历

若森林非空,则遍历方法为:访问森林中第一棵树的根结点;先序遍历第一棵树的根结点的子树森林;先序遍历除去第一棵树之后剩余的树构成的森林。

2. 中序遍历

若森林非空,则遍历方法为:中序遍历森林中第一棵树的根结点的子树森林;访问第一棵树的根结点;中序遍历除去第一棵树之后剩余的树构成的森林。

3. 后序遍历

若森林非空,则遍历方法为:后序遍历森林中第一棵树的根结点的子树森林;后序遍历除去第一棵树之后剩余的树构成的森林;访问第一棵树的根结点。

对照二叉树与森林之间的转换关系可以发现,森林的先序遍历、中序遍历和后序遍历与这棵树转换成的先序遍历、中序遍历和后序遍历是对应相同的。

因此可以用相应的二叉树的遍历结果来验证森林的遍历结果,森林的遍历算法可以采用其对应的二叉树的遍历算法来实现。

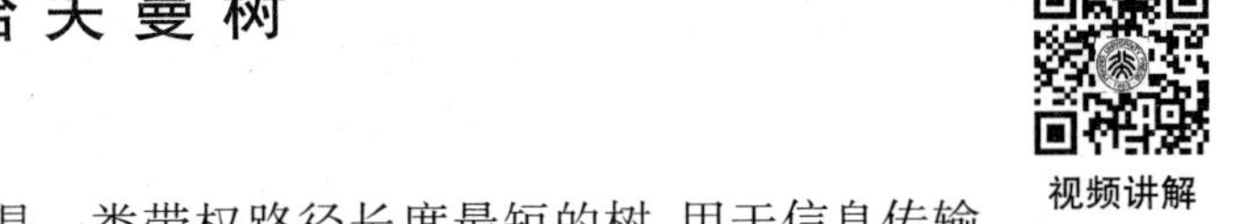

6.8　哈夫曼树

6.8.1　哈夫曼树的基本概念

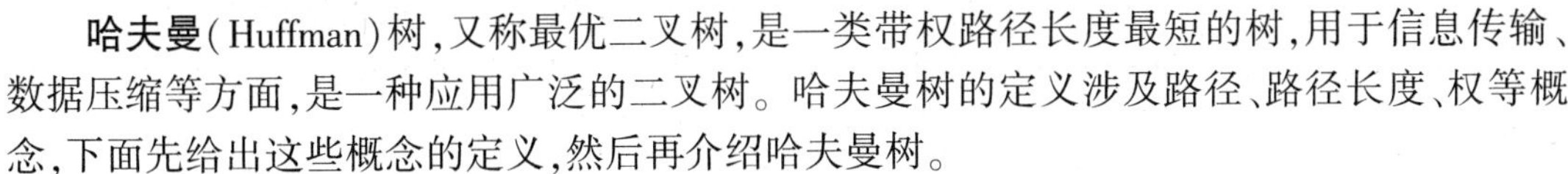

哈夫曼(Huffman)树,又称最优二叉树,是一类带权路径长度最短的树,用于信息传输、数据压缩等方面,是一种应用广泛的二叉树。哈夫曼树的定义涉及路径、路径长度、权等概念,下面先给出这些概念的定义,然后再介绍哈夫曼树。

(1) 路径:从树中一个结点到另一个结点的顶点序列称为**路径**。

(2) 路径长度:路径上的分支数目称为**路径长度**。

(3) 权:赋予某个实体的一个量,是对实体的某个或某些属性的数值化描述称为**权**。在数据结构中有结点权和边权。结点权或边权具体代表什么意义,由具体情况决定。

(4) 结点的带权路径长度:从树根到某一结点的路径长度与该结点的权的乘积称为该**结点的带权路径长度**。

(5) 树的带权路径长度:为树中所有叶子结点的带权路径长度之和称为**树的带权路径长度**(Weighted Path Length of Tree,WPL),通常记为

$$\mathrm{WPL} = \sum_{i=1}^{n} W_i \times L_i$$

其中,n 为叶子结点的个数,W_i 为第 i 个叶子结点的权值,L_i 为第 i 个叶子结点的路径长度。

(6) 哈夫曼树:假设有 m 个权值 $\{w_1, w_2, \cdots, w_n\}$,可以构造一棵含有 n 个叶子结点的二叉树,每个叶子结点的权为 w_i,则其中带权路径长度 WPL 最小的二叉树称为最优二叉树或哈夫曼树。

例如,在图6.30中所示的三棵二叉树,都含有4个叶子结点 A、B、C、D,分别带权7、5、2、4,它们的带权路径长度分别为

$$\mathrm{WPL}(a) = 7\times2+5\times2+2\times2+4\times2=36$$

$$\mathrm{WPL}(b) = 4\times2+7\times3+5\times3+2\times1=46$$

$$\mathrm{WPL}(c) = 7\times1+5\times2+2\times3+4\times3=35$$

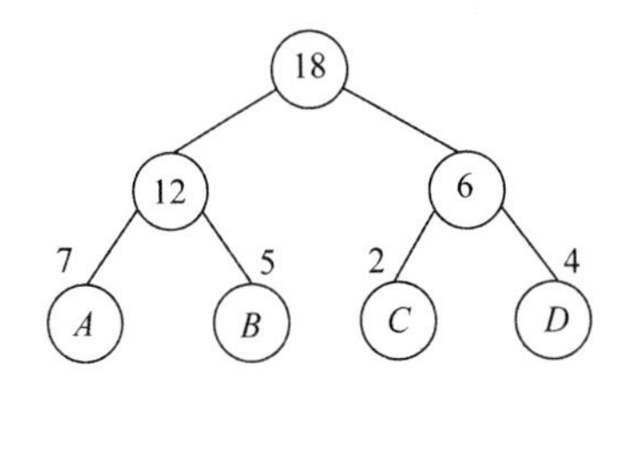

(a) 带权路径长度为36

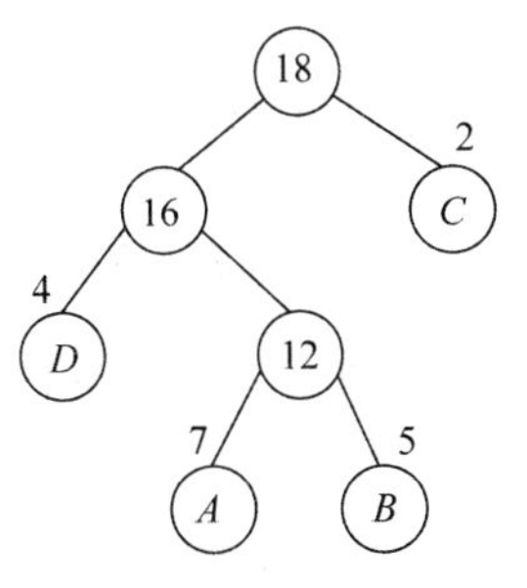

(b) 带权路径长度为46

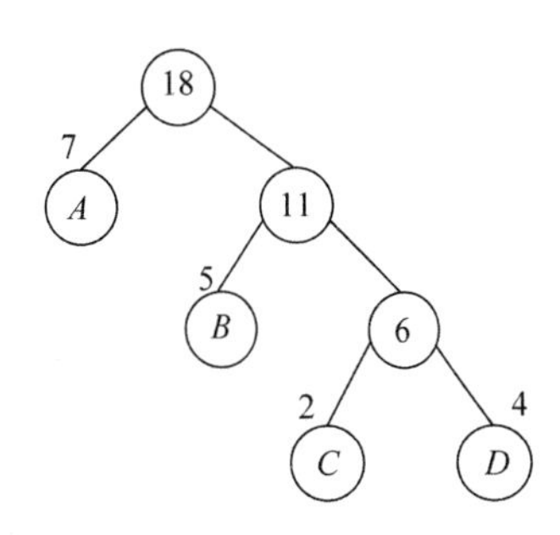

(c) 带权路径长度为35

图6.30　具有不同带权路径长度的二叉树

其中图6.30(c)树的 WPL 最小,可以验证,它为哈夫曼树。直观地看,在哈夫曼树中权

值越大的叶子离根越近，则具有最小带权路径长度。

6.8.2 哈夫曼树的构造过程

哈夫曼树的构造过程如下。

(1) 用给定的 n 个权值 $\{w_1, w_2, \cdots, w_n\}$，创建 n 棵二叉树构成的森林 $F=\{T_1, T_2, \cdots, T_n\}$，其中，每一棵二叉树 $T_i(1 \leqslant i \leqslant n)$ 都只有一个权值为 w_i 的根结点，其左、右子树为空。

(2) 在森林 F 中选择两棵根结点权值最小的二叉树，作为一棵新二叉树的左、右子树，标记新二叉树的根结点权值为其左、右子树的根结点权值之和。

(3) 从 F 中删除被选中的那两棵二叉树，同时把新构成的二叉树加入到森林 F 中。

(4) 重复步骤(2)和步骤(3)，直到森林 F 中只含有一棵二叉树为止，此时得到的二叉树就是哈夫曼树。

例 6.2 要传送数据 state, seat, at, tea, cat, set, a, cate，为了使传送的长度最短，可以把字符出现的次数当作权，即 e(5), a(7), s(3), c(2), t(8)，请构造一棵哈夫曼树并写出其构造过程。

初始状态：根据给定的权值，创建五棵二叉树构成的森林，如图 6.31 所示

图 6.31 五棵二叉树构成的森林

第 1 步：选择两棵根结点权值最小的二叉树进行合并，如图 6.32 所示。

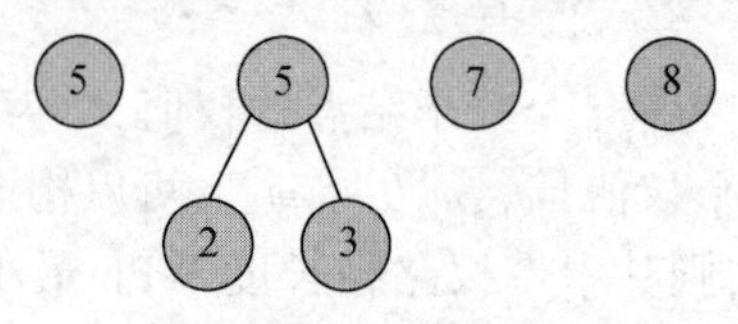

图 6.32 第 1 步结果

第 2 步：选择两棵根结点权值最小的二叉树进行合并，如图 6.33 所示。

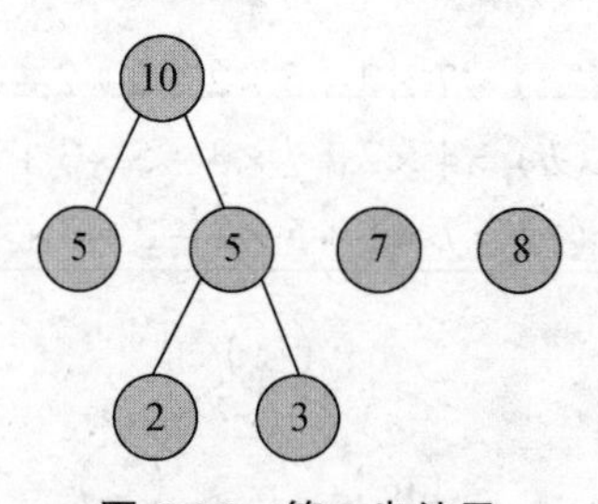

图 6.33 第 2 步结果

第 3 步：选择两棵根结点权值最小的二叉树进行合并，如图 6.34 所示。

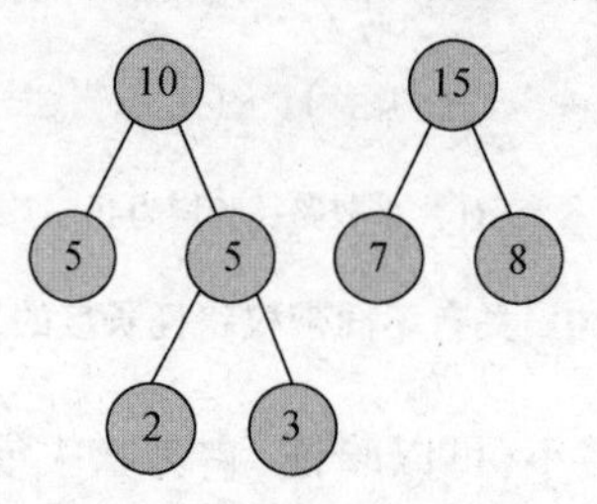

图 6.34 第 3 步结果

第4步:选择两棵根结点权值最小的二叉树进行合并,如图6.35所示。

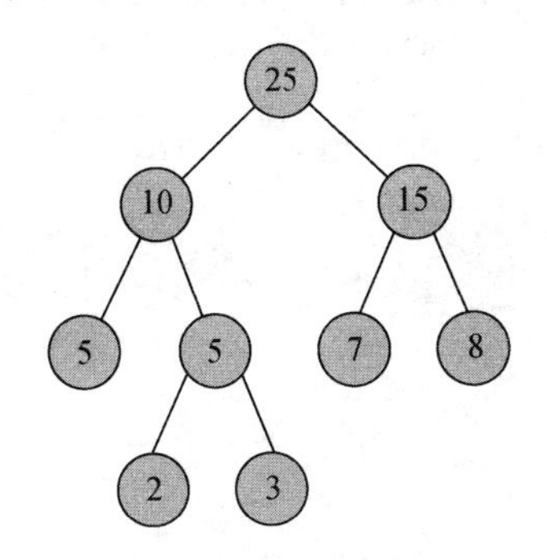

图6.35 第4步结果

6.8.3 哈夫曼树的存储结构

哈夫曼树也是二叉树,当然可以采用前面已经介绍过的通用存储方法。但由于有 n 个叶子结点,需经 $n-1$ 次合并形成哈夫曼树,而每次合并产生一个分支结点,因此哈夫曼树中共有 $2n-1$ 个结点。这样,可以用一维数组来存放哈夫曼树的各个结点,又由于每个结点同时还要包含其双亲结点的信息和孩子结点的信息,因此每个结点可由下面四部分构成:权值、双亲序号、左孩子结点序号、右孩子结点序号。

用C语言描述哈夫曼树如下。

```
#define N 200      /* 叶子结点数 */
typedef struct{
    int weight;    /* 结点的权值 */
    int parent;    /* 双亲的下标 */
    int left;      /* 左孩子结点序号 */
    int right;     /* 右孩子结点序号 */
}HTNode, * HTree;
```

6.8.4 构造哈夫曼树的算法

对于有 n 个叶子结点的哈夫曼树,结点总数为 $2n-1$ 个,为方便实现,将叶子结点集中存储在前面 $1\sim n$ 个位置,而后面 $n-1$ 个位置用于存储其余非叶子结点。

构造哈夫曼树的算法可以分为以下两大部分。

(1) 初始化:$1\sim n$ 号单元的权值、双亲、左孩子、右孩子的值分别为叶子结点的权值、0、0、0。

注意 0号单元不使用,从1号单元开始使用。

(2) 创建树:循环 $n-1$ 次,通过 $n-1$ 次的选择、删除与合并来创建哈夫曼树。

选择是从当前森林中选择双亲为0且权值最小的两个树根结点s1和s2;删除是指将结点s1和s2的双亲改为非0;合并就是将结点s1和s2的权值和作为一个新结点的权值依次存入到数组的第 $n+1$ 之后的单元中,同时记录这个新结点左孩子的序号为s1,右孩子的序号为s2。

```
/* 构造哈夫曼树 ht,数组 w 存放 n 个叶子结点的权值 * /
void createHuffmanTree(HTree ht,int w[],int n)
{
    /*1 ~ n 号单元存放叶子结点,赋初值 * /
    for(i =1;i < =n;i ++){
        ht[i] = {w[i],0,0,0};
    }

    /* 创建非叶子结点 * /
    m = 2 * n -1;
    for(i =n +1;i < =m;i ++){
    /* 在 ht[1]~ ht[i-1]的范围内找 parent 为 0 且 weight 最小的结点 s1 * /
        findMin(ht,i-1,&s1);
        ht[s1].parent = i;
        findMin(ht,i-1,&s2);
        ht[s2].parent = i;

        ht[i].weight = ht[s1].weight + ht[s2].weight;
        ht[i].parent = 0;
        ht[i].left = s1;
        ht[i].right = s2;
    }
}
```

例 6.3 要传送数据 state,seat,at,tea,cat,set,a,cate,为了使传送的长度最短,可以把字符出现的次数当作权,即 e(5),a(7),s(3),c(2),t(8)。请构造一棵哈夫曼树并写出按算法构造哈夫曼树的过程。

第 1 步:1 ~ 5 号单元存放叶子结点,6 ~ 9 号单元存放非叶子结点,如图 6.36 所示。

	weight	parent	left	right
1	5	0	0	0
2	7	0	0	0
3	3	0	0	0
4	2	0	0	0
5	8	0	0	0
6				
7				
8				
9				

图 6.36 第 1 步结果

第 2 步:创建非叶子结点。

(1) 在 ht[1]~ ht[5]的范围内选择两个 parent 为 0 且 weight 最小的结点,作为第 6 个结点的左孩子和右孩子,如图 6.37 所示。

	weight	parent	left	right
1	5	0	0	0
2	7	0	0	0
3	3	6	0	0
4	2	6	0	0
5	8	0	0	0
6	5	0	4	3
7				
8				
9				

图6.37　第2(1)步结果

(2) 在ht[1]～ht[6]的范围内选择两个parent为0且weight最小的结点,作为第7个结点的左孩子和右孩子,如图6.38所示。

	weight	parent	left	right
1	5	7	0	0
2	7	0	0	0
3	3	6	0	0
4	2	6	0	0
5	8	0	0	0
6	5	7	4	3
7	10	0	1	6
8				
9				

图6.38　第2(2)步结果

(3) 在ht[1]～ht[7]的范围内选择两个parent为0且weight最小的结点,作为第8个结点的左孩子和右孩子如图6.39所示。

	weight	parent	left	right
1	5	7	0	0
2	7	8	0	0
3	3	6	0	0
4	2	6	0	0
5	8	8	0	0
6	5	7	4	3
7	10	0	1	6
8	15	0	2	5
9				

图6.39　第2(3)步结果

(4) 在ht[1]～ht[8]的范围内选择两个parent为0且weight最小的结点,作为第9个结点的左孩子和右孩子,如图6.40所示。

	weight	parent	left	right
1	5	7	0	0
2	7	8	0	0
3	3	6	0	0
4	2	6	0	0
5	8	8	0	0
6	5	7	4	3
7	10	9	1	6
8	15	9	2	5
9	25	0	7	8

图6.40　第2(4)步结果

6.9 哈夫曼编码

6.9.1 编码方案

数据传送过程称为**编码**,即将文件中的每个字符都转换为一个唯一的二进制位串。数据解压过程称为**解码**,即将二进制位串转换为对应的字符。

用电子方式处理符号时,需先对符号进行二进制编码。例如,计算机中使用的英文字符的 ASCII 码就是 8 位的二进制编码,ASCII 码是一种定长编码,即每个字符的二进制编码长度相同。为了缩短数据文件长度,可采用变长编码,其基本思想是给使用频度较高的字符编以较短的编码,这是数据压缩技术的最基本的思想。

给定的字符集 C,可能存在多种编码方案。

1. 等长编码方案

等长编码方案将给定字符集 C 中每个字符的码长定为 $\lceil \log_2 |C| \rceil$,$|C|$ 表示字符集的大小。

例 6.4 设待压缩的数据文件共有 100 000 个字符,这些字符均取自字符集 $C = \{a,b,c,d,e,f\}$,请设计等长编码。

等长编码需要三位($\lceil \log_2 |C| \rceil = 3$)二进制数字来分别表示这 6 个字符,因此,整个文件的编码长度为 300 000 位,其等长编码如表 6.1 所示。

表 6.1 等长编码

字　符	a	b	c	d	e	f
等长编码	000	001	010	011	100	101

2. 变长编码方案

变长编码方案是将频度高的字符编码设置较短,将频度低的字符编码设置较长。

例 6.5 设待压缩的数据文件共有 100 000 个字符,这些字符均取自字符集 $C = \{a,b,c,d,e,f\}$,其中每个字符在文件中出现的次数如表 6.2 所示,试设计变化编码。

表 6.2 变长编码

字　符	a	b	c	d	e	f
频度/千次	45	13	12	16	9	5
变长编码	0	101	100	111	1 101	1 100

整个编码长度为:$1 \times 45\,000 + 3 \times 13\,000 + 3 \times 12\,000 + 3 \times 16\,000 + 4 \times 9\,000 + 4 \times 5\,000 = 224\,000$。

变长编码可能使解码产生二义性。产生该问题的原因是某些字符的编码可能与其他字符的编码开始部分(称为前缀)相同。例如,设E、T、W分别编码为00、01、0001,则解码时无法确定信息串0001是E、T还是W。

3. 前缀编码方案

如果在一个编码方案中,任意一个编码都不是其他编码的前缀(即最左子串),则称编码是**前缀编码方案**。

例如,一组编码01,001,010,100,110,它就不是前缀编码方案,因为01是010的前缀,若去掉01或010就是前缀编码方案。

前缀编码方案可以保证对压缩文件进行解码时不产生二义性,即可以确保正确解码。

6.9.2 哈夫曼编码

哈夫曼树的应用很广泛,用哈夫曼树构造哈夫曼编码就是其典型应用,利用它可以得到平均长度最短的编码。

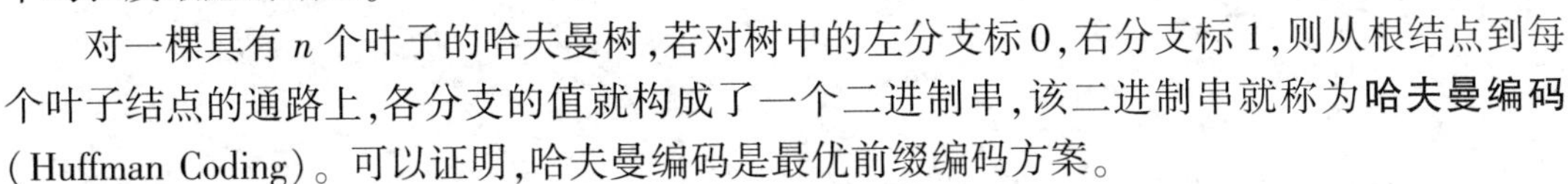

对一棵具有 n 个叶子的哈夫曼树,若对树中的左分支标0,右分支标1,则从根结点到每个叶子结点的通路上,各分支的值就构成了一个二进制串,该二进制串就称为**哈夫曼编码**(Huffman Coding)。可以证明,哈夫曼编码是最优前缀编码方案。

例6.6 根据例6.2、6.3创建的哈夫曼树构造哈夫曼编码。

第1步:对哈夫曼树的左分支标0,右分支标1,如图6.41所示。

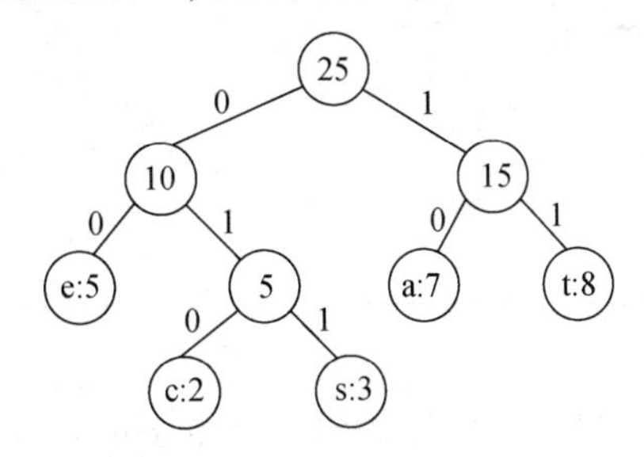

图6.41 哈夫曼树的标注

第2步:得到哈夫曼编码,如表6.3所示。

表6.3 哈夫曼编码

指　　令	使用频率	哈夫曼编码
e	5	00
a	7	10
s	3	011
c	2	010
t	8	11

【算法描述】

```
/* 从叶子结点到根,倒推求每个叶子结点对应的哈夫曼编码 */
void createHuffmanCode(HTree ht,int n,char *hc[])
{
    int  c,p;  /* c,p 分别表示孩子结点和双亲结点的下标 */
    char *cd = (char *)malloc(n*sizeof(char));
    cd[n-1] ='\0';/* 从右向左逐位存放编码,首先存放编码结束符 */
```

```
    /*求n个叶子结点对应的哈夫曼编码*/
    for(i=1;i<=n;i++){
        start=n-1;      /*初始化编码起始指针*/

        /*从叶子结点开始向上倒推*/
        c=i;
        p=ht[c].parent;
        while(p!=0){
            start--;
            if(ht[p].left==c){/*左分支标0*/
                cd[start]='0';
            }
            else{/*右分支标1*/
                cd[start]='1';
            }
            c=p;
            p=ht[c].parent;  /*向上倒推*/
        }

        hc[i]=(char *)malloc((n-start)*sizeof(char));
        strcpy(hc[i],&cd[start]);
    }
    free(cd);
}
```

例6.7 操作码的优化问题。

研究操作码的优化问题主要是为了缩短指令字的长度,减少程序的总长度以及增加指令所能表示的操作信息和地址信息。

要对操作码进行优化,就要知道每种操作指令在程序中的使用频率。这一般是通过对大量已有的典型程序进行统计得到的。

若一段程序有1 000条指令,只有I_1、I_2、I_3、I_4、I_5、I_6和I_7这7种指令。其中,I_1指令大约有400条,I_2指令大约有300条,I_3指令大约有150条,I_4指令大约有50条,I_5指令大约有40条,I_6指令大约有30条,I_7指令大约有30条。

对于定长编码,该段程序的总位数大约为3×1 000=3 000。

采用哈夫曼编码,如表6.4所示

表6.4 哈夫曼编码

指令	数量	使用频率	哈夫曼编码
I_1	400	0.4	1
I_2	300	0.3	01
I_3	150	0.15	001
I_4	50	0.05	00011
I_5	40	0.04	00010
I_6	30	0.03	00001
I_7	30	0.03	00000

该段程序的总位数大约为 $1\times400+2\times300+3\times150+(50+40+30+30)\times5=2200$。

由上可见,哈夫曼编码中虽然大部分编码的长度大于定长编码的长度3,却使得程序的总位数变少了。可以算出该哈夫曼编码的平均码长为

$$\sum_{i=1}^{7}P_i\times I_i=0.4\times1+0.3\times2+0.15\times3+(0.05+0.04+0.03+0.03)\times5=2.2$$

本章小结

树和二叉树是一类具有层次关系的非线性数据结构。

树、森林与二叉树可以相互转换,通过这些转换,可以利用二叉树的操作解决一般树的有关问题。

二叉树是一种最常用的树形结构,二叉树具有一些特殊的性质。二叉树的遍历算法是其他算法的基础。

哈夫曼树在通信编码技术上有广泛的应用,哈夫曼编码是最优前缀编码方案。

学完本章内容后,要求掌握二叉树的性质和存储结构;熟练掌握二叉树的先序、中序、后序、层序遍历算法;熟练掌握哈夫曼树构造算法和哈夫曼编码算法。

习　题

一、单项选择题

1. 下列说法正确的是(　　)。
   A. 二叉树中任何一个结点的度都为2
   B. 二叉树的度为2
   C. 一棵二叉树的度可小于或等于2
   D. 任何一棵二叉树中至少有一个结点的度为2
2. 根据二叉树的定义可知,二叉树共有(　　)种不同的形态。
   A. 4　　B. 5　　C. 6　　D. 7
3. 由3个结点所构成的二叉树有5种形态。这个说法是(　　)。
   A. 正确的　　B. 错误的
4. 二叉树的第 i 层上最多含有结点数为(　　)。
   A. 2^i　　B. $2^{i-1}-1$　　C. 2^{i-1}　　D. $2^{i+1}-1$
5. 深度为5的二叉树至多有结点数为(　　)。
   A. 16　　B. 30　　C. 31　　D. 32
6. 若一棵二叉树具有10个度为2的结点,则该二叉树的度为0的结点个数是(　　)。
   A. 9　　B. 11　　C. 12　　D. 不确定
7. 已知二叉树有50个叶子结点,则该二叉树的总结点数至少应有(　　)个。
   A. 99　　B. 100　　C. 101　　D. 102
8. 每个结点的度为0或2的二叉树称为正则二叉树。n 个结点的正则二叉树中有(　　)

个叶子。

A. $\lceil \log_2 n \rceil$　　B. $(n-1)/2$

C. $\lceil \log_2(n+1) \rceil$　　D. $(n+1)/2$

9. 在一棵二叉树的二叉链表中,空指针数等于非空指针数加(　　)。

A. 2　　B. 1　　C. 0　　D. -1

10. 满二叉树一定是完全二叉树,反之未必。这个说法是(　　)。

A. 正确的　　B. 错误的

11. 完全二叉树中的叶子结点只可能出现在最后两层。这个说法是(　　)。

A. 正确的　　B. 错误的

12. 只允许最下面的二层结点的度数小于2的二叉树是完全二叉树。这个说法是(　　)。

A. 正确的　　B. 错误的

13. 完全二叉树中,若一个结点没有左孩子,则它必是叶子。这个说法是(　　)。

A. 正确的　　B. 错误的

14. 完全二叉树可采用顺序存储结构实现存储,非完全二叉树则不能。这个说法是(　　)。

A. 正确的　　B. 错误的

15. 完全二叉树不适合用顺序存储结构存储。这个说法是(　　)。

A. 正确的　　B. 错误的

16. 结点按层序编号的二叉树,第 i 个结点的左孩子(如果存在)的编号为 $2i$。这个说法是(　　)。

A. 正确的　　B. 错误的

17. 对于完全二叉树中的任一结点,若其右分支下的子孙的最大层次为 h,则其左分支下的子孙的最大层次为(　　)。

A. h　　B. $h+1$　　C. h 或 $h+1$　　D. 任意数

18. 设某棵二叉树中有2 000个结点,则该二叉树的最小高度为(　　)。

A. 9　　B. 10　　C. 11　　D. 12

19. 一个具有1 025个结点的二叉树的高 h 为(　　)。

A. 11　　B. 10　　C. 11～1 025　　D. 10～1 024

20. 对于有 n 个结点的二叉树,其高度为(　　)。

A. $n\log_2 n$　　B. $\log_2 n$　　C. $\lfloor \log_2 n \rfloor + 1$　　D. 不确定

21. 将有关二叉树的概念推广到三叉树,则一棵244个结点的完全三叉树的高度是(　　)。

A. 4　　B. 5　　C. 6　　D. 7

22. 某二叉树的先序序列和后序序列正好相反,则该二叉树一定是(　　)的二叉树。

A. 空或只有一个结点　　B. 任一结点无左子树

C. 高度等于其结点数　　D. 任一结点无右子树

23. 一棵有 n 个结点的满二叉树共有(　　)个终端结点和(　　)个非终端结点。

A. n,n　　B. $(n+1)/2,(n+1)/2$

C. $2n,2n$　　D. $(n+1)/2,(n-1)/2$

24. 若某完全二叉树的结点个数为100,则第60个结点的度为(　　)。

A. 0　　B. 1　　C. 2　　D. 不确定

25. 将一棵有100个结点的完全二叉树从上到下、从左到右依次对结点进行编号,根结点的编号为1,则编号为49的结点的左孩子编号是(　　)。

A. 98　　B. 99　　C. 50　　D. 48

26. 若完全二叉树共 n 个结点，按自上而下从左到右次序给结点编号，根结点的编号为1，则编号最小的叶子结点的编号是(　　)。

A. $n/2$　　B. n　　C. $\lfloor n/2 \rfloor -1$　　D. $\lfloor n/2 \rfloor +1$

27. 一棵有 n 个结点的满二叉树的深度为(　　)。

A. $\log_2(n+1)$　　B. $\lfloor \log_2 n \rfloor$　　C. $\log_2 n$　　D. $\log_2(n-1)$

28. 设根的层数为0，在高度为h的完全二叉树中，结点总数满足(　　)。

A. $2^h+1 \leqslant n \leqslant 2^h-1$　　B. $2^h-1 \leqslant n \leqslant 2^h-1$

C. $2^h-1 \leqslant n \leqslant 2^{h+1}-1$　　D. $2^h \leqslant n \leqslant 2^{h+1}-1$

29. 高度为 h 的完全二叉树(仅含根结点的二叉树高度为零)的结点最少是(　　)。

A. $h+1$　　B. 2^h+1　　C. $2^{h+1}-1$　　D. 2^h

30. 一棵完全二叉树上有1001个结点，其中叶子结点的个数是(　　)个。

A. 500　　B. 501　　C. 490　　D. 495

31. 一棵具有257个结点的完全二叉树，它的深度为9。这个说法是(　　)。

A. 正确的　　B. 错误的

32. 对于深度为 h，且只有度为0和2的结点的二叉树，结点数至多为(　　)，至少为(　　)。

A. $2^h-1, 2h$　　B. $2^h-1, 2h-1$

C. $2^{h-1}-1, 2h+1$　　D. $2^{h-1}, h+1$

33. 对某二叉树进行先序遍历的结果为 $\{A,B,D,E,F,C\}$，中序遍历的结果为 $\{D,B,F,E,A,C\}$，则后序遍历的结果为(　　)。

A. $\{D,B,F,E,A,C\}$　　B. $\{D,F,E,B,C,A\}$

C. $\{B,D,F,E,C,A\}$　　D. $\{B,D,E,F,A,C\}$

34. 已知二叉树的后序遍历序列为{4,1,2,5,3}，中序遍历序列为{4,5,2,1,3}，则它的先序遍历序列为(　　)。

A. {1,3,2,5,4}　　B. {4,5,3,1,2}

C. {4,5,1,2,3}　　D. {3,5,4,2,1}

35. 一个二叉树的先序遍历序列为 $\{A,B,C,D,E,F,G\}$，它的后序遍历序列可能为(　　)。

A. $\{C,A,B,D,E,F,G\}$　　B. $\{A,B,C,D,E,F,G\}$

C. $\{D,A,C,E,F,B,G\}$　　D. $\{C,D,B,F,G,E,A\}$

36. 任何一棵二叉树的叶子结点在先序、中序、后序遍历序列中的相对次序(　　)。

A. 肯定不发生改变　　B. 肯定发生改变

C. 不能确定　　D. 有时发生改变

37. 要实现任意二叉树的后序遍历的非递归算法而不使用栈结构，最佳的方案是二叉树采用(　　)存储结构。

A. 二叉链表　　B. 三叉链表　　C. 广义表　　D. 顺序表

38. 不使用递归也可实现二叉树的先序、中序和后序遍历。这个说法是(　　)。

A. 正确的　　B. 错误的

39. 先序遍历二叉树的序列中，任何结点的子树的所有结点不一定跟在该结点之后。这个说法是(　　)。

A. 正确的　　B. 错误的

40. 某二叉树 T 有 n 个结点,设按某种顺序对 T 中的每个结点进行编号,编号值为 1,2,…,n,且有如下性质:T 中任意结点 v,其编号等于左子树的最小编号减 1,而 v 的右子树的结点中,其最小编号等于 v 左子树上结点的最大编号加 1。这是按(　　)编号的。

A. 中序遍历序列　　B. 先序遍历序列

C. 后序遍历序列　　D. 层序遍历序列

41. 对一棵二叉树进行层序遍历时,应借助于一个栈。这个说法是(　　)。

A. 正确的　　B. 错误的

42. 用一维数组存放二叉树时,总是以先序遍历存储结点。这个说法是(　　)。

A. 正确的　　B. 错误的

43. 按中序遍历二叉树的结果为{a,b,c},有(　　)种形态的二叉树可以得到这一遍历结果。

A. 4　　B. 5　　C. 6　　D. 7

44. 在一棵树中,(　　)没有前驱结点。

A. 分支结点　　B. 叶子结点　　C. 根结点　　D. 空结点

45. 树最适合用来表示(　　)。

A. 有序数据元素

B. 无序数据元素

C. 元素之间具有分支层次关系的数据

D. 元素之间无联系的数据

46. 以下存储结构中,不是树的存储结构的是(　　)。

A. 双亲表示法　　B. 孩子兄弟表示法

C. 孩子表示法　　D. 顺序存储

47. 对一棵具有 n 个结点的树,树中所有度数之和为(　　)。

A. n　　B. $n-2$　　C. $n-1$　　D. $n+1$

48. 假定一棵度为 3 的树中结点数为 50,则其最小高度就为(　　)。

A. 3　　B. 4　　C. 5　　D. 6

49. 设森林 F 对应的二叉树为 B,它有 m 个结点,B 的根为 p,p 的右子树结点个数为 n,森林 F 中第一棵树的结点个数是(　　)。

A. $m-n$　　B. $m-n-1$

C. $n+1$　　D. 条件不足,无法确定

50. 森林中有三棵树,结点数目分别为 m_1、m_2、m_3,与此森林对应的二叉树结构的根结点的右子树的结点数为(　　)。

A. m_1　　B. m_1+m_2　　C. m_3　　D. m_2+m_3

51. 如果结点 A 有 3 个兄弟,而且 B 是 A 的双亲,则 B 的度是(　　)。

A. 3　　B. 4　　C. 5　　D. 1

52. 设树 T 的度为 4,其中度为 1、2、3 和 4 的结点个数分别为 4、2、1、1,则 T 中的叶子数为(　　)。

A. 5　　B. 6　　C. 7　　D. 8

53. 讨论树、森林和二叉树的关系,目的是为了(　　)。

A. 借助二叉树的运算方法去实现对树的一些运算

B. 将树、森林按二叉树的存储方式进行存储并利用二叉树的算法解决树的有关问题

C. 将树、森林转换成二叉树

D. 体现一种技巧,没有什么实际意义

54. 由树转换成二叉树,其根结点的右子树总是空的。这个说法是(　　)。

A. 正确的　　B. 错误的

55. 将一棵树转换为二叉树后,二叉树的根结点没有左子树。这个说法是(　　)。

A. 正确的　　B. 错误的

56. 一棵树中的叶子数目与其对应的二叉树的叶子数目相等。这个说法是(　　)。

A. 正确的　　B. 错误的

57. 用树对应的二叉树的先序遍历序列和中序遍历序列可以推导出树。这个说法是(　　)。

A. 正确的　　B. 错误的

58. 如图6.42所示的二叉树 T_2 是由森林 T_1 转换而来的二叉树,则森林 T_1 中有(　　)个叶子结点。

A. 4　　B. 5　　C. 6　　D. 7

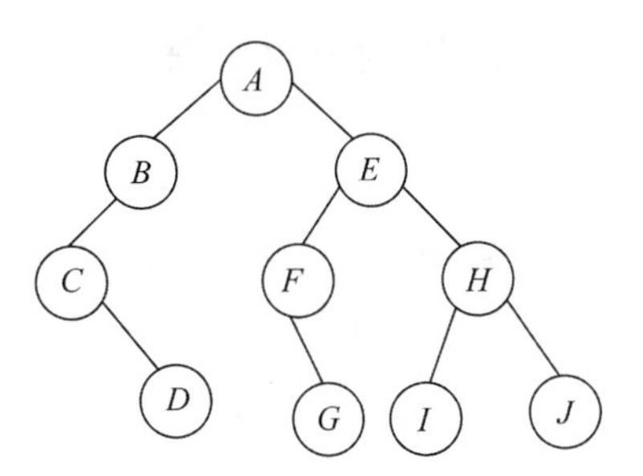

图6.42　二叉树 T_2

59. 下面的说法正确的是(　　)。

A. 树的后根遍历与其对应的二叉树的后序遍历相同

B. 树的后根遍历与其对应的二叉树的中序遍历相同

C. 树的先根遍历与其对应的二叉树的中序遍历相同

D. 树的先根遍历与其对应的二叉树的层序遍历相同

60. 哈夫曼树一定是满二叉树。这个说法是(　　)。

A. 正确的　　B. 错误的

61. 哈夫曼树是带权路径长度最短的树,路径上权值较大的结点离根较近。这个说法是(　　)。

A. 正确的　　B. 错误的

62. 哈夫曼树中没有度数为1的结点。这个说法是(　　)。

A. 正确的　　B. 错误的

63. 设哈夫曼树中的叶子结点数为 m,若用二叉链表作为存储结构,则该哈夫曼树中总共有(　　)个空指针。

A. $2m-1$　　B. $2m$　　C. $2m+1$　　D. $4m$

64. 对 $n(n\geqslant2)$ 个权值均不相同的字符构成哈夫曼树,关于该树的叙述中,错误的是

(　　)。

A. 该树一定是一棵完全二叉树

B. 树中一定没有度为 1 的结点

C. 树中两个权值最小的结点一定是兄弟结点

D. 树中任一非叶子结点的权值一定不小于下一层任一结点的权值

65. 下述编码中,哪一组不是前缀编码方案(　　)。

A. {00,01,10,11}　　B. {0,1,00,11}

C. {0,10,110,111}　　D. {1,01,000,001}

66. 为 5 个使用频率不等的字符设计哈夫曼编码,不可能的方案是(　　)。

A. {111,110,10,01,00}　　B. {000,001,010,011,1}

C. {100,11,10,1,0}　　D. {001,000,01,11,10}

67. 为 5 个使用频率不等的字符设计哈夫曼编码,不可能的方案是(　　)。

A. {000,001,010,011,1}　　B. {0000,0001,001,01,1}

C. {000,001,01,10,11}　　D. {00,100,101,110,111}

68. 由权值为{3,8,6,2,5}的叶子结点生成一棵哈夫曼树,其带权路径长度为(　　)。

A. 24　　B. 48　　C. 53　　D. 72

69. 一棵哈夫曼树共有 215 个结点,对其进行哈夫曼编码,能得到(　　)个不同的编码。

A. 107　　B. 108　　C. 214　　D. 215

70. 在哈夫曼编码中,出现频率相同的字符编码长度也一定相同。这个说法是(　　)。

A. 正确的　　B. 错误的

71. 设哈夫曼编码的长度不超过 4,若已经对两个字符编码为 1 和 01,则最多还可以为(　　)个字符编码。

A. 2　　B. 3　　C. 4　　D. 5

二、简答题

1. 在顺序存储的二叉树中,编号为 i 和 j 的两个结点处在同一层的条件是什么?

2. 找出满足以下条件的所有二叉树。

(1) 二叉树的先序序列与中序序列相同。

(2) 二叉树的中序序列与后序序列相同。

(3) 二叉树的先序序列与后序序列相同。

3. 森林可以转换为二叉树,指出森林中满足什么条件的结点在二叉树中是叶子结点。

4. 已知一个森林的先序序列为{$A,B,C,D,E,F,G,H,I,J,K,L,M,N,O$},中序序列为{$C,D,E,B,F,H,I,J,G,A,M,L,O,N,K$},请构造出该森林。

5. 证明哈夫曼树中不存在度为 1 的结点。

6. 设有 7 个从小到大排好序的有序表,分别含有 10、30、40、50、50、60 和 90 个整数,现要通过 6 次两两合并将它们合并成一个有序表。请问应该按怎样的次序进行这 6 次合并,使得总的比较次数最少?请简要给出求解过程。

7. 假设通信电文中只用到 A、B、C、D、E、F 这 6 个字母,它们在电文中出现的相对频率分别为 8、3、16、10、5、20。

(1) 构造哈夫曼树。注意:完全按照算法过程进行构造。

(2) 计算该哈夫曼树的带权路径长度WPL。

(3) 设计哈夫曼编码(左分支"0",右分支"1")。

8. 假设用于通信的电文由字符集{a,b,c,d,e,f,g}中的字符构成,它们在电文中出现的频率分别为{0.31,0.16,0.10,0.08,0.11,0.20,0.04}。要求:

(1) 为这7个字符设计哈夫曼编码;

(2) 使用哈夫曼编码比使用等长编码使电文总长压缩了多少?

三、算法设计

1. 设计递归算法,对于二叉树中每一个元素值为x的结点,删去以它为根的子树,并释放相应的空间。

2. 设计算法求二叉树的宽度。二叉树的宽度是指二叉树某一层上最多的结点个数。

3. 在二叉树中查找值为x的结点,试设计打印值为x的结点的所有祖先结点算法。

4. 判定一棵给定的二叉树是否为完全二叉树。

第7章 图

图结构是比线性表、树结构和集合更一般、更复杂的非线性逻辑结构,有如下特点。

(1) 集合结构中数据元素之间除了同属于一个集合的关系之外没有其他关系;

(2) 线性结构中元素之间的关系是一对一的,除了第一个元素没有前驱、最后一个元素没有后继外,每个元素仅有一个直接前驱和一个直接后继;

(3) 树结构是按分层关系组织的结构,树结构中结点之间是一对多的关系,即一个双亲可以有多个孩子,每个孩子结点仅有一个双亲;

(4) 图结构中顶点之间的关系是任意的,每个顶点都可以与其他任意顶点相关,即顶点之间是多对多的关系。

图结构被广泛应用于很多技术领域,如系统工程、化学分析、统计力学、遗传学、控制论、计算机的人工智能、编译系统等领域,在这些技术领域中把图结构作为解决问题的数学手段之一。

在离散数学中侧重于对图的理论进行系统的研究,数据结构重点讨论如何在计算机上表示和处理图,以及如何利用图来解决一些实际问题。

7.1 图的基本概念

7.1.1 图的定义和基本术语

图(Graph)是由两个集合构成的,一个是非空但有限的顶点集合 V;另一个是描述顶点之间关系的边集合 E,可以是空集。因此,图可以表示为 Graph = (V,E)。每条边是一顶点对 $<x,y>$ 且 $x,y \in V$。通常用 $|V|$ 表示顶点的数量,用 $|E|$ 表示边的数量。

关于图的定义,与以前的线性表和树比较,有以下两点需要明确。

(1) 在线性表中,一般称数据对象为**元素**;在树中,将数据对象称为**结点**;而在图中,把数据对象称为**顶点**(Vertex)。

(2) 线性表中可以没有数据对象,此时称为**空表**;没有数据对象的树称为**空树**;而在图中,要求至少有一个顶点,而边集可以为空。

为了以后陈述上的方便与准确,需要对图中涉及的许多术语给出明确的定义。

1. 简单图

如果图中出现重边(即边的集合 E 中有相同的重复元素)或自回路边(即边的起点和终点是同一个顶点)就称为非简单图。本书考虑的都是“简单图”。

2. 有向图、无向图

若 $<x,y> \in E$,则 $<x,y>$ 表示从顶点 x 到顶点 y 的一条弧(Arc),称 x 为**弧尾**(Tail)或起始点,称 y 为**弧头**(Head)或终端点,此时图中的边是有方向的,称这样的图为**有向图**(Directed Graph)。

若$<x,y> \in E$,必有$<y,x> \in E$,这时以无序对(x,y)来代替这两个有序对,表示从顶点x与顶点y的一条**边**(Edge),此时的图称为**无向图**(Undirected Graph)。

图7.1给出了一个有向图G_1和一个无向图G_2。

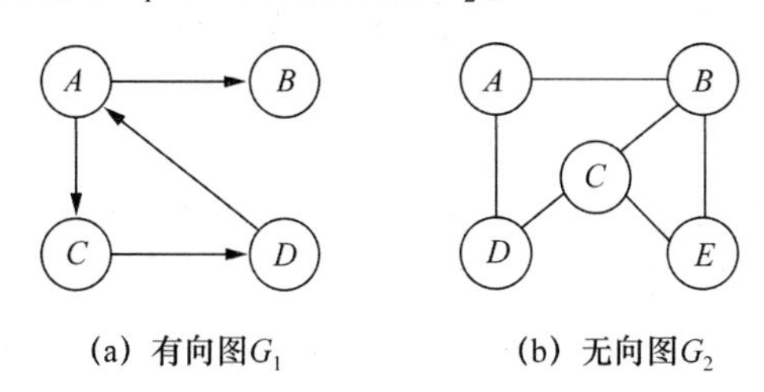

(a) 有向图G_1　　(b) 无向图G_2

图7.1　有向图与无向图

3. 有向网、无向网

在实际应用中,有时图的边上或弧上都有与它相关的数,称为**权**。这些权可以表示从一个顶点到另一个顶点的距离或耗费等信息。这种带权的图称为**赋权图**或**网**。

带权的有向图称为**有向网**(Dircctcd Nctwork),带权的无向图称为**无向网**(Undirected Network)。

图7.2给出了一个有向网G_3和一个无向网G_4。

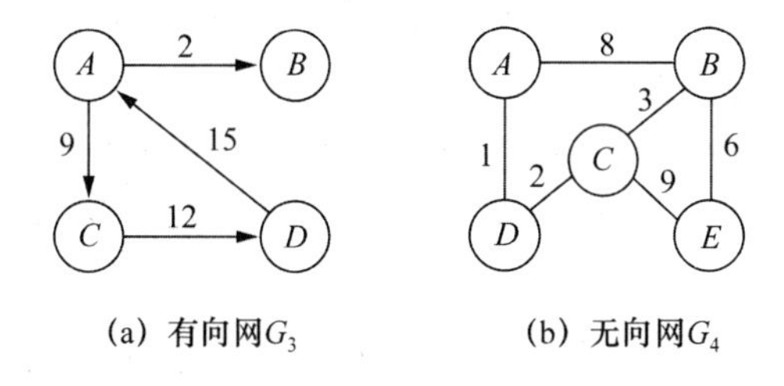

(a) 有向网G_3　　(b) 无向网G_4

图7.2　有向网与无向网

4. 无向完全图、有向完全图、稀疏图和稠密图

用n表示图中顶点的个数,e表示图中边或弧的数目。

对于无向图,其边数e的取值范围为$\lceil 0, n(n-1)/2 \rceil$。如果图中每个顶点和其余$n-1$个顶点都有边相连,那么共有$n(n-1)/2$条边,称这样的图为**无向完全图**。

对于有向图,其边数e的取值范围为$\lceil 0, n(n-1) \rceil$。如果图中每个顶点和其余$n-1$个顶点都有弧相连,那么共有$n(n-1)$条边,称这样的图为**有向完全图**。

当边数少于$n\log_2 n$时,称为**稀疏图**;反之称为**稠密图**。

5. 邻接点

对于无向图$G=(V,E)$,如果边$(v,v') \in E$,则称顶点v、v'互为邻接点(Adjacent Point),即v和v'相邻接,边(v,v')与顶点v和v'相关联。

对于有向图$G=(V,E)$,如果弧$<v,v'> \in E$,则称顶点v邻接到顶点v',顶点v'邻接自顶点v,或者说弧$<v,v'>$与顶点v和v'相关联。

6. 顶点的度、入度和出度

对于无向图,顶点v的**度**是指与顶点v相关联的边的数目,记作$\mathrm{TD}(v)$。

对于有向图,顶点v的度为入度和出度之和。其中以顶点v为弧头的弧的数目称为该顶点的**入度**,记作 ID(v);以顶点 v 为弧尾的弧的数目称为该顶点的**出度**,记作 OD(v)。所以,顶点 v 的度为 $TD(v) = ID(v) + OD(v)$。

一般地,若图 G 中有 n 个顶点,e 条边或弧,则图中顶点的度与边的关系如下。

$$e = \frac{1}{2}\sum_{i=1}^{n} TD(v_i)$$

7. 顶点在图中的位置

从图的逻辑结构定义来看,无法将图中的顶点排列成一个唯一的线性序列,对于任意顶点而言,它的邻接点之间也不存在顺序关系。但为了便于对图进行操作,需要将图中的顶点按任意序列排列起来,这个排列与顶点之间的关系无关,完全是人为规定的。

顶点在图中的位置是指,该顶点在这个人为的随意排列中的位置序号。

在图中,可以将任意顶点看成是图的第一个顶点。同理,也可以对某个顶点的邻接点进行人为的排序,在这个序列中,有第 1 个,第 2 个,…,第 k 个邻接点,并称第 $k+1$ 个邻接点是第 k 个邻接点的下一个邻接点,而最后一个邻接点没有下一个邻接点。

8. 路径、路径长度和回路

路径是指从一个顶点到另一个顶点的顶点序列。例如,如果图存在顶点序列 $\{v_1, v_2, \cdots, v_n\}$,当 $i = 1, 2, \cdots, n-1$ 时,弧 $<v_i, v_{i+1}>$ 或边 (v_i, v_{i+1}) 都存在,则称顶点序列 $\{v_1, v_2, \cdots, v_n\}$ 构成一条长度为 $n-1$ 的路径。

路径长度是指路径上经过的弧或边的数目。

在一个路径中,若其第一个顶点和最后一个顶点是相同的,则称该路径为一个回路或环。

若表示路径的顶点序列中的顶点各不相同,则称这样的路径为**简单路径**。除了第一个顶点和最后一个顶点外,其余各顶点均不重复出现的回路为**简单回路**。

9. 子图

假设有两个图 $G' = (V', E')$ 和 $G = (V, E)$,若 $V' \subseteq V$ 且 $E' \subseteq E$,则称图 G' 为 G 的子图。图 7.3 给出了图 7.1 中有向图 G_1 的 4 个子图。

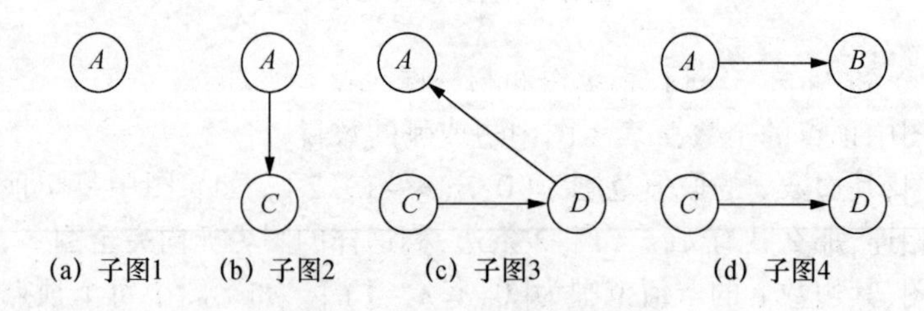

图 7.3 有向图 G_1 的 4 个子图

图 7.4 给出了图 7.1 中无向图 G_2 的 5 个子图。

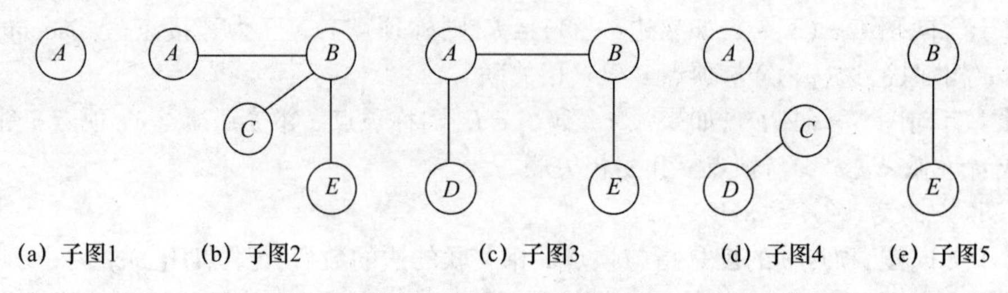

图 7.4 无向图 G_2 的 5 个子图

10. 连通图、连通分量

在无向图中，如果从一个顶点 v_i 到另一个顶点 $v_j(v_i \neq v_j)$ 有路径，则称顶点 v_i 和 v_j 是连通的。

如果图中任意一对顶点都是连通的，则称该图是**连通图**。无向图的极大连通子图称为**连通分量**，连通分量包含以下4个要点。

（1）子图：连通分量应该是原图的子图。

（2）连通：连通分量本身应该是连通的。

（3）极大顶点数：连通子图含有极大顶点数，即再加入其他顶点将会导致子图不连通。

（4）极大边数：具有极大顶点数的连通子图包含依附于这些顶点的所有边。

因此，连通的无向图只有一个连通分量，这个连通分量就是图本身。不连通的无向图有多个连通分量。

图7.5所示为无向图 G_5 和它的3个连通分量。

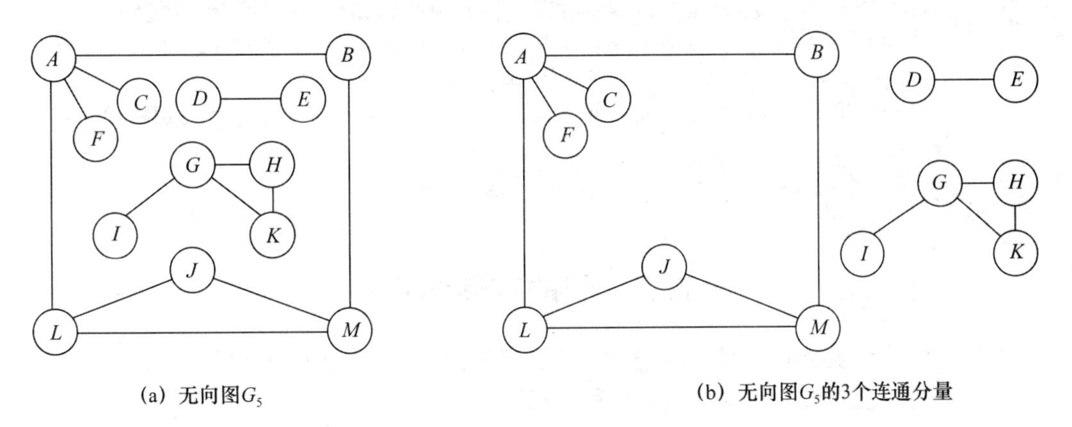

(a) 无向图G_5　　(b) 无向图G_5的3个连通分量

图7.5　无向图 G_5 和它的3个连通分量

11. 强连通图、强连通分量

对于有向图，如果图中任意一对顶点 v_i 和 $v_j(v_i \neq v_j)$ 即有从 v_i 到 v_j 的路径，也有从 v_j 到 v_i 的路径，则称该有向图是强连通图。有向图的极大强连通子图称为有向图的强连通分量。

强连通分量的概念与连通分量类似，也包含4个要点。图7.6所示为图7.1中有向图 G_1 和它的两个强连通分量。

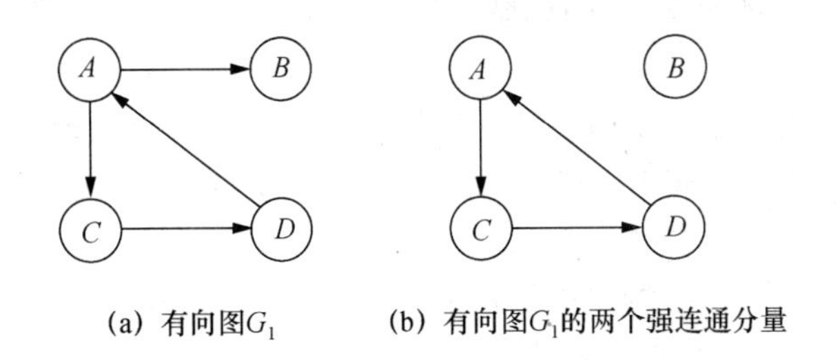

(a) 有向图G_1　　(b) 有向图G_1的两个强连通分量

图7.6　有向图 G_1 和它的两个强连通分量

7.1.2　图的抽象数据类型

对图的构成及其特性了解以后，现在给出图的抽象数据类型，其定义如下。

```
ADT Graph{
数据对象:
    一个是非空但有限的顶点集合 V,另一个是描述顶点之间关系的边集合 E,E 可以为空。
数据关系:
    R = { VR}
    VR = { < v, w > | v, w ∈ V 且 < v, w > 表示从 v 到 w 的弧}
基本操作:
    (1) Graph create( ): 构造并返回一个空图;
    (2) void destroy( Graph g): 释放图 g 占用的存储空间;
    (3) int locateVertex( Graph g, VertexType v): 在图 g 中找顶点 v;
    (4) void addVertex( Graph g, VertexType v): 在图 g 中增加一个顶点 v;
    (5) void addEdge( Graph g, VertexType x, VertexType y): 在图 g 中插入边( x, y);
    (6) void deleteVertex( Graph g, VertexType v): 删除图 g 中顶点 v 及其相关边;
    (7) void deleteEdge( Graph g, VertexType x, VertexType y): 删除图 g 中边( x, y);
    (8) void DFS( Graph g, VertexType v0): 在图 g 中,从顶点 v0 出发进行深度优先搜索;
    (9) void BFS( Graph g, VertexType v0): 在图 g 中,从顶点 v0 出发进行广度优先搜索;
    (10) VertexType firstAdjVertex( Graph g, VertexType v0): 找 v0 的第 1 个邻接点;
    (11) VertexType nextAdjVertex( g, VertexType v0, VertexType w): 找 v0 相对于其邻接点 w 的下一
个邻接点;
    ……
} ADT Graph
```

7.2 图的存储结构

图是一种结构复杂的数据结构，主要表现在逻辑上任意顶点之间都可以存在特定关系，而这些顶点的位置和边的次序可以有某种随意性。

当顶点和边的数量不多时，就可以一目了然图的结构和边的信息。但是当顶点和边的数量达到几十、几百、几千的时候，就很难看清楚这些关系，更何况计算机没有人们的“慧眼”。那么如何把图的所有信息完整地存储在计算机中，并可以方便地存取和修改呢？

从图的定义可知，一个图的信息包括两部分，即图中顶点的信息及描述顶点之间的关系（边或弧的信息）。因此无论采用什么方法建立图的存储结构，都要完整、准确地反映这两方面的信息。

图的存储结构有很多，如邻接矩阵、邻接表、边集数组、十字链表、邻接多重表等。下面将介绍前 3 种。由于每种方法各有利弊，因此要根据实际应用来选择合适的存储结构。

视频讲解

7.2.1 邻接矩阵

所谓**邻接矩阵**（Adjacency Matrix）的存储结构采用两个数组来表示图：一个是用于存储顶点信息的一维数组；另一个是用于存储图中顶点之间关联关系的二维数组，这个二维数组被称为邻接矩阵。

(1) 若图 G 是一个有 n 个顶点的无权图，则它的邻接矩阵是具有如下性质的 $n\times n$ 的矩阵 $\boldsymbol{A}$：

$$\boldsymbol{A}[i,j]=\begin{cases}1,\text{若} <v_i,v_j> \text{或} (v_i,v_j)\in E\\ 0,\text{反之}\end{cases}$$

例 7.1 给出图 7.1 中的有向图 G_1 的邻接矩阵 $\boldsymbol{A}_1$ 和无向图 $\boldsymbol{G}_2$ 的邻接矩阵 $\boldsymbol{A}_2$。

$$\boldsymbol{A}_1=\begin{bmatrix}0&1&1&0\\0&0&0&0\\0&0&0&1\\1&0&0&0\end{bmatrix}\qquad \boldsymbol{A}_2=\begin{bmatrix}0&1&0&1&0\\1&0&1&0&1\\0&1&0&1&1\\1&0&1&0&0\\0&1&1&0&0\end{bmatrix}$$

(2) 若图 G 是一个有 n 个顶点的网,则它的邻接矩阵是具有如下性质的 $n\times n$ 矩阵 $\boldsymbol{A}$:

$$\boldsymbol{A}[i,j]=\begin{cases}w_{ij},若\ \langle v_i,v_j\rangle\ 或(v_i,v_j)\in E\\ \infty,反之\end{cases}$$

其中,w_{ij} 表示弧 $\langle v_i,v_j\rangle$ 或边 (v_i,v_j) 上的权值,∞ 表示一个计算机允许的、大于所有边上权值的数,表示 v_i 与 v_j 之间没有边或弧。

例 7.2 给出图 7.2 中的有向网 G_3 的邻接矩阵 $\boldsymbol{A}_3$ 和无向网 G_4 的邻接矩阵 $\boldsymbol{A}_4$。

$$\boldsymbol{A}_3=\begin{bmatrix}\infty&2&9&\infty\\\infty&\infty&\infty&\infty\\\infty&\infty&\infty&12\\15&\infty&\infty&\infty\end{bmatrix}\qquad \boldsymbol{A}_4=\begin{bmatrix}\infty&8&\infty&1&\infty\\8&\infty&3&\infty&6\\\infty&3&\infty&2&9\\1&\infty&2&\infty&\infty\\\infty&6&9&\infty&\infty\end{bmatrix}$$

下面用 C 语言描述图的邻接矩阵。

```
#define MAXVEX 100
typedef char VertexType;
typedef int EdgeType;

struct GraphStruct;
typedef struct GraphStruct *Graph;

struct GraphStruct{
    VertexType vexs[MAXVEX];/* 顶点,下标从 0 开始 */
    EdgeType edge[MAXVEX][MAXVEX];/* 邻接矩阵 */
    int vertexNum,edgeNum;/* 顶点数和边数 */
};
```

下面介绍无向图的邻接矩阵表示法的几种操作是如何实现的。

1. 在无向图中查找顶点

```
int locateVertex(Graph g,VertexType v)
{
    for(i =0;i <g ->vertexNum;i ++){
        if(g ->vexs[i] ==v){
```

```
                return i;
            }
        }
        return -1;
    }
```

2. 在无向图中插入顶点

```
void addVertex(Graph g,VertexType v)
{
    k = locateVertex(g,v);/* 在图 g 中查找顶点 v 是否存在 * /
    if(k! = -1){
        return;
    }
    k = g -> vertexNum;
    g -> vexs[k] = v;
    g -> vertexNum ++ ;
    for(i = 0;i < g -> vertexNum;i ++ ){/* 设置新顶点与其他顶点的关系 * /
        g -> edge[i][k] = g -> edge[k][i] = 0;
    }
}
```

3. 在无向图中插入边

```
void addEdge(Graph g,VertexType x,VertexType y)
{
    i = locateVertex(g,x);/* 在图 g 中查找顶点 x 是否存在 * /
    j = locateVertex(g,y);/* 在图 g 中查找顶点 y 是否存在 * /
    if(i! = -1 && j! = -1){
        if(g -> edge[i][j] == 0){
            g -> edge[i][j] = 1;
            g -> edge[j][i] = 1;
            g -> edgeNum ++ ;
        }
    }
}
```

邻接矩阵有如下特点。

(1) 对于无向图,它的邻接矩阵是对称矩阵,因为若 $<v_i,v_j> \in E$,则 $<v_j,v_i> \in E$。但对于有向图,弧是有方向的,即若 $<v_i,v_j> \in E$,不一定有 $<v_j,v_i> \in E$,因此有向图的邻接矩阵不一定是对称矩阵。

(2) 便于计算。

①便于判定顶点之间是否相连。采用邻接矩阵表示法,可根据 $\boldsymbol{A}[\boldsymbol{i},\boldsymbol{j}]$ 的值来判定图中任意两个顶点之间是否有边相连。

②便于求顶点的度。

对于无向图,其邻接矩阵的第 i 行元素之和就是图中第 i 个顶点的度,即

$$TD(v_i)=\sum_{j=1}^{n}\boldsymbol{A}[i,j]$$

对于有向图,其邻接矩阵的第 i 行元素之和就是图中第 i 个顶点的出度,即

$$OD(v_i)=\sum_{j=1}^{n}\boldsymbol{A}[i,j]$$

对于有向图,其邻接矩阵的第 i 列元素之和就是图中第 i 个顶点的入度,即

$$ID(v_i)=\sum_{j=1}^{n}\boldsymbol{A}[j,i]$$

③便于实现图的一些基本操作,如查找图 G 中顶点 v 的第一个邻接点。

(3) 不论图中的边的数量多或少,都会花费 n^2 的存储空间,这对于稠密图来说是一种高效的方法;但是对于稀疏图来说,邻接矩阵表示法就会浪费许多空间,因为邻接矩阵的大量元素是 0 或∞,同时,有些操作也会经常访问邻接矩阵中 0 或∞ 所代表的无效元素,这也会浪费许多时间。

7.2.2　邻接表

视频讲解

图的邻接矩阵虽然有其自身的优点,但对于稀疏图来说用邻接矩阵的表示方法会造成存储空间的很大浪费。

邻接表(Adjacency List)实际上是图的一种链式存储结构,它克服了邻接矩阵的缺点,对于图中存在的边信息进行存储,而对于不相邻接的顶点则不保留信息。

在邻接表中,对图中的每个顶点建立一个带头结点的边链表,如第 i 条单链表中的结点则表示依附于顶点 v_i 的边,若是有向图,则表示以 v_i 为弧尾的弧。每条边链表的头结点又构成一个表头结点表。这样,一个有 n 个顶点的图的邻接表表示由表头结点表与边链表两部分构成。

(1) 表头结点表。

图的顶点以顺序结构的形式存储,以便可以随机访问任一顶点的边链表。表头结点由数据域和指针域两部分构成。数据域只有一个数据 data,用于存储顶点信息;指针域只有一个指针 firstEdge,用于指向边链表的第一个顶点,即与顶点 v_i 邻接的第一个邻接点。

表头结点结构表示如下。

data	firstEdge

(2) 边链表。

由图中顶点间的邻接关系组成。边链表结点由数据域和指针域两部分构成。数据域有 adjVertex 和 weight 两个数据,adjVertex 用于存放与顶点 v_i 相邻接的顶点在图中的位置,weight 用于存放权值(如果有的话);指针域只有一个指针 nextEdge,用于指向与顶点 v_i 相关联的下一条边或弧的结点。

边链表结点结构表示如下。

adjVertex	weight	nextEdge

例 7.3　给出图 7.1 中的有向图 G_1 的邻接表和无向图 G_2 的邻接表。

有向图 G_1 和无向图 G_2 的邻接表分别如图 7.7 和图 7.8 所示。

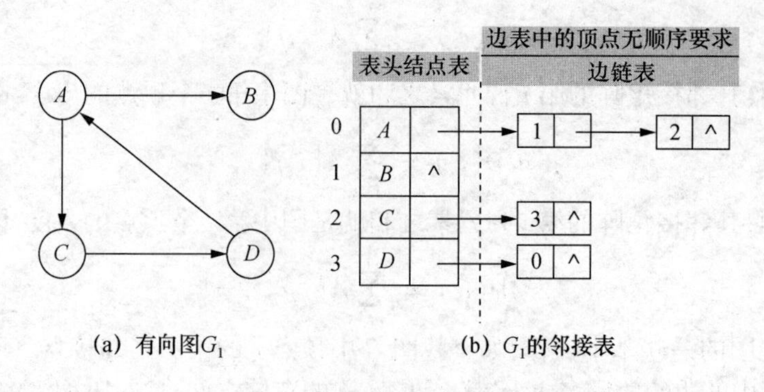

图 7.7　有向图 G_1 及其邻接表

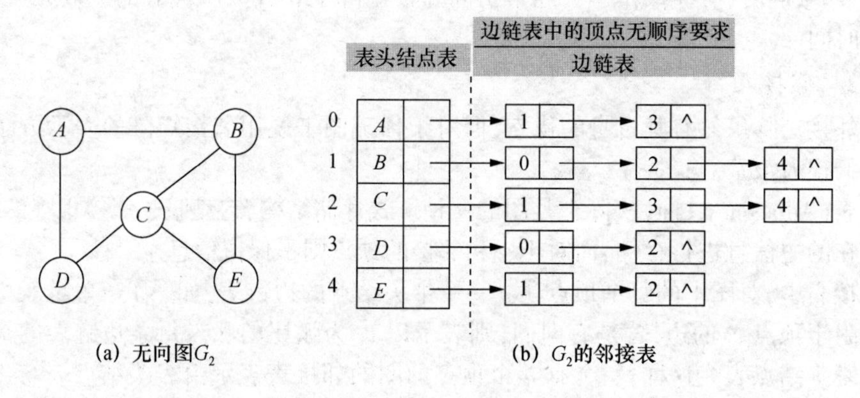

图 7.8　无向图 G_2 及其邻接表

例 7.4　图 7.9 和图 7.10 给出图 7.2 中的有向网 G_3 的邻接表和无向网 G_4 的邻接表。

有向网 G_3 和无向网 G_4 的邻接表如图 7.9 和图 7.10 所示。

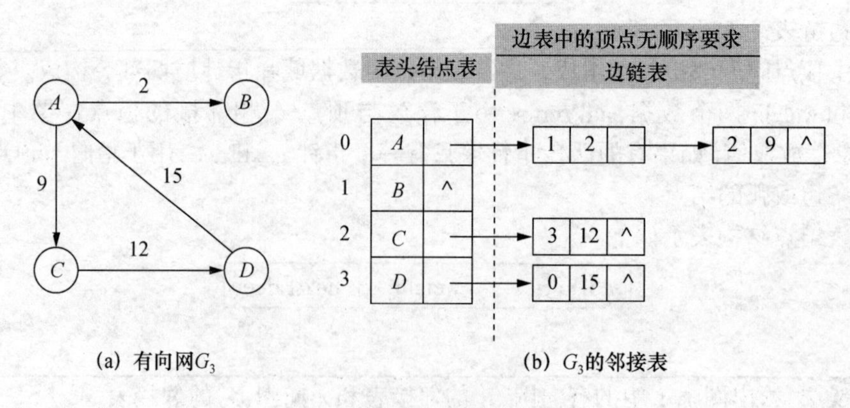

图 7.9　有向网 G_3 及其邻接表

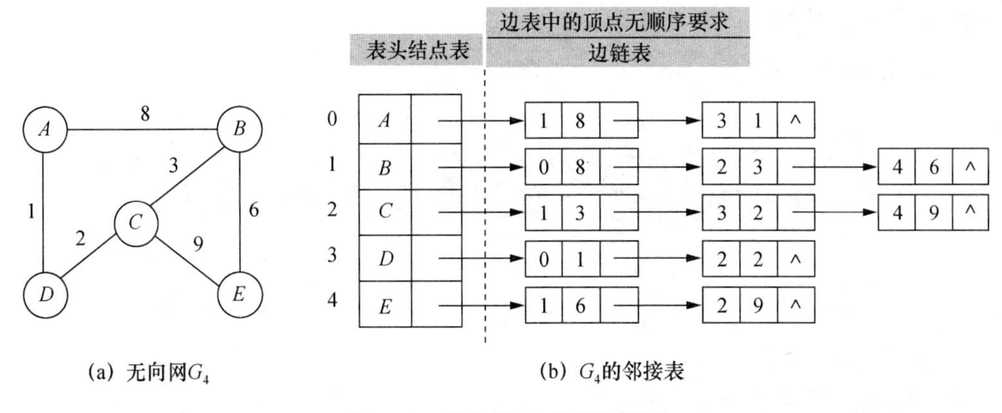

图 7.10　无向网 G_4 及其邻接表

用 C 语言描述图的邻接表如下。

```
#define MAXVEX 100 /* 最大顶点数 */
typedef char VertexType;

struct GraphStruct;
typedef struct GraphStruct *Graph;

/* 边结点 */
typedef struct ENode{
    int adjVertex;  /* 该边所指的顶点的位置 */
    int weight;     /* 边的权 */
    struct ENode *nextEdge;  /* 指向下一条边的指针 */
}ENode;

/* 顶点结点 */
typedef struct VNode{
    VertexType data;   /* 顶点信息 */
    ENode *firstEdge;/* 指向第一条依附该顶点的边的弧指针 */
}VNode;

struct GraphStruct{
    VNode vexs[MAXVEX];
    int vertexNum,edgeNum;/* 顶点数和边数 */
};
```

下面介绍无向网的邻接表表示法的几种操作是如何实现的。

(1) 在无向网中找顶点。

```
int locateVertex(Graph g,VertexType v)
{
    for(i=0;i<g->vertexNum;i++){
        if(v==g->vexs[i].data){
            return i;
        }
    }
    return -1;
}
```

(2) 在无向网中找边。

```
ENode* findEdge(Graph g,int i,int j)
{
    ENode *p;
    p=g->vexs[i].firstEdge;
    while(p!=NULL && p->adjVertex!=j){
        p=p->nextEdge;
    }
    return p;
}
```

(3) 在无向网中插入一个顶点。

```
void addVertex(Graph g,VertexType v)
{
    k=locateVertex(g,v);
    if(k!=-1){
        return;
    }
    n=g->vertexNum;
    g->vexs[n].data=v;/* 顶点插在最后 */
    g->vexs[n].firstEdge=NULL;
    g->vertexNum++;
}
```

视频讲解

(4) 在无向网中插入一条边。

```
/* 插入边,插入的边结点作为边链表的第1个结点.
如果待插入的边已存在,就存储小权值。 */
void addEdge(Graph g,VertexType v1,VertexType v2,int w)
{
    ENode *s,*t;

    i=locateVertex(g,v1);
    j=locateVertex(g,v2);
    if(i==-1 ||j==-1){
        return;
    }

    s=findEdge(g,i,j);
    if(s!=NULL){/* 待插入的边已存在 */
        if(s->weight>w){
            t=findEdge(g,j,i);
            s->weight=w;
            t->weight=w;
        }
    }
    else{/* 待插入的边不存在 */
        s=(ENode*)malloc(sizeof(ENode));
        s->adjVertex=j;
        s->weight=w;
        s->nextEdge=g->vexs[i].firstEdge;
        g->vexs[i].firstEdge =s;

        t=(ENode*)malloc(sizeof(ENode));
        t->adjVertex=i;
```

```
            t->weight = w;
            t->nextEdge = g->vexs[j].firstEdge;
            g->vexs[j].firstEdge = t;

            g->edgeNum ++;
        }
    }
```

邻接表的特点如下。

(1) 对于无向图和有向图,采用邻接表存储时,它们所需的存储空间不同。

对于有 n 个顶点、e 条边的无向图而言,若采取邻接表作为存储结构,则需要 n 个表头结点和 $2e$ 个边结点。

对于有 n 个顶点、e 条边的有向图而言,若采取邻接表作为存储结构,则需要 n 个表头结点和 e 个边结点。

(2) 在邻接表上,很容易找到任意顶点的第一个邻接点和下一个邻接点。

(3) 如果要判定任意两个顶点 v_i 和 v_j 之间是否有边或弧相连,需要搜索所有的边链表。

(4) 对于无向图和有向图,采用邻接表存储时,顶点度的求解不同。

在无向图的邻接表中,顶点 v_i 的度恰好就是第 i 条边链表上的结点个数。

在有向图的邻接表中,第 i 条边链表上结点的个数是顶点 v_i 的出度。如果要求顶点 v_i 的入度,必须遍历整个邻接表,查找其邻接点的值为 i 的结点个数。由此可见,对于用邻接表存储的有向图,求顶点的入度并不方便。一种解决方法就是采用逆邻接表存储图。

图的逆邻接表是指对每个顶点 v_i 建立以它为弧头的边链表。这样顶点 v_i 的入度就是逆邻接表中第 i 条边链表上结点的个数。图 7.11 给出了图 7.1 中的有向图 G_1 的逆邻接表。

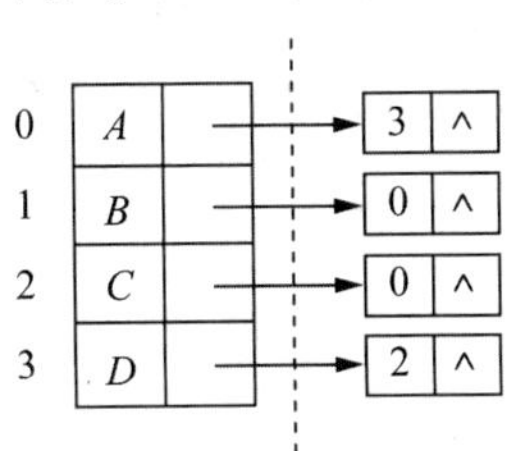

图 7.11　有向图 G_1 的逆邻接表

7.2.3　边集数组

边集数组是由两个一维数组构成的。一个是存储顶点的信息;另一个是存储边的信息,这个存储边的数组的每个数据元素由一条边的起点下标(begin)、终点下标(end)和权(weight)组成,如图 7.12 所示。

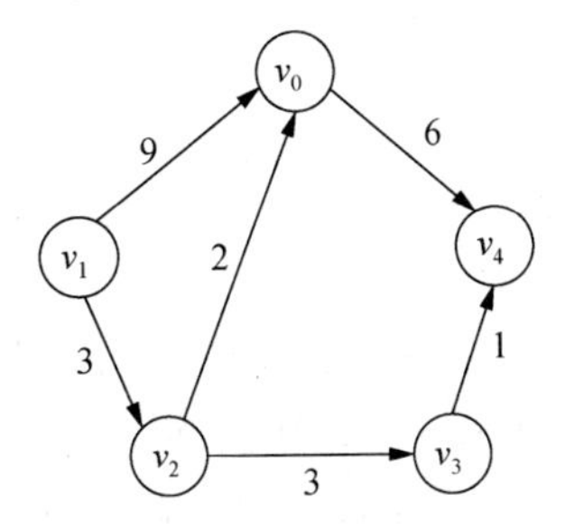

顶点数组:

v_0	v_1	v_2	v_3	v_4

边集数组:

	begin	end	weight
edges[0]	0	4	6
edges[1]	1	0	9
edges[2]	1	2	3
edges[3]	2	3	5
edges[4]	3	4	1
edges[5]	2	0	2

图 7.12　图及其他的边集数组

边集数组结构定义如下。

```
typedef struct{
    int begin;
    int end;
    int weight;
}Edge;
```

显然边集数组关注的是边的集合,在边集数组中要查找一个顶点的度需要扫描整个数组,效率并不高。因此它更适合对边依次进行处理的操作,而不适合对顶点进行相关的操作。

7.3 图的遍历

图的遍历就是从图中的某个顶点出发,按某种方法对图中的所有顶点访问且仅访问一次。

由于图中顶点关系是任意的,即图中顶点之间是多对多的关系,图可能是非连通图,图中还可能有回路存在,因此在访问了某个顶点后,可能沿着某条路径搜索后又回到该顶点上。所以,图的遍历比树的遍历要复杂得多。

为了保证图中的各顶点在遍历过程中访问且仅访问一次,必须解决如下两个问题:①有些图存在回路,必须确定算法不会因回路而陷入死循环;②从起点出发可能到达不了所有其他顶点,如非连通图。

解决第一个问题:图的遍历算法一般为图的每个顶点保留一个标志域,在算法开始时,所有顶点的标志域设置为 UNVISITED(未访问)。在遍历过程中,如果发现某个顶点的标志域为 UNVISITED,就访问它,然后将标志域置为 VISITED(已访问);如果发现某个顶点的标志域为 VISITED,就不再访问它。这样就避免了遇到回路时陷入死循环的问题。

解决第二个问题:如果图不是连通的,则还有未被访问的顶点,这些顶点的标志域为 UNVISITED,这时可从某个未被访问的顶点开始继续进行搜索。

图的遍历通常有两种方法:深度优先搜索和广度优先搜索。这两种遍历方法对无向图和有向图均适用。

```
/* 图的遍历 */
void traverse(Graph g)
{
    for(v=0;v<g->vertexNum;v++){
        visited[v]==UNVISITED;
    }
    for(v=0;v<g->vertexNum;v++){
        if(visited[v]==UNVISITED){
            /* 调用深度优先搜索算法或广度优先搜索算法 */
        }
    }
}
```

7.3.1 深度优先搜索

视频讲解

深度优先搜索(Depth-First Search,DFS)是指按照深度方向搜索,它类似于树的先根遍历。深度优先搜索的过程将产生一棵深度优先搜索树。

视频讲解

图的深度优先搜索算法示例如图 7.13(a)所示,从 v_0 出发进行搜索,在访问了 v_0 后选择未被访问的邻接点 v_1,在访问了 v_1 后选择未被访问的邻接点 v_2,在访问了 v_2 后选择未被访问的邻接点 v_5,在访问了 v_5 之后,由于 v_5 的邻接点都已被访问,就回溯到 v_2,由于 v_2 的所有邻接点也被访问了,再回溯到 v_1,搜索到 v_1 的未被访问的邻接点 v_4,在访问了 v_4 后选择未

被访问的邻接点 v_6，以此类推。

在深度优先搜索的过程中，用实箭头代表搜索方向，虚箭头代表回溯方向，箭头旁边的数字代表搜索顺序。

深度优先搜索过程结束后，相应的访问序列为$\{v_0, v_1, v_2, v_5, v_4, v_6, v_3\}$。图 7.13(a)中所有顶点，加上标有实箭头的边，构成一棵以 v_0 为根的树，称为深度优先搜索树，如图 7.13(b)所示。

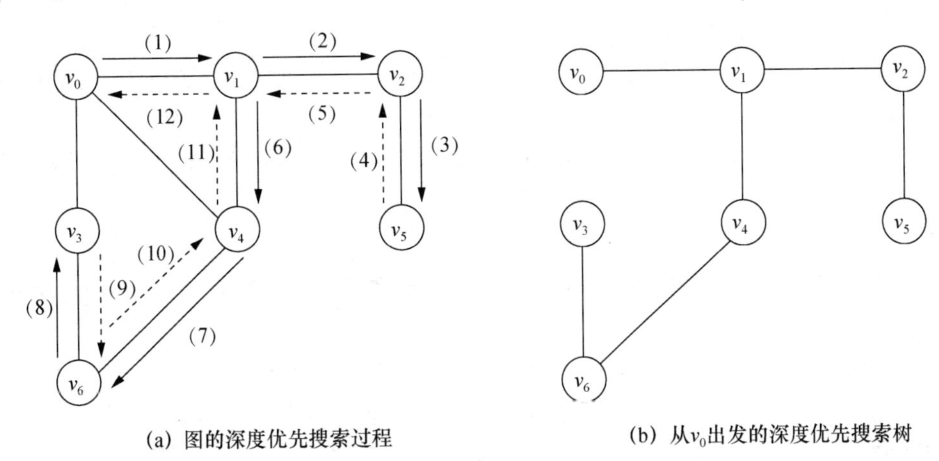

图 7.13　图的深度优先搜索过程及其搜索树

【算法思想】

首先实现对 v_0 所在的连通子图进行深度优先搜索，用递归算法实现的基本过程如下。

(1) 访问出发点 v_0。

(2) 依次以 v_0 的未被访问的邻接点为出发点，深度优先搜索图，直至图中所有与 v_0 有路径相通的顶点都被访问过为止。

若是非连通图，则图中一定还有顶点未被访问，需要从图中另选一个未被访问的顶点作为起始点，重复上述深度优先搜索过程，直至图中所有顶点均被访问过为止。

【算法描述】

```
/* 深度优先搜索图 g 中 v0 所在的连通子图,Graph 表示图的一种存储结构,可以是邻接矩阵、邻接表等 */
void DFS(Graph g,int v0)
{
    visit(v0);/* 访问顶点 v0 */
    visited[v0] = VISITED;
    w = firstAdjVertex(g,v0);/* 找 v0 的第 1 个邻接点 w */
    while(w! = -1){/* 邻接点存在 */
        if(visited[w] == UNVISITED){
            DFS(g,w);
        }
        /* 找 v0 相对于其邻接点 w 的下一个邻接点 */
        w = nextAdjVertex(g,v0,w);
    }
}
```

说明　对于函数 firstAdjVertex(g,v0)及函数 nextAdjVertex(g,v0,w)并没有具体展开，因为图的存储结构不同，对应操作的实现方法就不同。

【算法分析】

设图的顶点数为 n，边数为 e，对图中的每个顶点至多调用一次 DFS 函数，当某个顶点被置访问标志 VISITED 后将不再从此出发进行搜索，遍历的实质是对每个顶点查找邻接点的过程，时间复杂度与所采用的存储结构有关。

若图 g 采用邻接矩阵方式存储，查找所有顶点的邻接点的时间复杂度为 $O(n^2)$，可知深度优先搜索遍历图的时间复杂度为 $O(n^2+n)=O(n^2)$。

若图 g 采用邻接表方式存储，查找所有顶点的邻接点的时间复杂度为 $O(e)$，可知深度优先搜索遍历图的时间复杂度为 $O(e+n)$。

7.3.2　广度优先搜索

视频讲解

视频讲解

视频讲解

广度优先搜索(Breadth-First Search, BFS)是指按照广度方向搜索，它类似于树的层序遍历。

图的广度优先搜索算法示例如图 7.14(a)所示，从 v_0 出发进行搜索，在访问了 v_0 后，再依次访问 v_0 的未被访问的邻接点 v_1、v_3 和 v_4，然后再依次访问 v_1 的未被访问的邻接点 v_2，v_3 未被访问的邻接点 v_6，v_4 没有未被访问的邻接点，以此类推。

在广度优先搜索的过程中，用实箭头代表搜索方向，箭头旁边的数字代表搜索顺序，v_0 为起始顶点。

广度优先搜索过程结束后，相应的访问序列为$\{v_0、v_1、v_3、v_4、v_2、v_6、v_5\}$。图 7.14(a)中所有结点，加上标有实箭头的边，构成一棵以 v_0 为根的树，称为广度优先搜索树，如图 7.14(b)所示。

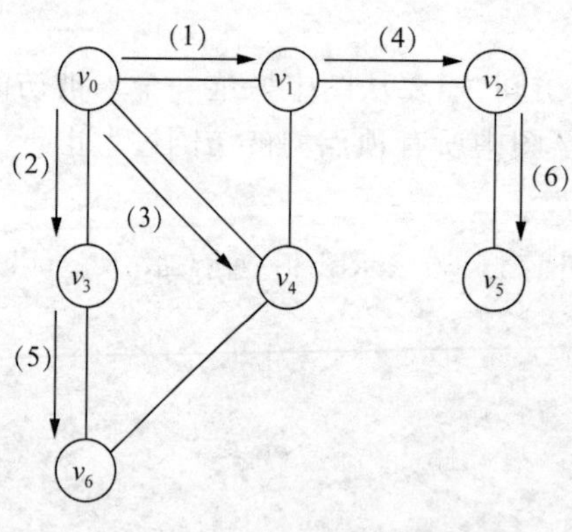

(a) 图的广度优先搜索过程

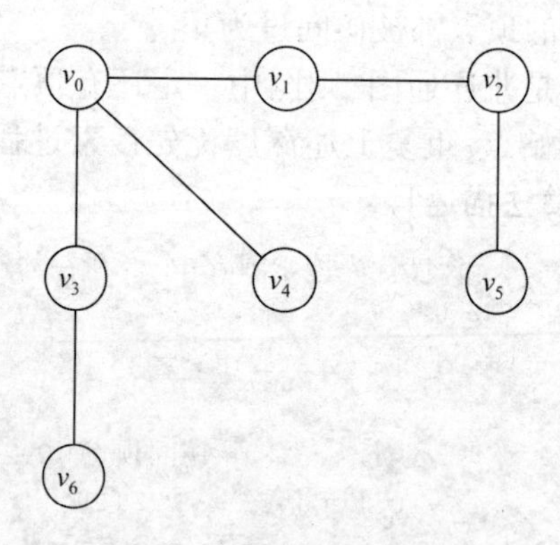

(b) 从 v_0 出发的广度优先搜索树

图 7.14　图的广度优先搜索过程及其搜索树

【算法思想】

首先实现对 v_0 所在的连通子图进行广度优先搜索，算法实现的基本过程如下。

(1) 访问出发点 v_0。

(2) 依次访问 v_0 的各个未被访问的邻接点。

(3) 分别从这些邻接点出发，依次访问它们的各个未被访问的邻接点。访问时应保证：

如果 v_i 和 v_k 为当前端结点，且 v_i 在 v_k 之前被访问，则 v_i 的所有未被访问的邻接点应在 v_k 的所有未被访问的邻接点之前访问。

(4) 重复步骤(3)，直到所有顶点均没有未被访问的邻接点为止。

若是非连通图，则图中一定还有顶点未被访问，需要从图中另选一个未被访问的顶点作为起始点，重复上述广度优先搜索过程，直至图中所有顶点均被访问过为止。

【算法描述】

```
    /* 广度优先搜索图 g 中 v0 所在的连通子图,Graph 表示图的一种存储结构,可以是邻接矩
阵、邻接表等 */
    void BFS(Graph g,  int v0)
    {
        Queue Q;

        visit(v0);/* 访问顶点 v0 */
        visited[v0] = VISITED;

        push(&Q,v0);     /* v0 入队 */
        while(!empty(&Q)){
            v = front(&Q);   /* 取队头元素 */
            pop(&Q);     /* 出队 */
            w = firstAdjVertex(g,v);/* 找 v 的第一个邻接点 */
            while(w! = -1){
                if(visited(w) == UNVISITED){
                    visit(w);/* 访问顶点 w */
                    visited[w] = VISITED;
                    push(&Q,w);
                }
            /* 找 v 相对于 w 的下一个邻接点 */
            w = nextAdjVertex(g,v,w);
        }
    }
}
```

说明 对于 firstAdjVertex(g,v)及 nextAdjVertex(g,v,w)并没有具体展开，因为图的存储结构不同，对应操作的实现方法就不同，时间耗费也不同。

【算法分析】

对于广度优先搜索，图中的每个顶点进一次且仅进一次队列，遍历的本质是查找邻接点，时间复杂度与深度优先搜索的时间复杂度相同，两者的不同体现在对顶点的访问顺序不同。

7.4 图的最小生成树

一个连通图的生成树是指一个极小连通子图，它含有图中的全部顶点 n，但只有足以构成一棵树的 $n-1$ 条边。如果在一棵生成树上添加一条边，必定构成一个环，这是因为该条边使得它所依附的两个顶点之间有了第二条路径。

在一个连通网的所有生成树中，各边的代价之和最小的那棵生成树称为该连通网的最

小代价生成树(Minimum Cost Spanning Tree, MST),简称最小生成树。

最小生成树有如下重要性质:设 $N=(V,E)$ 是一个连通网,U 是顶点集 V 的一个非空子集。若(u,v)是一条具有最小权值的边,其中 $u \in U, v \in V-U$,则存在一棵包含边(u,v)的最小生成树。

可以利用 MST 性质来生成一个连通网的最小生成树。普里姆算法(Prim's Algorithm)和克鲁斯卡尔算法(Kruskal's Algorithm)是两种常用的求解最小生成树的算法。

视频讲解

7.4.1 普里姆算法

假设 $N=(V,E)$ 是连通网,TE 是 N 上最小生成树中边集合的子集。算法如下。

(1) 初始时,$U=\{u\}(u \in V)$,$TE=\Phi$。

(2) 在所有 $<u,v> \in E(u \in U, v \in V-U)$ 的边中选一条代价最小的边(u,v)并入集合 TE,同时将 v 并入 U。

视频讲解

(3) 重复步骤(2),直到 $U=V$ 为止。此时,TE 中必含有 $n-1$ 条边,则 $T=(V,TE)$ 为 N 的最小生成树。

由此可以看出,普里姆算法是逐步增加 U 中的顶点,这种方法称为"加点法"。

注意 在选择最小边时,可能有多条权值相等的边可选,此时任选其一。

为了实现该算法,设置两个辅助的一维数组 parent[ ]和 lowCost[ ]。其中,parent[ ]数组用来保存当前树的顶点生长过程中每个顶点的父顶点,如果 parent[0] = -1 表示 v_0 为根。lowCost[ ]数组用来存储各顶点与当前树的"距离"。

【算法描述】

```
int findMin(int lowCost[],int n)
{
    k = -1;
    min = INT_MAX;/* INT_MAX 表示无穷 */
    for(j = 0;j < n;j ++){
        if(lowCost[j]! = 0 && min > lowCost[j]){
            min = lowCost[j];
            k = j;
        }
    }
    return k;
}
int  Prim(Graph g,VertexType u)/* 假设图的存储结构采用邻接矩阵 */
{
    int i,j,k,sum;
    int lowCost[MAXVEX];
    int parent[MAXVEX];

    /* 在一维数组中查找顶点 u,k 为顶点 u 所在的下标 */
    k = locateVertex(g,u);

    n = g -> vertexNum;
    /* 初始化 lowCost 数组,parent 数组 */
    for(i = 0;i < n;i ++){
        lowCost[i] = g -> edge[k][i];
```

```
            parent[i]=k;
        }
        lowCost[k]=0;/*u点放入U集合*/
        parent[k]= -1;/*u点是根结点*/

        sum=0;
        for(i=1;i<n;i++){
            /*寻找与生成树的距离最小的顶点,找到后返回下标,否则返回 -1*/
            k=findMin(lowCost,n);
            if(k== -1){
                return -1;/*最小生成树不存在*/
            }

            sum=sum+lowCost[k];
            lowCost[k]=0;
            /*下标为k的顶点并入U集合后,要更新lowCost,parent数组*/
            for(j=0;j<n;j++){
                if(lowCost[j]!=0 && lowCost[j]>g->edge[k][j]){
                    lowCost[j]=g->edge[k][j];
                    parent[j]=k;
                }
            }
        }
        return sum;
    }
```

【算法分析】

由于算法中有两个for循环嵌套,因此它的时间复杂度为$O(n^2)$。

例7.5 对图7.15所示的无向网G_6,采用普里姆算法从顶点A开始构造最小生成树。

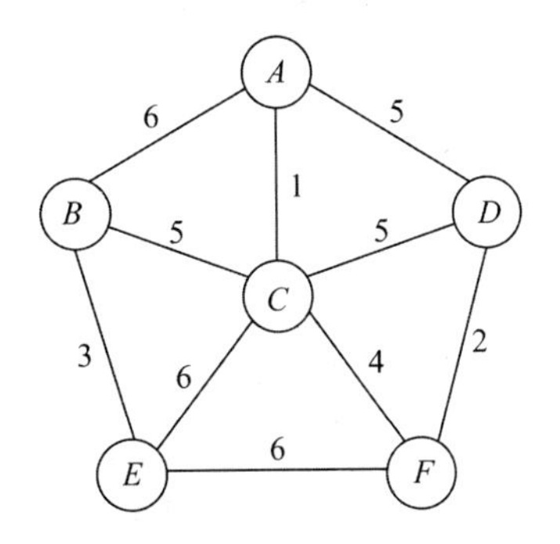

图7.15 无向网G_6

(1) 无向网G_6的邻接矩阵如下。

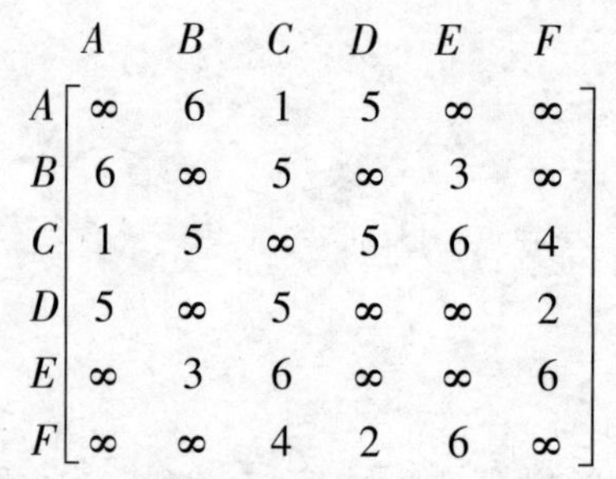

$$
\begin{array}{c} \\ A \\ B \\ C \\ D \\ E \\ F \end{array}
\begin{array}{c}
\begin{array}{cccccc} A & B & C & D & E & F \end{array} \\
\begin{bmatrix}
\infty & 6 & 1 & 5 & \infty & \infty \\
6 & \infty & 5 & \infty & 3 & \infty \\
1 & 5 & \infty & 5 & 6 & 4 \\
5 & \infty & 5 & \infty & \infty & 2 \\
\infty & 3 & 6 & \infty & \infty & 6 \\
\infty & \infty & 4 & 2 & 6 & \infty
\end{bmatrix}
\end{array}
$$

（2）从顶点 A 开始构造最小生成树的过程如图 7.16 所示。

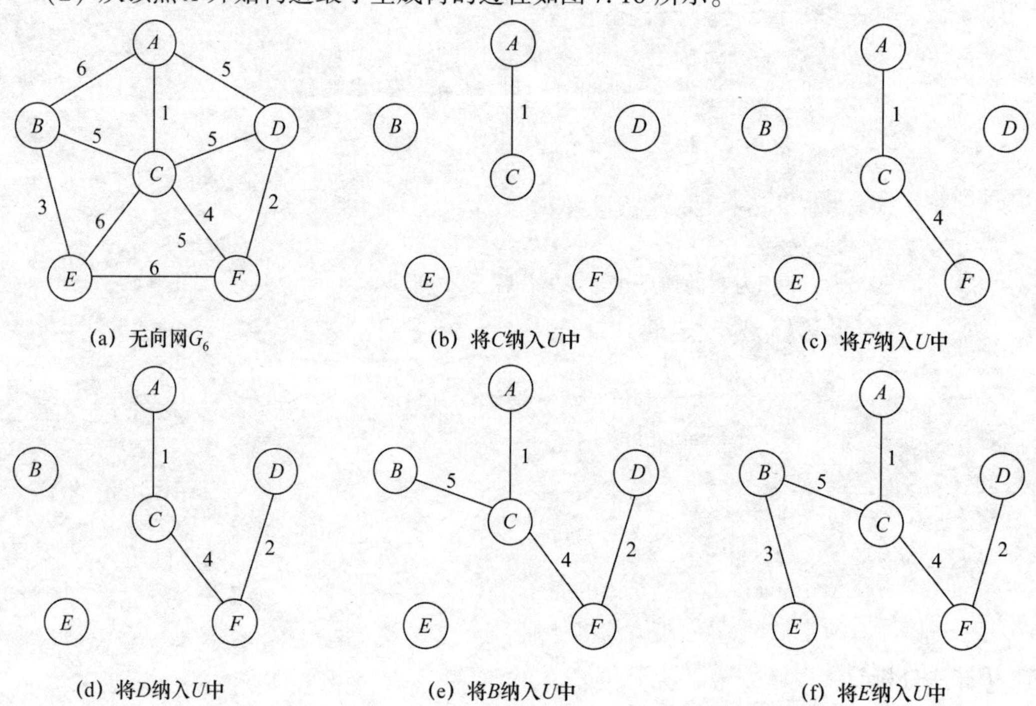

(a) 无向网 G_6　(b) 将 C 纳入 U 中　(c) 将 F 纳入 U 中

(d) 将 D 纳入 U 中　(e) 将 B 纳入 U 中　(f) 将 E 纳入 U 中

图 7.16　采用普里姆算法从顶点 A 开始构造最小生成树的过程

（3）参数变化过程如表 7.1 所示。

表 7.1　参数变化过程

参数 / 辅助数组	A	B	C	D	E	F	U	$V-U$	i	k	edge
	0	1	2	3	4	5					
parent	−1	0	0	0	0	0	$\{A\}$	$\{B,C,D,E,F\}$			
lowCost	0	6	1	5	∞	∞					
parent	−1	2	0	0	2	2	$\{A,C\}$	$\{B,D,E,F\}$	1	2	(A,C)
lowCost	0	5	0	5	6	4					
parent	−1	2	0	5	2	2	$\{A,C,F\}$	$\{B,D,E\}$	2	5	(C,F)
lowCost	0	5	0	2	6	0					
parent	−1	2	0	5	2	2	$\{A,C,F,D\}$	$\{B,E\}$	3	3	(F,D)
lowCost	0	5	0	0	6	0					

续表

辅助数组 \ 参数	A	B	C	D	E	F	U	V - U	i	k	edge
	0	1	2	3	4	5					
parent	-1	2	0	5	1	2	{A,C,F,D,B}	{E}	4	1	(C,B)
lowCost	0	0	0	0	3	0					
parent	-1	2	0	5	1	2	{A,C,F,D,B,E}	{ }	5	4	(B,E)
lowCost	0	0	0	0	0	0					

7.4.2 克鲁斯卡尔算法

假设 $N=(V,E)$ 是连通网，将 N 中的边按权值从小到大的顺序排列。克鲁斯卡尔算法如下。

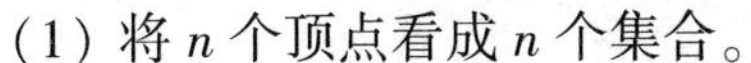

(1) 将 n 个顶点看成 n 个集合。

(2) 按权值由小到大的顺序选择边，所选择的边应满足两个顶点不在同一个顶点集合内，然后将该边的两个顶点所在的顶点集合合并。

(3) 重复步骤(2)，直到所有的顶点都在同一个顶点集合内。

由此可以看出，克鲁斯卡尔算法是逐步增加生成树的边，这种方法称为“加边法”。

例 7.6 对图 7.15 中的无向网 G_6，采用克鲁斯卡尔算法构造最小生成树。

采用克鲁斯卡尔算法从顶点 A 开始构造最小生成树的过程如图 7.17 所示。

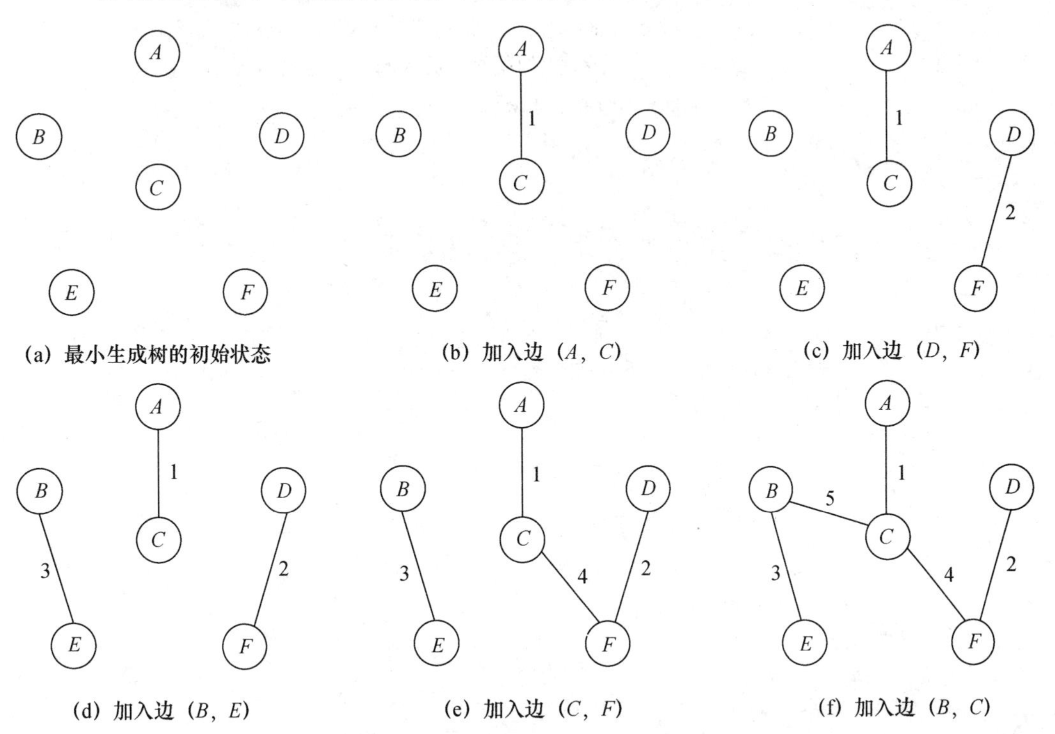

图 7.17 采用克鲁斯卡尔算法从顶点 A 开始构造最小生成树的过程

为了实现克鲁斯卡尔算法,除了使用图的存储结构中的边集数组以外,还要使用并查集来解决集合的合并问题。并查集有3个操作:初始化、查找和合并。

克鲁斯卡尔算法代码如下,左侧数字为行号。其中,MAXVEX为顶点数的最大值。

```
/* Kruskal 算法生成最小生成树,边集数组 edges。*/
1    int Kruskal(Graph g)/*假设图的存储结构采用邻接表*/
2    {
3        int count,sum;
4        Edge edges[MAXVEX*MAXVEX];
5        int parent[MAXVEX];
6        transEdge(g,edges,&len);  /*将邻接表转换为边集数组*/
7        sort(edges,len);/*对边集数组,按边的权值从小到大排序*/
8
9        for(i=0;i<g->vertexNum;i++){/*初始化*/
10           parent[i]=i;
11       }
12
13       sum=0;
14       count=0;
15       for(i=0;i<g->edgeNum;i++){
16           n=find(parent,edges[i].begin);
17           m=find(parent,enges[i].end);
18           if(n!=m){/*n与m不等,说明此边没有与现有生成树形成环路*/
19               parent[n]=m;/*边的尾结点放入起点为n的parent中*/
20               sum=sum+edges[i].weight;
21               count++;
22           }
23       }
24       if(count==g->vertexNum-1){
25           return sum;
26       }
27       else{/*最小生成树不存在*/
28           return -1;
29       }
30   }
31   int find(int parent[],int x)
32   {
33       while(parent[x]!=x){
34           x=parent[x];
35       }
36       return x;
37   }
```

例 7.7 图 7.18 中的无向网及其边集数组,并且边集数组中按权值由小到大排序。

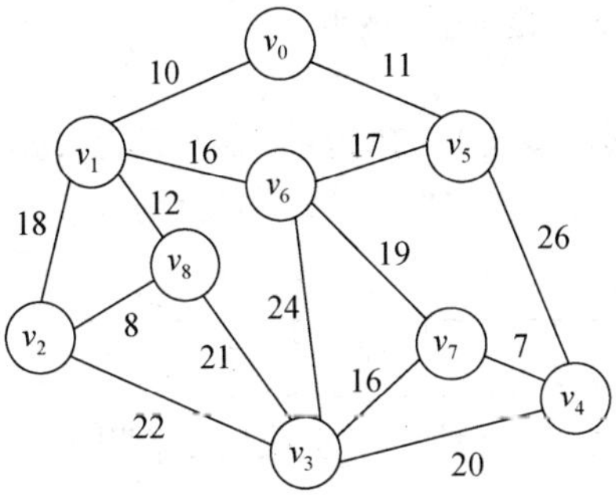

(a) 无向网

	begin	end	weight
edges[0]	4	7	7
edges[1]	2	8	8
edges[2]	0	1	10
edges[3]	0	5	11
edges[4]	1	8	12
edges[5]	3	7	16
edges[6]	1	6	16
edges[7]	5	6	17
edges[8]	1	2	18
edges[9]	6	7	19
edges[10]	3	4	20
edges[11]	3	8	21
edges[12]	2	3	22
edges[13]	3	6	24
edges[14]	4	5	26

(b) 边集数组

图 7.18 无向网及其边集数组

输入图 7.18(a)所示的无向网,模拟计算机的执行,观察它是如何运行并且每次加入的是哪条边。

(1) 这里省略了将邻接表转换为边集数组,并按权值从小到大排序的代码。

(2) 第 9～11 行,对数组 parent 进行初始化,此时的 parent 数组值如下。

0	1	2	3	4	5	6	7	8
0	1	2	3	4	5	6	7	8

(3) 第 15～23 行,开始对边集数组做循环遍历,开始时,$i=0$,edges[0]得到边(v_4, v_7)。

①第 16 行,调用了第 31～37 行的 find()函数,传入参数 edges[0]. begin =4,传出值使得 $n=4$。

②第 17 行,使用同样的方法,调用 find()函数,传入参数 edges[0]. end =7;传出值使得 $m=7$。

③第 18～22 行,因为 n 与 m 不相等,所以 parend[4] =7,此时的 parent 数组值如下。

0	1	2	3	4	5	6	7	8
0	1	2	3	7	5	6	7	8

打印得到"(4,7)7",此时,已经将边(v_4, v_7)纳入到最小生成树中,如图 7.19 所示。

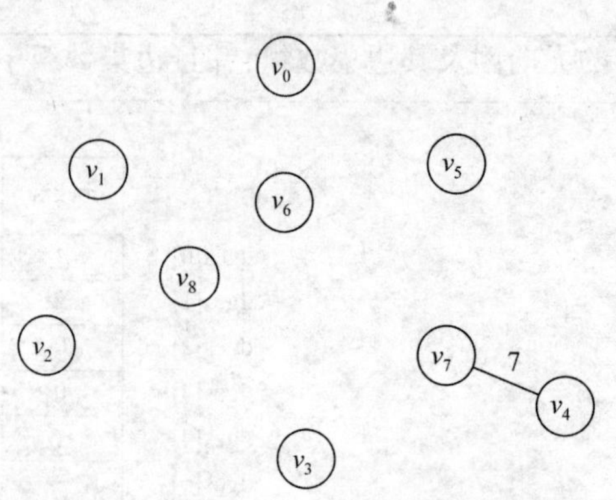

图7.19 将边(v_4,v_7)纳入到最小生成树中

(4) 循环返回,此时 $i=1$,edges[1]得到边(v_2,v_8)。执行第16～22行,$n=2$,$m=8$,parent[2]=8,此时的parent数组值如下。

0	1	2	3	4	5	6	7	8
0	1	8	3	7	5	6	7	8

打印得到"(2,8)8",此时已经将边(v_2,v_8)纳入到最小生成树中,如图7.20所示。

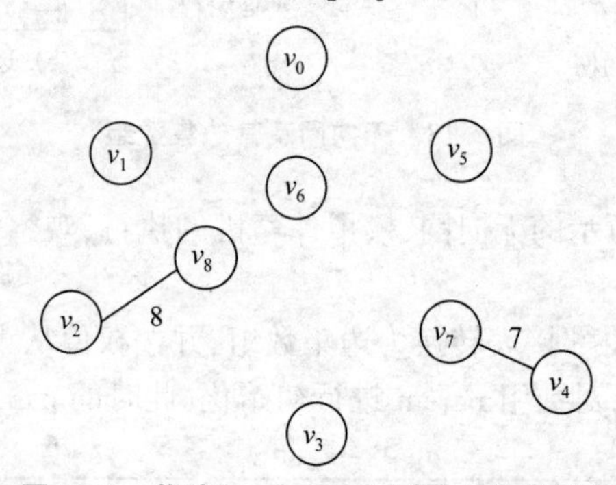

图7.20 将边(v_2,v_8)纳入到最小生成树中

(5) 循环返回,此时 $i=2$,edges[2]得到边(v_0,v_1)。执行第16～22行,$n=0$,$m=1$,parent[0]=1,此时的parent数组值如下。

0	1	2	3	4	5	6	7	8
1	1	8	3	7	5	6	7	8

打印得到"(0,1)10",此时已经将边(v_0,v_1)纳入到最小生成树中,如图7.21所示。

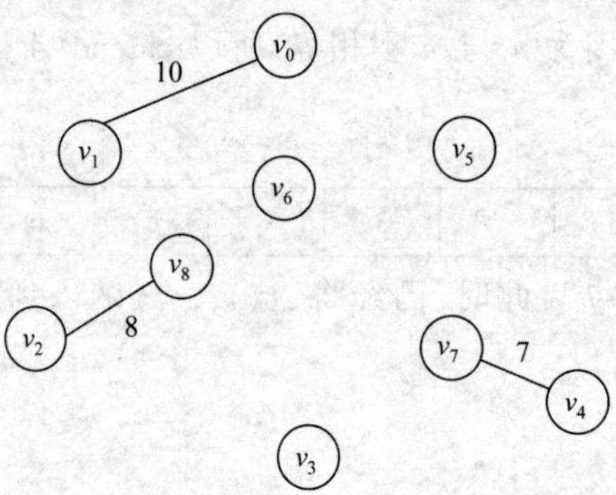

图7.21 将边(v_0,v_1)纳入到最小生成树中

(6) 循环返回,当 $i=3$、4、5、6 时,分别将边 (v_0,v_5)、(v_1,v_8)、(v_3,v_7)、(v_1,v_6) 纳入到最小生成树中,如图 7.22 所示。

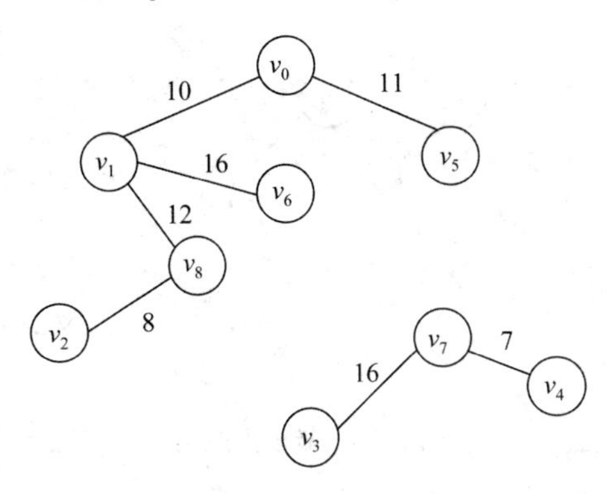

图 7.22 将边 $(v_0,v_5)(v_1,v_8)(v_3,v_7)(v_1,v_6)$ 纳入到最小生成树中

此时的 parent 数组值如下。

0	1	2	3	4	5	6	7	8
1	5	8	7	7	8	6	7	6

(7) 此时,$i=7$,edges[7]得到边 (v_5,v_6)。

①第 16 行,调用 find()函数,传入参数 edges[7]. begin =5,传出值使得 $n=6$。

②第 17 行,调用 find()函数,传入参数 edges[7]. end =6,传出值使得 $m=6$。

③第 18 行,此时 n 等于 m,不再打印,继续下一个循环。

(8) 循环返回,此时 $i=8$,与上面相同,由于边 (v_1,v_2) 使得边集合形成了环路,因此不能将它纳入到最小生成树中。

(9) 循环返回,此时 $i=9$,edges[9]得到边 (v_6,v_7)。执行第 16～22 行,$n=6$,$m=7$,parent[6] =7,此时的 parent 数组值如下。

0	1	2	3	4	5	6	7	8
1	5	8	7	7	8	7	7	6

打印得到"(6,7)19",此时已经将边 (v_6,v_7) 纳入到最小生成树中,如图 7.23 所示。

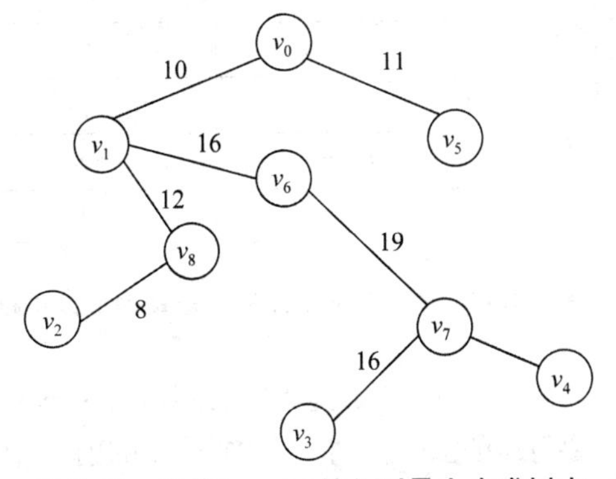

图 7.23 将边 (v_6,v_7) 纳入到最小生成树中

(10) 此后面的循环均造成环路,最终最小生成树如图 7.24 所示。

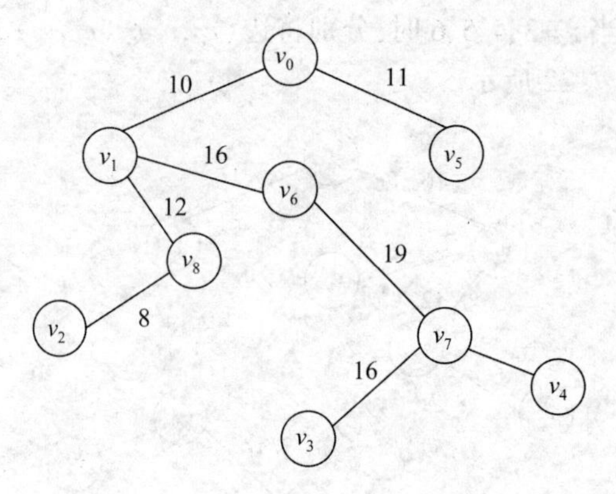

图 7.24　最小生成树

克鲁斯卡尔算法的 find( ) 函数由边数 e 决定，时间复杂度为 $O(\log_2 e)$，而外面有一个 for 循环，因此它循环 e 次。故克鲁斯卡尔算法的时间复杂度为 $O(e\log_2 e)$。

7.5　最短路径

假设用一个网来表示交通运输网络，可用顶点表示地点，边表示地点之间的交通运输路线，边上的权值表示路的长度。那么经常会遇到如下问题：给定的两个地点之间是否有通路？如果有多条通路，哪条路最短？

一般称路径的起始点为源点，路径的终止点为终点。下面讨论两种最常见的最短路径问题：单源点的最短路径和每对顶点之间的最短路径。

视频讲解

视频讲解

7.5.1　单源点的最短路径

单源点的最短路径问题是指给定一个网的源点 v_0，求从源点 v_0 到图中其余各顶点的最短路径。例如，有向网 G_7，从 v_0 到其他顶点之间的最短路径及最短路径长度如图 7.25 所示。

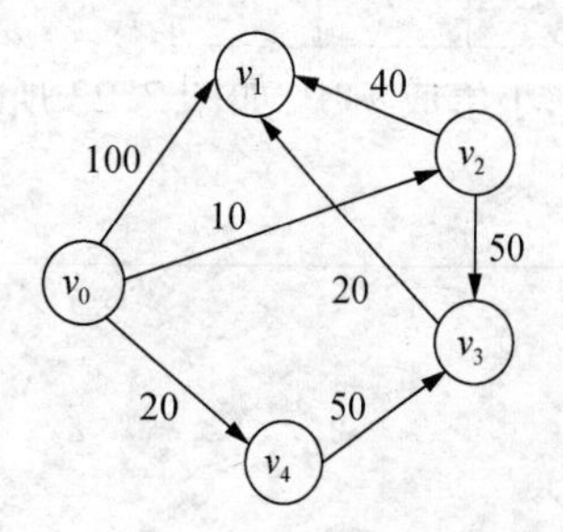

源点 v_0 到其他顶点	最短路径长度	最短路径
$v_0 \to v_1$	50	v_0, v_2, v_1
$v_0 \to v_2$	10	v_0, v_2
$v_0 \to v_3$	60	v_0, v_2, v_3
$v_0 \to v_4$	20	v_0, v_4

图 7.25　有向网 G_7，v_0 到其他顶点的最短路径及最短路径长度

从图 7.25 可知，如果 $(v_0, \cdots, v_k, v_i)$ 是最短路径，则 $(v_0, \cdots, v_k)$ 也是最短路径，这样要存储 $v_0 \sim v_i$ 的最短路径，只需要存储此路径上最后一个顶点的前一个顶点即可。事实上，现在路由器中的路由算法就是采用这种方法存储从一个网络结点到另一个网络结点的路由路径的。

为了求最短路径，Dijkstra 提出了一种按最短路径长度递增的次序逐次生成最短路径的算法。Dijkstra 将图 7.25 中的顶点分成两组。

第一组 S:已求出最短路径的顶点集合,初始为$\{v_0\}$。

第二组 $V-S$:尚未求出最短路径的顶点集合,初始为 $V-\{v_0\}$。

然后,每求得一条最短路径,就将路径上的顶点加入到集合 S 中。

为了实现该算法,用两个数组 D[ ]和 P[ ]分别存储 v_0 到其他顶点的"当前最短路径"和相应的最短路径的最后一个顶点的前一个顶点(即看成父顶点)。数组 final[ ]用来标志顶点是否在集合 S 中。

【算法描述】

```
/* 假设图的存储结构采用邻接矩阵 */
int findMin(Graph g,int D[],int final[])
{
    k = -1;
    min = INT_MAX;
    for(i =0;i <g ->vertexNum;i ++){
        if(final[i]! =1 && min >D[i]){
            min =D[i];
            k =i;
        }
    }
    return k;
}
void Dijkstra(Graph g,int v0,int D[],int P[])
{
    int i,k;
    int final[MAXVEX];

    for(i =0;i <g ->vertexNum;i ++){/* 初始化 */
        D[i] =g ->edge[v0][i];
        if(D[i] < INT_MAX){
            P[i] =v0;
        }
        final[i] =0;
    }

    final[v0] =1;/* 集合 S 初始为{v0} */
    D[v0] =0;/* 到自己的距离设置为 0 */
    while(1){
        k =findMin(g,D,final);
        if(k == -1){
            return;
        }
        final[k] =1;/* 已经找到了到 v0 的最终的最短距离 */
        for(i =0;i <g ->vertexNum;i ++){/* 更新 */
            if(g ->edge[k][i] == INT_MAX || final[i]){
                continue;
            }
            if(D[i] >D[k] +g ->edge[k][i]){
                D[i] =D[k] +g ->edge[k][i];
```

```
                P[i]=k;
            }
        }
    }
}
```

【算法分析】

因为 Dijkstra 算法的外循环要循环 n 次,内循环要循环 n 次,所以它的时间复杂度为 $O(n^2)$。存在负权值边的情况下,不能用 Dijkstra(迪杰斯特拉)算法,原因如下。

Dijkstra 算法中将顶点分为已求得最短路径的集合(记为 S)和未确定最短路径的集合(记为 $V-S$),归入 S 集合的顶点的最短路径及其长度不再变更。如果边上的权值允许为负值,那么有可能出现当与 S 内某顶点 a 与负边相连的某顶点 b 确定其最短路径时,它的最短路径长度加上这条负边的权值结果小于顶点 a 原先确定的最短路径长度,而此时 a 在 Dijkstra 算法下是无法更新的,由此便可能得不到正确的结果。

例 7.8 采用 Dijkstra 算法,求图 7.26 所示的无向网 G_8 从源点 v_0 到其他各顶点的最短路径。

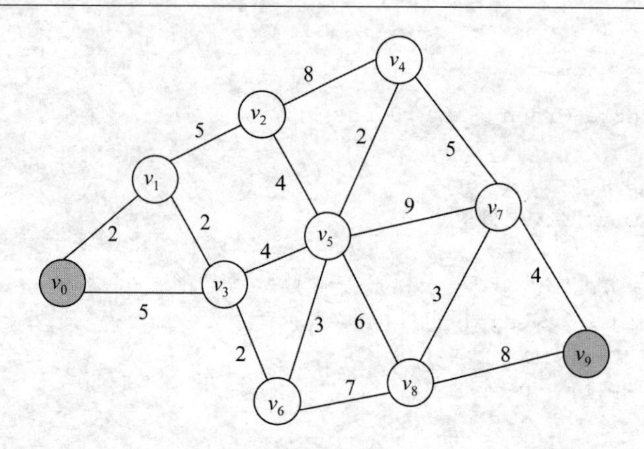

图 7.26 无向网 G_8

初始时,数组 D 的内容就是该图邻接矩阵表示时 v_0 对应的行向量:v_0 到 v_1 和 v_0 到 v_3 的距离分别是 2 和 5($D[1]=2, D[3]=5$),其余都是∞。数组 P 的内容就是记录 v_0 到 v_1 和 v_0 到 v_3 路径的最后一个顶点的前一个顶点($P[1]=0, P[3]=0$)。

首先,在数组 D 中选择到 v_0 距离最短的顶点 v_1,可以断定,v_0 到 v_1 已经找到了最终的最短距离,因为不可能通过绕行其他顶点使 v_0 到 v_1 的距离变得更短。这个结论可以由权值均是正数推导出来。

既然 v_1 已经是求得最短路径的顶点,通过绕行 v_1,v_0 到其他顶点的当前最短距离要进行更新,更新时只需要考虑 v_1 的邻接点 v_2 和 v_3,不需要考虑已经求得最短路径的邻接点 v_0。因此,$D[2]$由原来的∞变成了 7;$D[3]$由原来的 5 变成了 4。相应地,v_0 到 v_2 和 v_0 到 v_3 路径的最后一个顶点的前一个顶点变成了 v_1($P[2]=1, P[3]=1$)。在表 7.2 中,$D[1]$、$P[1]$表格项灰色底纹表示 v_0 到 v_1 已经求得最短路径,$D[1]$不参与下一步最短距离的选择。

其次,在数组 D 中选择到 v_0 距离最短的顶点 v_3,表示 v_0 到 v_3 已找到了最短路径。

通过绕行 v_3，v_0 到其他顶点的当前最短距离要进行更新，更新时只需要考虑 v_3 的邻接点 v_5 和 v_6，不需要考虑已经求得最短路径的邻接点 v_0 和 v_1。因此，D[5]由原来的∞变成了 8，D[6]由原来的∞变成了 6。相应地，v_0 到 v_5 和 v_0 到 v_6 路径的最后一个顶点的前一个顶点变成了 v_3(P[5]=3,P[6]=3)。

用同样的方法一直做到第 9 步。D[1]～D[9]表示从 v_0 到 v_1～v_9 的最短距离，如 D[9]=19 的意思就是 v_0 到 v_9 的最短距离是 19。可以通过搜索数组 P 得到最短路径，如 v_0 到 v_9 的最短路径可以这样得到：P[9]=7,P[7]=4,P[4]=5,P[5]=3,P[3]=1,P[1]=0，顺序倒过来就是：$v_0,v_1,v_3,v_5,v_4,v_7,v_9$。从 A 点到各顶点的 D 值和最短路径父顶点 P 的变化过程如表 7.2 所示。

表 7.2　从 A 点到各顶点的 D 值和最短路径父顶点 P 的变化过程

终点	初始 第 0 步		选 v_1 第 1 步		选 v_3 第 2 步		选 v_6 第 3 步		选 v_2 第 4 步		选 v_5 第 5 步		选 v_4 第 6 步		选 v_8 第 7 步		选 v_7 第 8 步		选 v_9 第 9 步	
	D	P	D	P	D	P	D	P	D	P	D	P	D	P	D	P	D	P	D	P
v_1	2	0	2	0																
v_2	∞		7	1	7	1	7	1	7	1										
v_3	5	0	4	1	4	1														
v_4	∞		∞		∞		∞		15	2	10	5	10	5						
v_5	∞		∞		8	3	8	3	8	3	8	3								
v_6	∞		∞		6	3	6	3												
v_7	∞		∞		∞		∞		∞		17	5	15	4	15	4	15	4		
v_8	∞		∞		∞		13	6	13	6	13	6	13	6	13	6				
v_9	∞		∞		∞		∞		∞		∞		∞		21	8	19	7	19	7

最后结果如表 7.3 所示。

表 7.3　源点 v_0 到其他各顶点最短路径长度及其最短路径

从源点 v_0 到其他各顶点	最短路径长度	最短路径
$v_0 \to v_1$	2	v_0,v_1
$v_0 \to v_2$	7	v_0,v_1,v_2
$v_0 \to v_3$	4	v_0,v_1,v_3
$v_0 \to v_4$	10	v_0,v_1,v_3,v_5,v_4
$v_0 \to v_5$	8	v_0,v_1,v_3,v_5
$v_0 \to v_6$	6	v_0,v_1,v_3,v_6
$v_0 \to v_7$	15	v_0,v_1,v_3,v_5,v_4,v_7
$v_0 \to v_8$	13	v_0,v_1,v_3,v_6,v_8
$v_0 \to v_9$	19	$v_0,v_1,v_3,v_5,v_4,v_7,v_9$

视频讲解

7.5.2　每对顶点之间的最短路径

欲求每对顶点之间的最短路径,可以把每一个顶点作为源点,重复调用 Dijkstra 算法 n 次即可求出,它的时间复杂度为 $O(n^3)$。但是如果允许有负权值的边,就不能采用 Dijkstra 算法。

视频讲解

下面介绍一种更简洁的方法,即 Floyd 算法,它的时间复杂度也是 $O(n^3)$,但是它允许存在权值为负的边。

视频讲解

【算法思想】

假设求从顶点 v_i 和顶点 v_j 的最短路径。如果图 G 有 n 个顶点,路径上可能包含的中间点集合为 U,用 $D[i][j]$表示从 v_i 到 v_j 的最短路径长度。

初始时,$U=\{\}$。将 $D[i][j]$置为从 v_i 到 v_j 弧的权值。

将 v_0 加入到 U 中,即 $U=\{v_0\}$,从 v_i 到 v_j 的中间点在 U 中的最短路径有如下两种情况:

(1) 以 v_0 为中间点,这时路径为(v_i,v_0,v_j),路径长度为 $D[i][0]+D[0][j]$;

(2) 不以 v_0 为中间点,这时路径为(v_i,v_j),路径长度为 $D[i][j]$。由此可知 $D[i][j]=\min\{D[i][j],D[i][0]+D[0][j]\}$。

一般假设 $U=\{v_0,v_1,\cdots,v_{k-1}\}$,向 U 中加 v_k,现要求中间点都落在 U 中(即中间点序列号不大于 k)的从 v_i 到 v_j 的最短路径,这样的路径也可分为如下两种情况。

(1) 以 v_k 为中间点,并且其他中间点的序号小于 k,此时路径为$(v_i,\cdots,v_k,\cdots,v_j)$,路径长度为 $D[i][k]+D[k][j]$。

(2) 不以 v_k 为中间点,这时中间点的序号小于 k,此时路径为$(v_i,\cdots,v_j)$,路径长度为 $D[i][j]$。

由此可知,$D[i][j]=\min\{D[i][j],D[i][k]+D[k][j]\}$。

重复上面的 n 次步骤后,可得到从 v_i 到 v_j 中间点的序号不大于 $n-1$ 的最短路径,也就是所求的最短路径。

【算法描述】

```
/* 假设图的存储结构采用邻接矩阵,D 代表顶点到顶点的最短路径权值和的矩阵,
P 代表对应顶点的最短路径的前驱矩阵.*/
void Floyd(Graph g,int D[][MAXVEX],int P[][MAXVEX])
{
    n = g -> vertexNum;
    for(i = 0;i < n;i ++){/* 初始化 */
        for(j = 0;j < n;j ++){
            D[i][j] = g -> edge[i][j];
            P[i][j] = j;
        }
    }

    for(k = 0;k < n;k ++){/* k 为将要插入的中间点 */
        for(i = 0;i < n;i ++){
            if(D[i][k] == INT_MAX){
                continue;
            }
            for(j = 0;j < n;j ++){
                if(i == j || D[k][j] == INT_MAX){
                    continue;
                }
                if(D[i][j] > D[i][k] + D[k][j]){
                    D[i][j] = D[i][k] + D[k][j];
```

```
                    P[i][j]=P[i][k];
                }
            }
        }
    }
}
void path(Graph g,int P[][MAXVEX],int i,int j)
{
    int k;
    printf("%c",g->vexs[i]);    /* 打印源点 */
    k=P[i][j];
    while(k!=j){                /* 如果路径顶点下标不是终点 */
        printf("%c",g->vexs[k]);/* 打印路径顶点 */
        k=P[k][j];              /* 获得下一个路径顶点下标 */
    }
    printf("%c\n",g->vexs[j]);/* 打印终点 */
}
```

例 7.9 对图 7.27 所示的有向网 G_9，采用 Floyd 算法，求它每对顶点之间的最短路径及最短路径长度。

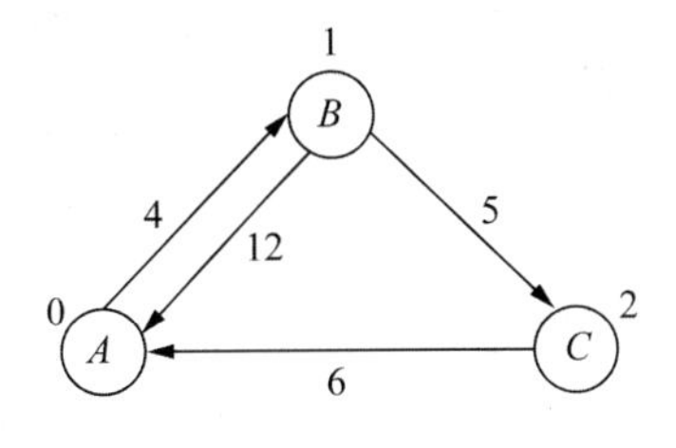

图 7.27 有向网 G_9

应用 Floyd 算法求解。初始时

$$D_{-1}=\begin{bmatrix}\infty & 4 & \infty\\ 12 & \infty & 5\\ 6 & \infty & \infty\end{bmatrix}\qquad P_{-1}=\begin{bmatrix}0 & 1 & 2\\ 0 & 1 & 2\\ 0 & 1 & 2\end{bmatrix}$$

(1) 以 A 为中间顶点

$$D_{0}=\begin{bmatrix}\infty & 4 & \infty\\ 12 & \infty & 5\\ 6 & 10 & \infty\end{bmatrix}\qquad P_{0}=\begin{bmatrix}0 & 1 & 2\\ 0 & 1 & 2\\ 0 & 0 & 2\end{bmatrix}$$

(2) 以 B 为中间顶点

$$D_{1}=\begin{bmatrix}\infty & 4 & 9\\ 12 & \infty & 5\\ 6 & 10 & \infty\end{bmatrix}\qquad P_{1}=\begin{bmatrix}0 & 1 & 1\\ 0 & 1 & 2\\ 0 & 0 & 2\end{bmatrix}$$

(3) 以 C 为中间顶点

$$D_2 = \begin{bmatrix} \infty & 4 & 9 \\ 11 & \infty & 5 \\ 6 & 10 & \infty \end{bmatrix} \qquad P_2 = \begin{bmatrix} 0 & 1 & 1 \\ 2 & 1 & 2 \\ 0 & 0 & 2 \end{bmatrix}$$

可以通过搜索数组 P 得到最短路径,如 B 到 A 最短路径可以这样得到:$P[1][0]=2$,$P[2][0]=0$,所以路径就是 B,C,A。由数组 D 可知,此路径长度为11。

例 7.10 某乡有 A、B、C、D 4个村庄,如图7.28所示。图中边上的权值 W_{ij} 即为从 i 村庄到 j 村庄间的距离。现在要在其中一个村庄建立中心俱乐部,其选址应使得各村庄离中心俱乐部的距离之和最短。请问该中心俱乐部应设在哪个村庄,并求各村庄到中心俱乐部的路径和路径长度。

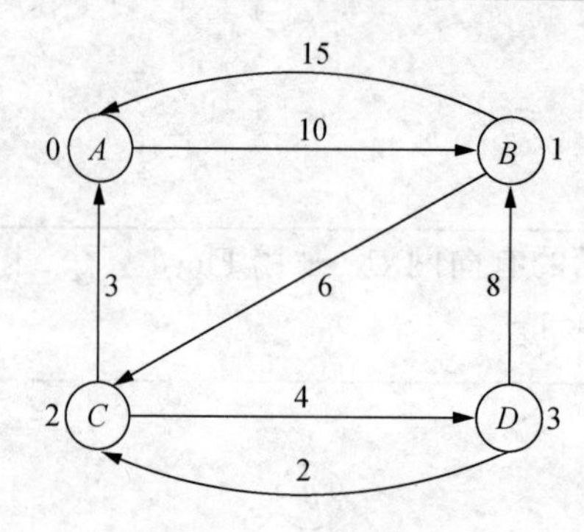

图7.28 有向网 G_{10}

应用 Floyd 算法求解。初始时

$$D_{-1} = \begin{bmatrix} \infty & 10 & \infty & \infty \\ 15 & \infty & 6 & \infty \\ 3 & \infty & \infty & 4 \\ \infty & 8 & 2 & \infty \end{bmatrix} \qquad P_{-1} = \begin{bmatrix} 0 & 1 & 2 & 3 \\ 0 & 1 & 2 & 3 \\ 0 & 1 & 2 & 3 \\ 0 & 1 & 2 & 3 \end{bmatrix}$$

(1) 以 A 为中间顶点

$$D_0 = \begin{bmatrix} \infty & 10 & \infty & \infty \\ 15 & \infty & 6 & \infty \\ 3 & 13 & \infty & 4 \\ \infty & 8 & 2 & \infty \end{bmatrix} \qquad P_0 = \begin{bmatrix} 0 & 1 & 2 & 3 \\ 0 & 1 & 2 & 3 \\ 0 & 0 & 2 & 3 \\ 0 & 1 & 2 & 3 \end{bmatrix}$$

(2) 以 B 为中间顶点

$$D_1 = \begin{bmatrix} \infty & 10 & 16 & \infty \\ 15 & \infty & 6 & \infty \\ 3 & 13 & \infty & 4 \\ 23 & 8 & 2 & \infty \end{bmatrix} \qquad P_1 = \begin{bmatrix} 0 & 1 & 1 & 3 \\ 0 & 1 & 2 & 3 \\ 0 & 0 & 2 & 3 \\ 1 & 1 & 2 & 3 \end{bmatrix}$$

(3) 以 C 为中间顶点

$$D_2=\begin{bmatrix}\infty & 10 & 16 & 20\\ 9 & \infty & 6 & 10\\ 3 & 13 & \infty & 4\\ 5 & 8 & 2 & \infty\end{bmatrix}\qquad P_2=\begin{bmatrix}0 & 1 & 1 & 1\\ 2 & 1 & 2 & 2\\ 0 & 0 & 2 & 3\\ 2 & 1 & 2 & 3\end{bmatrix}$$

(4) 以 D 为中间顶点

$$D_3=\begin{bmatrix}\infty & 10 & 16 & 20\\ 9 & \infty & 6 & 10\\ 3 & 12 & \infty & 4\\ 5 & 8 & 2 & \infty\end{bmatrix}\qquad P_3=\begin{bmatrix}0 & 1 & 1 & 1\\ 2 & 1 & 2 & 2\\ 0 & 3 & 2 & 3\\ 2 & 1 & 2 & 3\end{bmatrix}$$

从最后的最短路径矩阵的第一列可以看出,其他3个村庄到 A 村庄的距离之和 $(9+3+5=17)$ 最小,因此该中心俱乐部应设在 A 村庄。

可以通过搜索数组 P 得到村庄之间的路径。比如:

B 村庄到 A 村庄的路径可以这样得到:$P[1][0]=2$,$P[2][0]=0$,所以路径就是 (B,C,A)。由数组 D 可知此路径长度为9。

C 村庄到 A 村庄的路径可以这样得到:$P[2][0]=0$,所以路径就是 C,A。由数组 D 可知此路径长度为3。

D 村庄到 A 村庄的路径可以这样得到:$P[3][0]=2$,$P[2][0]=0$,所以路径就是 (D,C,A)。由数组 D 可知此路径长度为5。

A 村庄到 D 村庄的路径可以这样得到:$P[0][3]=1$,$P[1][3]=2$,$P[2][3]=3$,所以路径就是 (A,B,C,D)。由数组 D 可知此路径长度为20。

7.6 有向无环图及其应用

有向无环图(Directed Acyclic Graph,DAG)是无环的有向图,它是一类较有向树更一般的特殊有向图。判断一个有向图是否是有向无环图的简单方法是使用拓扑排序,也可使用深度优先搜索算法进行判断。

7.6.1 拓扑排序

视频讲解

用顶点表示活动,用弧表示活动间的优先关系的有向无环图,称为**顶点表示活动的网**(Activity on Vertex Network),简称AOV网。

AOV网的特性是:若 v_i 为 v_j 的先行活动,v_j 为 v_k 的先行活动,则 v_i 必为 v_k 的先行活动,即先行关系具有可传递性。显然,在AOV网中不能存在回路;否则回路中的活动就会互为前驱,从而无法执行。

所谓**拓扑排序**,就是将AOV网中所有顶点排成一个线性序列,该序列满足:AOV网中任意两个顶点 v_i、v_j,有一条从 v_i 到 v_j 的路径,则在该线性序列中 v_i 必定在 v_j 之前。

注意 AOV网的拓扑序列不是唯一的。

例如,一些必修课程及其先修课程的关系如表7.4所示。

表 7.4　必修课程及其先修课程的关系

课程编号	课程名称	先修课程
C_1	高等数学	无
C_2	程序设计基础	无
C_3	离散数学	C_1,C_2
C_4	数据结构	C_2,C_3
C_5	算法设计与分析	C_2
C_6	编译技术	C_4,C_5
C_7	操作系统	C_4,C_9
C_8	普通物理	C_1
C_9	计算机原理	C_8

用顶点表示课程,弧表示先决条件,则表 7.4 所描述的关系可用一个有向无环图表示,如图 7.29 所示。

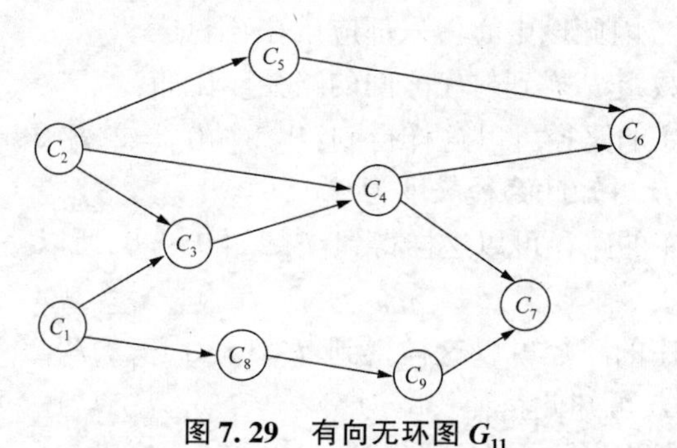

图 7.29　有向无环图 G_{11}

对于图 7.29 所示的 AOV 网,其中的两个拓扑序列为$\{C_1,C_2,C_3,C_4,C_5,C_8,C_9,C_7,C_6\}$和$\{C_1,C_2,C_3,C_8,C_4,C_5,C_9,C_7,C_6\}$。

【算法步骤】

(1) 从有向图中选择一个入度为 0 的顶点 v_i 并输出。

(2) 删除以 v_i 为起点的所有弧。即对 v_i 的邻接点 v_k(作弧头的顶点),将其入度减 1。

(3) 重复步骤(1)和步骤(2),直到入度为 0 的顶点不存在为止。若此时输出的顶点数小于有向图中的顶点数,则说明有向图中存在回路,否则输出的顶点序列即为一个拓扑序列。

为了避免重复检测入度为零的顶点,可以设置一个辅助栈。若某一个顶点的入度减为 0,则将其入栈;每当输出某一个顶点时,便将其从栈中删除。

7.6.2　关键路径

视频讲解

用顶点表示事件,用弧表示活动,弧的权值表示活动所需要的时间的有向无环图,称为**边表示活动的网**(Activity On Edge Network),简称 AOE 网。

视频讲解

在 AOE 网中存在唯一的入度为零的顶点,称为**源点**;存在唯一的出度为零的顶点,称为汇点。从源点到汇点的最长路径的长度即为完成整个工程任务所需的时间,该路径称为**关键路径**,关键路径上的活动称为**关键活动**。

AOE 网在工程计划和管理中很有用。针对实际的应用,通常需要解决以下两个问题:①估算完成整项工程至少需要多少时间;②判断哪些活动是影响工程进度的关键。

视频讲解

工程进度控制的关键在于抓住关键活动。当一个 AOE 网中的关键路径只有一条时,加速关键路径上的任意一个关键活动,都能够加速完成整个工程的活动;但当一个 AOE 网中的关键路径不止一条时,加速任意一个关键活动不一定能够加速完成整个工程的活动。

例如，在图7.30所示的AOE网G_{12}中，共有9个事件，分别对应顶点$v_0,v_1,v_2,\cdots,v_7,v_8$。其中，$v_0$为源点，表示整个工程开始；$v_8$为汇点，表示整个工程结束。$v_0$到$v_8$的关键路径有$<v_0,v_1,v_4,v_6,v_8>$和$<v_0,v_1,v_4,v_7,v_8>$两条，此两条关键路径的长度均为18，关键活动为$<a_1,a_4,a_7,a_{10}>$和$<a_1,a_4,a_8,a_{11}>$。

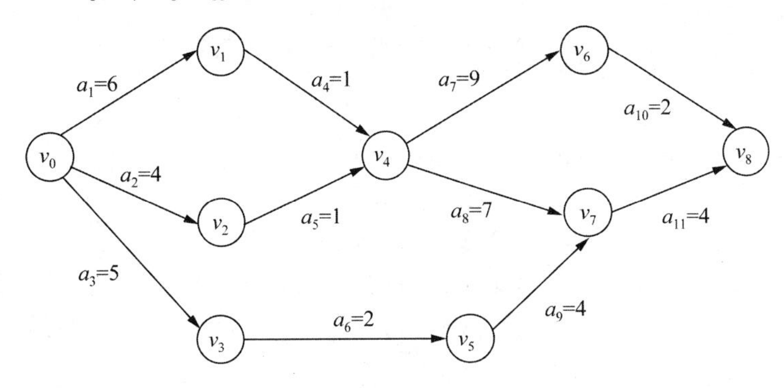

图7.30　AOE网G_{12}

为了求关键路径，下面介绍几个基本术语。

1. 事件的最早发生时间

从源点到顶点v_k的最长路径长度，称为事件v_k的最早发生时间$ve(k)$。可从源点开始，按照拓扑顺序向汇点递推，求事件v_k的最早发生时间$ve(k)$。

$$ve(0)=0$$

$$ve(k)=\max\{ve(j)+\mathrm{dut}(<j,k>)\},\ <v_j,v_k>\in T,1\leqslant k\leqslant n-1$$

其中，T为所有以v_k为弧头的弧$<v_j,v_k>$的集合，$\mathrm{dut}(<j,k>)$表示与弧$<v_j,v_k>$对应的活动的持续时间，如图7.31所示。

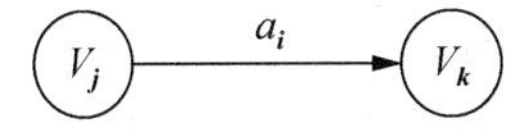

7.31　事件的最早发生时间

2. 事件的最晚发生时间

在保证汇点按其最早发生时间发生这一前提下，从汇点开始，按逆拓扑顺序向源点递推，求事件v_j的最晚发生时间$vl(j)$。

$$vl(n-1)=ve(n-1)$$

$$vl(\mathrm{j})=\min\{vl(k)-\mathrm{dut}(<j,k>)\},\ <v_j,v_k>\in S,0\leqslant j\leqslant n-2$$

其中，S为所有以v_j为弧尾的弧$<v_j,v_k>$的集合，$\mathrm{dut}(<j,k>)$表示与弧$<v_j,v_k>$对应的活动的持续时间。

3. 活动的最早开始时间

如果活动a_i对应的弧为$<v_j,v_k>$，则活动a_i的最早开始时间$ae(i)$等于从源点到顶点v_j的最长路径的长度，即$ae(i)=ve(j)$。

4. 活动的最晚开始时间

如果活动a_i对应的弧为$<v_j,v_k>$，其持续时间为$\mathrm{dut}(<j,k>)$，在保证事件v_k的最晚发生时间为$vl(k)$的前提下，活动a_i的最晚开始时间$al(i)$为

$$al(i)=vl(k)-\mathrm{dut}(<j,k>)$$

5. 活动的松弛时间

活动 a_i 的松弛时间为 a_i 的最晚开始时间与 a_i 的最早开始时间之差,即 $al(i)-ae(i)$。松弛时间为0的活动为关键活动。

例 7.11 求图7.30中AOE网 G_{12} 的关键路径。

(1) 计算各事件的最早发生时间。

$ve(0)=0$

$ve(1)=\max\{ve(0)+\text{dut}(<0,1>)\}=6$

$ve(2)=\max\{ve(0)+\text{dut}(<0,2>)\}=4$

$ve(3)=\max\{ve(0)+\text{dut}(<0,3>)\}=5$

$ve(4)=\max\{ve(1)+\text{dut}(<1,4>,ve(2)+\text{dut}(<2,4>)\}=7$

$ve(5)=\max\{ve(3)+\text{dut}(<3,5>\}=7$

$ve(6)=\max\{ve(4)+\text{dut}(<4,6>\}=16$

$ve(7)=\max\{ve(4)+\text{dut}(<4,7>,ve(5)+\text{dut}(<5,7>)\}=14$

$ve(8)=\max\{ve(6)+\text{dut}(<6,8>,ve(7)+\text{dut}(<7,8>)\}=18$

(2) 计算各事件的最晚发生时间。

$vl(8)=ve(8)=18$

$vl(7)=\min\{vl(8)-\text{dut}(<7,8>)\}=14$

$vl(6)=\min\{vl(8)-\text{dut}(<6,8>)\}=16$

$vl(5)=\min\{vl(7)-\text{dut}(<5,7>)\}=10$

$vl(4)=\min\{vl(6)-\text{dut}(<4,6>),vl(7)-\text{dut}(<4,7>)\}=7$

$vl(3)=\min\{vl(5)-\text{dut}(<3,5>)\}=8$

$vl(2)=\min\{vl(4)-\text{dut}(<2,4>)\}=6$

$vl(1)=\min\{vl(4)-\text{dut}(<1,4>)\}=6$

$vl(0)=\min\{vl(1)-\text{dut}(<0,1>),vl(2)-\text{dut}(<0,2>),vl(3)-\text{dut}(<0,3>)\}=0$

(3) 计算各活动的最早开始时间。

$ae(1)=ve(0)=0$

$ae(2)=ve(0)=0$

$ae(3)=ve(0)=0$

$ae(4)=ve(1)=6$

$ae(5)=ve(2)=4$

$ae(6)=ve(3)=5$

$ae(7)=ve(4)=7$

$ae(8)=ve(4)=7$

$ae(9)=ve(5)=7$

$ae(10)=ve(6)=16$

$ae(11)=ve(7)=14$

(4) 计算各活动的最晚开始时间。

$al(1)=vl(1)-\text{dut}(<0,1>)=0$

$al(2)=vl(2)-\text{dut}(<0,2>)=2$

$al(3)=vl(3)-\text{dut}(<0,3>)=3$

$al(4) = vl(4) - \mathrm{dut}(<1,4>) = 6$

$al(5) = vl(4) - \mathrm{dut}(<2,4>) = 6$

$al(6) = vl(5) - \mathrm{dut}(<3,5>) = 8$

$al(7) = vl(6) - \mathrm{dut}(<4,6>) = 7$

$al(8) = vl(7) - \mathrm{dut}(<4,7>) = 7$

$al(9) = vl(7) - \mathrm{dut}(<5,7>) = 10$

$al(10) = vl(8) - \mathrm{dut}(<6,8>) = 16$

$al(11) = vl(8) - \mathrm{dut}(<7,8>) = 14$

用表7.5表示上述计算的结果。

表7.5 各活动的开始时间及松弛时间

活动	$ae(i)$	$al(i)$	$al(i)-ae(i)$
1	0	0	0
2	0	2	2
3	0	3	3
4	6	6	0
5	4	6	2
6	5	8	3
7	7	7	0
8	7	7	0
9	7	10	3
10	16	16	0
11	14	14	0

如果 $ae(i) = al(i)$,则活动 a_i 为关键活动,所以它有两条关键路径 $<v_0, v_1, v_4, v_6, v_8>$ 和 $<v_0, v_1, v_4, v_7, v_8>$。

【算法步骤】

(1) 以拓扑排序的次序计算各事件的最早发生时间。

(2) 然后以逆拓扑排序的次序计算各事件的最晚发生时间。

(3) 计算每个活动的最早开始时间和最晚开始时间。

(4) 计算各活动的松弛时间,进而求出关键活动和关键路径。

【算法描述】

```
#include <cstdio>
#include <cstdlib>
#include <stack>
using namespace std;

#define MAXVEX 100 /* 最大顶点数 */
typedef char VertexType;

struct AOENetworkStruct;
typedef struct AOENetworkStruct *AOENetwork;

typedef struct ENode{
```

```
    int adjVertex;    /* 该边所指的顶点的位置 */
    int weight;       /* 边的权 */
    int earliest;     /* 活动的最早开始时间 */
    int latest;       /* 活动的最晚开始时间 */
    struct ENode *nextEdge;   /* 指向下一条边的指针 */
}ENode;

typedef struct VNode{
    VertexType data;      /* 顶点信息 */
    int inDegree;         /* 入度 */
    int earliest;         /* 事件的最早发生时间 */
    int latest;           /* 事件的最晚发生时间 */
    ENode *firstEdge;     /* 指向第一条依附该顶点的边的弧指针 */
}VNode;

struct AOENetworkStruct{
    VNode vexs[MAXVEX];
    int vertexNum,edgeNum;/* 图的当前顶点数和弧数 */
};
int TopSort(AOENetwork g,stack<int> &out)
{
    int count;
    int i,x,y;
    ENode *p;
    stack<int> in;

    for(i=0;i<g->vertexNum;i++){
        g->vexs[i].earliest=0;
        if(g->vexs[i].inDegree==0){
            in.push(i);
        }
    }
    count=0;
    while(!in.empty()){
        x=in.top();
        in.pop();
        count++;
        out.push(x);

        for(p=g->vexs[x].firstEdge;p!=NULL;p=p->nextEdge){
            y=p->adjVertex;
            g->vexs[y].inDegree--;
            if(g->vexs[y].inDegree==0){
                in.push(y);
            }
            if (g->vexs[y].earliest<g->vexs[x].earliest+p->weight){
                g->vexs[y].earliest=g->vexs[x].earliest+p->weight;
            }
        }
    }
    if(count<g->vertexNum){/* 不满足 AOE 网的要求 */
        return 0;
    }
```

```
    else{
        return 1;
    }
}
void criticalPath(AOENetwork g)
{
    int i,x,y;
    ENode *p;
    stack<int> out;

    /*函数调用,求事件的最早发生时间。
    如果不满足 AOE 网的要求,则无法求解关键路径,程序提前结束*/
    if(!TopSort(g,out)){
        return;
    }

    /*求事件的最晚发生时间*/
    for(i=0;i<g->vertexNum;i++){/*初始化*/
        g->vexs[i].latest=g->vexs[g->vertexNum-1].earliest;
    }
    while(!out.empty()){
        x=out.top();
        out.pop();
        for(p=g->vexs[x].firstEdge;p!=NULL;p=p->nextEdge){
            y=p->adjVertex;
            if(g->vexs[x].latest>g->vexs[y].latest-p->weight){
                g->vexs[x].latest=g->vexs[y].latest-p->weight;
            }
        }
    }
    /*求活动的最早开始时间和最晚开始时间*/
    for(x=0;x<g->vertexNum;x++){
        for(p=g->vexs[x].firstEdge;p!=NULL;p=p->nextEdge){
            y=p->adjVertex;
            p->earliest=g->vexs[x].earliest;
            p->latest=g->vexs[y].latest-p->weight;
        }
    }
}
```

【算法分析】

拓扑排序过程中计算事件最早发生时间时,每条边只参与计算一次;利用栈得到逆拓扑排序计算事件最晚发生时间时,每条边也只参与计算一次;在求每个活动最早开始时间和最晚开始时间时,每条边也只参与计算一次,可知此算法的时间复杂度为 $O(n+e)$。

例 7.12 采用关键路径算法，求图 7.30 中 AOE 网 G_{12} 从源点到汇点的关键路径和关键活动。

（1）图 7.30 中 AOE 网 G_{12} 的邻接表如图 7.32 所示。

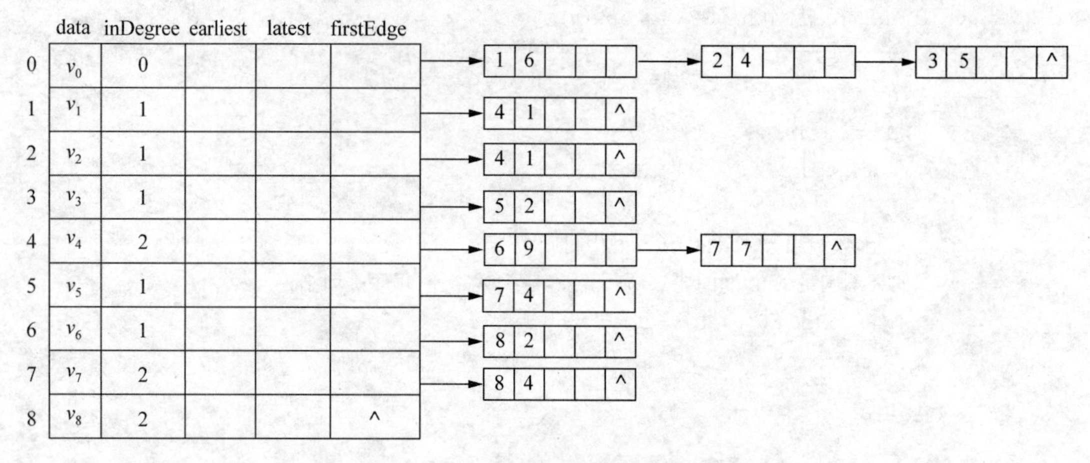

	data	inDegree	earliest	latest	firstEdge
0	v_0	0			
1	v_1	1			
2	v_2	1			
3	v_3	1			
4	v_4	2			
5	v_5	1			
6	v_6	1			
7	v_7	2			
8	v_8	2			^

图 7.32　AOE 网 G_{12} 的邻接表

（2）调用 TopSort( )算法后，图 7.30 中 AOE 网 G_{12} 的邻接表如图 7.33 所示。

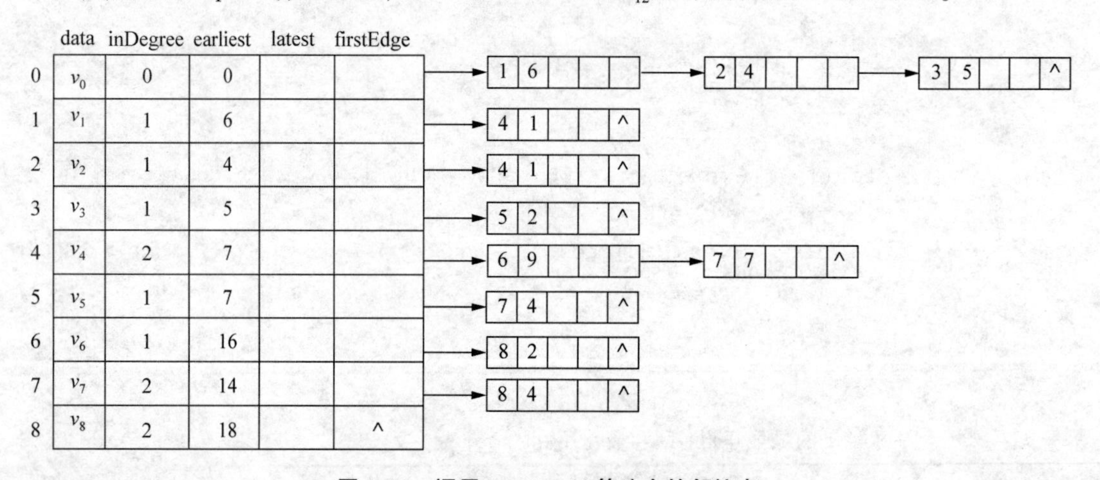

	data	inDegree	earliest	latest	firstEdge
0	v_0	0	0		
1	v_1	1	6		
2	v_2	1	4		
3	v_3	1	5		
4	v_4	2	7		
5	v_5	1	7		
6	v_6	1	16		
7	v_7	2	14		
8	v_8	2	18		^

图 7.33　调用 TopSort( )算法合的邻接表

（3）调用 TopSort( )算法后，out 栈的内容如图 7.34 所示。

out栈 栈底 → out栈 栈顶

0	3	5	2	1	4	7	6	8			

图 7.34　out 栈的内容

（4）调用 criticalPath( )算法后，图 7.30 中 AOE 网 G_{12} 的邻接表如图 7.35 所示。

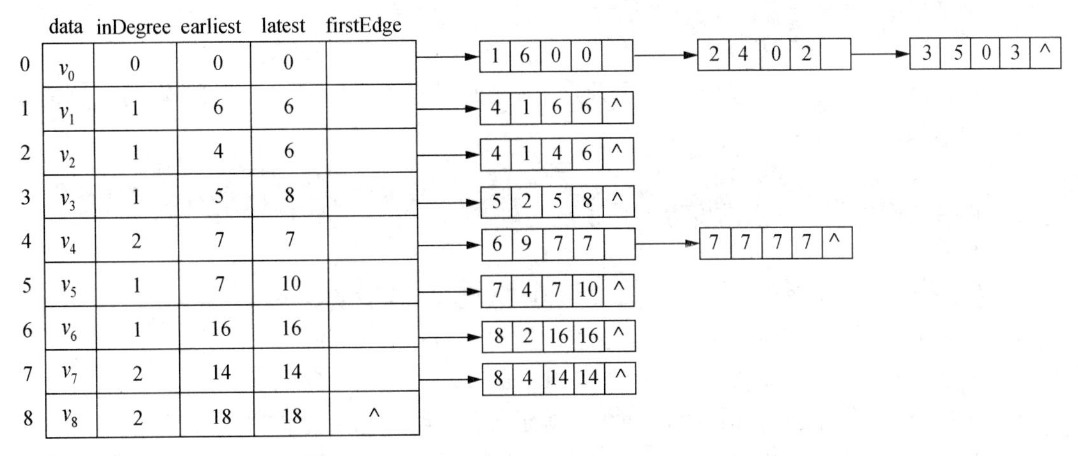

图 7.35 调用 criticalPath( )算法后的邻接表

本章小结

存储一个图的最常用方法主要有两种,即邻接矩阵和邻接表。前者属于顺序存储,后者属于顺序存储和链式存储的混合存储。对于稠密图来说,两者差别不大,由于前者结构简单,因此是首选的;对于稀疏图来说,后者比较节省空间。

不同的存储结构也会影响算法的时间复杂度。一般来说,稀疏图采用邻接表存储可以大大提高从顶点寻找邻接边的效率,从而提高算法的时间性能;稠密图可以首先考虑较为简单的邻接矩阵存储结构。

为了处理和利用图这种复杂结构,本章介绍了图的广度优先搜索算法和深度优先搜索算法;带权图的最小生成树问题和算法;带权图上的单源点和任意顶点之间的最短路径算法;有向无环图上的拓扑排序及关键路径算法。学完本章内容后,应掌握这些算法。

习　题

一、单项选择题

1. 设无向图的顶点个数为 n,则该图最多有(　　)条边。

   A. $n-1$　　B. $n(n-1)/2$　　C. $n(n+1)/2$　　D. 0

2. 具有 4 个顶点的无向完全图最多有(　　)条边。

   A. 6　　B. 12　　C. 16　　D. 20

3. 设有向图的顶点个数为 n,则该图最多有(　　)条边。

   A. $n-1$　　B. $n(n-1)/2$　　C. $n(n-1)$　　D. 0

4. 在一个图中,所有顶点的度数之和等于所有边数的(　　)倍。

   A. 1/2　　B. 1　　C. 2　　D. 4

5. 无向图 G 有 16 条边,度为 4 的顶点有 3 个,度为 3 的顶点有 4 个,其余顶点的度均小于3,则图 G 至少有(　　)个顶点。

A. 10　　B. 11　　C. 12　　D. 13

6. 若无向图 $G=(V,E)$ 中含有7个顶点,则保证图 G 在任何情况下都是连通的,则需要的边数最小是(　　)。

A. 6　　B. 15　　C. 16　　D. 21

7. 在有向图中每个顶点的度等于该顶点的(　　)。

A. 入度　　B. 出度

C. 入度与出度之和　　D. 入度与出度之差

8. 在有 n 个顶点的有向图中,每个顶点的度最大可达(　　)。

A. $n-1$　　B. $2(n-1)$　　C. n　　D. $n+1$

9. 在一个有向图中,所有顶点的入度之和等于所有顶点的出度之和的(　　)倍。

A. 1/2　　B. 1　　C. 2　　D. 4

10. 在无向图中定义顶点 v_i 与顶点 v_j 之间的路径为从 v_i 到达 v_j 的一个(　　)。

A. 顶点序列　　B. 边序列　　C. 权值之和　　D. 边的条数

11. G 是一个非连通无向图,共有28条边,则该图至少有(　　)个顶点。

A. 6　　B. 7　　C. 8　　D. 9

12. 连通分量是无向图中的极小连通子图。这个说法是(　　)。

A. 正确的　　B. 错误的

13. n 个顶点的连通图至少有(　　)条边。

A. $n-1$　　B. n　　C. $n+1$　　D. 0

14. 在 n 个结点的无向图中,若边数大于 $n-1$,则该图必是连通图。这个说法是(　　)。

A. 正确的　　B. 错误的

15. n 个结点的有向图,若它有 $n(n-1)$ 条边,则它一定是强连通的。这个说法是(　　)。

A. 正确的　　B. 错误的

16. 强连通分量是有向图中的极大强连通子图。这个说法是(　　)。

A. 正确的　　B. 错误的

17. 含 n 个顶点的强连通图至少有(　　)条边,这样的有向图的形状是(　　)。

A. n,环状　　B. $n+1$,无回路

C. $n-1$,有回路　　D. $n(n-1)$,树状

18. 存储无向图的邻接矩阵是对称的,故只存储邻接矩阵的上(或下)三角部分即可。这个说法是(　　)。

A. 正确的　　B. 错误的

19. 对于一个具有 n 个顶点的无向图,若采用邻接矩阵表示,则该矩阵的大小是(　　)。

A. n　　B. $(n-1)/2$　　C. $n-1$　　D. n^2

20. 用邻接矩阵法存储一个图时,在不考虑压缩存储的情况下,所占用的存储空间大小只与图中结点个数有关,而与图的边数无关。这个说法是(　　)。

A. 正确的　　B. 错误的

21. 在含 n 个顶点和 e 条边的无向图的邻接矩阵中,零元素的个数为(　　)。

A. e　　B. $2e$　　C. n^2-e　　D. n^2-2e

22. 有 n 个顶点的无向图,采用邻接矩阵表示,图中的边数等于邻接矩阵中非零元素之和的一半。这个说法是(　　)。

A. 正确的　　　B. 错误的

23. 在无权图 G 的邻接矩阵 A 中,若(v_i,v_j)或$<v_i,v_j>$属于图 G 的边集合,则对应元素 $A[i][j]$等于(　　),否则等于(　　)。

A. 0,0　　B. 1,0　　C. 1,1　　C. 0,1

24. 在无向图 G 的邻接矩阵 A 中,若 $A[i][j]$等于1,则 $A[j][i]$等于(　　)。

A. 0　　B. 1　　C. 2　　C. 不确定

25. 已知一个无权有向图用邻接矩阵表示,计算第 i 个结点的入度的方法是(　　)。

A. 统计第 i 列1的个数　　B. 统计第 i 列0的个数

C. 统计第 i 行1的个数　　D. 统计第 i 行0的个数

26. 已知一个图用邻接矩阵表示,删除所有从第 i 个结点出发的边的方法是(　　)。

A. 将矩阵第 i 行全部置为1　　B. 将矩阵第 i 行全部置为0

C. 将矩阵第 i 列全部置为1　　D. 将矩阵第 i 列全部置为0

27. 用邻接表存储图所用的空间大小(　　)。

A. 与图的顶点数和边数都有关　　B. 只与图的边数有关系

C. 只与图的顶点数有关　　D. 与边数的平方有关

28. 在有向图的邻接表存储结构中,顶点 v 在边表中出现的次数是(　　)。

A. 顶点 v 的度　　B. 顶点 v 的出度

C. 顶点 v 的入度　　D. 依附于顶点 v 的边数

29. 邻接表只用于有向图的存储,邻接矩阵对于有向图和无向图的存储都适用。这个说法是(　　)。

A. 正确的　　B. 错误的

30. 假设一个有向图具有 n 个顶点、e 条边,该有向图采用邻接矩阵存储,则删除与顶点 i 相关联的所有边的时间复杂度是(　　)。

A. $O(n)$　　B. $O(e)$　　C. $O(n+e)$　　D. $O(n\times e)$

31. n 个顶点 e 条边的无向图的邻接表的存储中,边结点的个数有(　　)。

A. e　　B. $2e$　　C. $e/2$　　D. $e\times e$

32. 设有向连通图 G 中的弧集 $A=\{<a,b>,<a,e>,<a,c>,<b,e>,<e,d>,<d,f>,<f,c>\}$,则从顶点 a 出发可以得到一种深度优先遍历的顶点序列为(　　)。

A. $\{a,b,e,d,f,c\}$　　B. $\{a,c,f,e,b,d\}$

C. $\{a,e,b,d,f,c\}$　　D. $\{a,e,d,b,f,c\}$

33. 设有无向连通图 G 中的边集 $E=\{(a,b),(a,c),(a,e),(b,e),(e,d),(d,f),(f,c)\}$。若从顶点 a 出发按深度优先搜索进行遍历,则可能得到的一种顶点序列为(　　)。

A. $\{a,b,e,c,d,f\}$　　B. $\{a,c,f,e,b,d\}$

C. $\{a,e,b,c,f,d\}$　　D. $\{a,e,d,f,c,b\}$

34. 设有无向连通图 G 中的边集 $E=\{(a,b),(a,c),(a,e),(b,e),(e,d),(d,f),(f,c)\}$。若从顶点 a 出发按广度优先搜索进行遍历,则可能得到的一种顶点序列为(　　)。

A. $\{a,b,c,e,d,f\}$　　B. $\{a,b,c,e,f,d\}$

C. $\{a,e,b,c,f,d\}$　　D. $\{a,e,f,d,b,c\}$

35. 图的 BFS 生成树的树高比 DFS 生成树的树高(　　)。

A. 矮或相等　　B. 矮　　C. 高或相等　　D. 高

36. 图的广度优先遍历算法用到辅助队列,每个顶点最多进队(　　)次。

A. 1　　B. 2　　C. 3　　D. 不确定

37. 图的深度优先遍历算法中需要设置一个标志数组,以便区分图中的每个顶点是否被访问过。这个说法是(　　)。

A. 正确的　　B. 错误的

38. 对连通图进行深度优先遍历可以访问到该图中的所有顶点。这个说法是(　　)。

A. 正确的　　B. 错误的

39. 一个图的广度优先搜索树是唯一的。这个说法是(　　)。

A. 正确的　　B. 错误的

40. 最小生成树指的是(　　)。

A. 由连通网所得到的边数最少的生成树

B. 由连通网所得到的顶点数相对较少的生成树

C. 连通网中所有生成树中权值之和为最小的生成树

D. 连通网的极小连通子图

41. 带权无向图的最小生成树是唯一的。这个说法是(　　)。

A. 正确的　　B. 错误的

42. 图的最小生成树的形状可能不唯一。这个说法是(　　)。

A. 正确的　　B. 错误的

43. 任何一个无向连通图的最小生成树(　　)。

A. 只有一棵　　B. 有一棵或多棵

C. 一定有多棵　　D. 可能不存在

44. 如果含 n 个顶点的图形成一个环,则它有(　　)棵生成树。

A. $n-1$　　B. n　　C. $n+1$　　D. $n+2$

45. 图的生成树唯一性不能确定,n 个顶点的生成树有(　　)条边。

A. $n-1$　　B. n　　C. $n+1$　　D. 不确定

46. 下列说法中,正确的是(　　)。

A. 只要无向连通网中没有权值相同的边,其最小生成树就是唯一的

B. 只要无向连通网中有权值相同的边,其最小生成树一定不唯一

C. 从 n 个顶点的连通图中选取 $n-1$ 条权值最小的边,即可构成最小生成树

D. 设连通图 G 含有 n 个顶点,则含有 n 个顶点 $n-1$ 条边的子图一定是图 G 的生成树

47. 对如图 7.36 所示的无向连通网图从顶点 d 开始用 Prim 算法构造最小生成树,在构造过程中加入最小生成树的前 4 条边依次是(　　)。

A. $(d,f)4,(f,e)2,(f,b)3,(b,a)5$　　B. $(f,e)2,(f,b)3,(a,c)3,(f,d)4$

C. $(d,f)4,(f,e)2,(a,c)3,(b,a)5$　　D. $(d,f)4,(d,b)5,(f,e)2,(b,a)5$

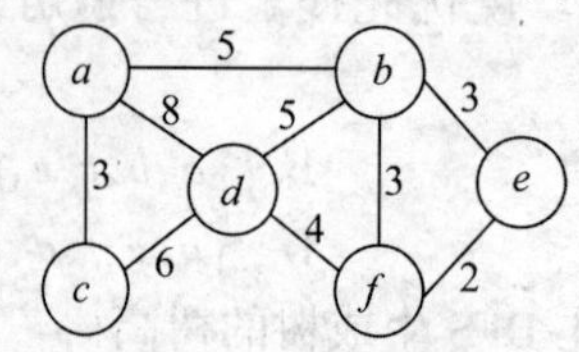

图 7.36　无向连通网图

48. 求最小生成树的 Prim 算法在边较少、结点较多时效率较高。这个说法是(　　)。

A. 正确的　　B. 错误的

49. 在图采用邻接表存储时,求最小生成树的 Prim 算法的时间复杂度为(　　)。

A. $O(n)$　　B. $O(n+e)$　　C. $O(n^2)$　　D. $O(n^3)$

50. 若要求连通图的生成树的高度最矮,则采用(　　)。

A. 深度优先遍历　　B. 广度优先遍历

C. Prim 算法　　D. Kruskal 算法

51. 最短路径的生成算法可采用(　　)。

A. Prim 算法　　B. Kruskal 算法　　C. Dijkstra 算法　　D. Huffman 算法

52. 下面说法错误的是(　　)。

A. 一个图的邻接矩阵表示是唯一的

B. 一个图的邻接表表示是不唯一的

C. 一个图的生成树必为该图的极小连通子图

D. 一个无环有向图的拓扑排序序列必唯一

53. 任何有向无环图的拓扑排序的结果是唯一的。这个说法是(　　)。

A. 正确的　　B. 错误的

54. 有回路的图不能进行拓扑排序。这个说法是(　　)。

A. 正确的　　B. 错误的

55. (　　)是图 7.37 的合法拓扑序列。

A. {6,5,4,3,2,1}　　B. {1,2,3,4,5,6}

C. {5,6,3,4,2,1}　　D. {5,6,4,2,1,3}

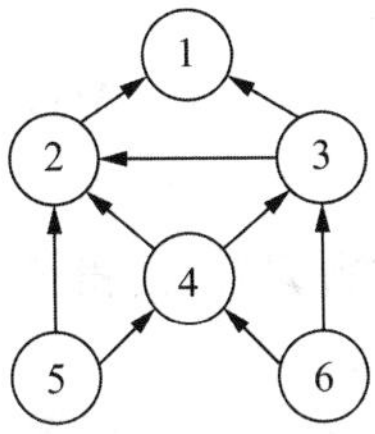

图 7.37　连通网图

56. 任何有向无环图的,其顶点都可以在一个拓扑序列里。这个说法是(　　)。

A. 正确的　　B. 错误的

57. 对于有向图,除了拓扑排序方法外,还可以通过对有向图进行深度优先遍历的方法来判断有向图中是否有环。这个说法是(　　)。

A. 正确的　　B. 错误的

58. 若一个有向图的邻接矩阵对角线以下元素均为零,则该图的拓扑有序序列必定存在。这个说法是(　　)。

A. 正确的　　B. 错误的

59. 下列说法中,正确的是(　　)。

A. 在拓扑排序算法中,暂存入度为 0 的顶点可以用栈,也可以用队列

B. AOV 网的拓扑序列是唯一的

C. 若有向图的邻接矩阵中对角线以下元素均为 0,则一定存在唯一的拓扑序列

D. 若一个有向图存在拓扑序列,则该图一定是强连通图

60. 可以进行拓扑排序的图一定是(　　)。

A. 有环图　　B. 无向图　　C. 强连通图　　D. 有向无环图

61. 关键路径是事件结点网络中(　　)。

A. 最短的回路　　B. 最长的回路

C. 从源点到汇点的最长路径　　D. 从源点到汇点的最短路径

62. 下面关于工程计划的 AOE 网的叙述中,不正确的是(　　)。

A. 关键活动不按期完成就会影响整个工程的完成时间

B. 任何一个关键活动提前完成,那么整个工程将会提前完成

C. 所有的关键活动都提前完成,那么整个工程将会提前完成

D. 某些关键活动若提前完成,那么整个工程将会提前完成

63. 缩短关键路径上活动的工期一定能够缩短整个工程的工期。这个说法是(　　)。

A. 正确的　　B. 错误的

64. AOE 网中一定只有一条关键路径。这个说法是(　　)。

A. 正确的　　B. 错误的

65. 下面关于求关键路径的说法不正确的是(　　)。

A. 求关键路径是以拓扑排序为基础的

B. 一个事件的最早开始时间与以该事件为尾的弧的活动最早开始时间相同

C. 一个事件的最迟开始时间等于以该事件为尾的弧的活动最迟开始时间与该活动的持续时间的差

D. 关键活动一定位于关键路径上

66. (　　)的邻接矩阵是对称矩阵。

A. 有向图　　B. 无向图　　C. AOV 网　　D. AOE 网

二、简答题

1. 如何对有向无环图中的顶点重新编号,使得该图的邻接矩阵中所有的 1 都集中在对角线以上?

2. 对一个图进行遍历可以得到不同的遍历序列,那么导致遍历序列不唯一的因素有哪些?

3. 判断一个图中是否存在回路有哪些方法?

4. 求网的最小生成树有哪些算法?各适用什么情况?为什么?在什么情况下,Prim 算法与 Kruskal 算法生成不同的 MST?

5. 如图 7.38 所示,使用 Prim 算法从顶点 v_1 出发构造它的一棵最小生成树。

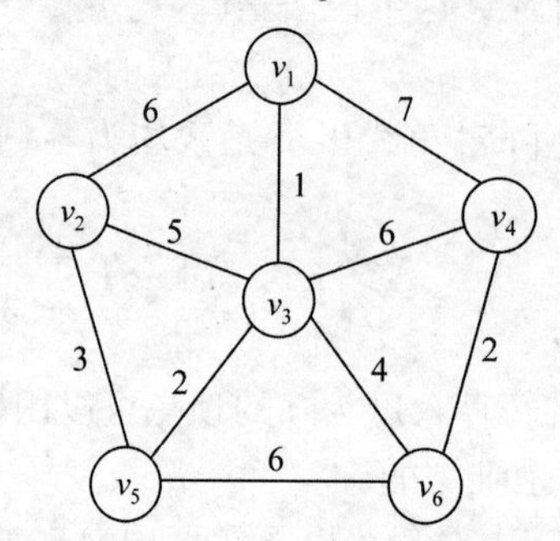

图 7.38　习题 5 图

6. 如图 7.39 所示,使用 Kruskal 算法构造它的一棵最小生成树。

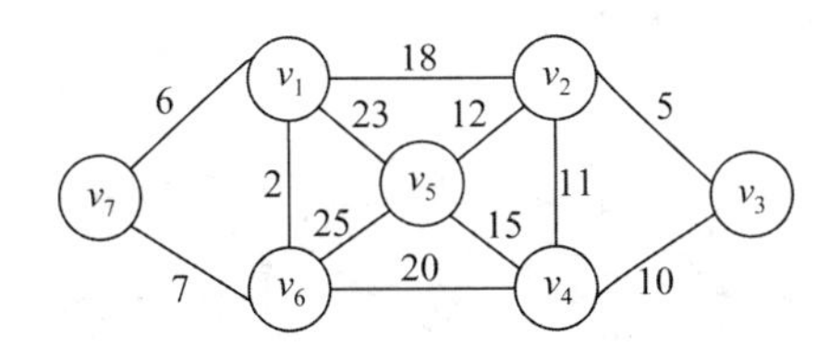

图 7.39　习题 6 图

7. 一家输油公司在 6 个地点{a,b,c,d,e,f}有储油罐,现在要在这些储油罐之间建造若干输油管道,在这些储油罐之间调配石油,并向沿途的客户输出。一方面,因为建造输油管道十分昂贵,所以公司希望建造尽可能少的输油管道。另一方面,每条输油管道在向客户供油时都会产生利润,公司希望所产生的利润最大。

可以建造输油管道的储油罐如图 7.40 所示,其中顶点表示储油罐,边表示可以建造的输油管道,边上的权值表示相应的输油管道所能产生的利润。假设每条输油管道的建造费用都相同,请为该公司设计最佳建造输油管道的方案。

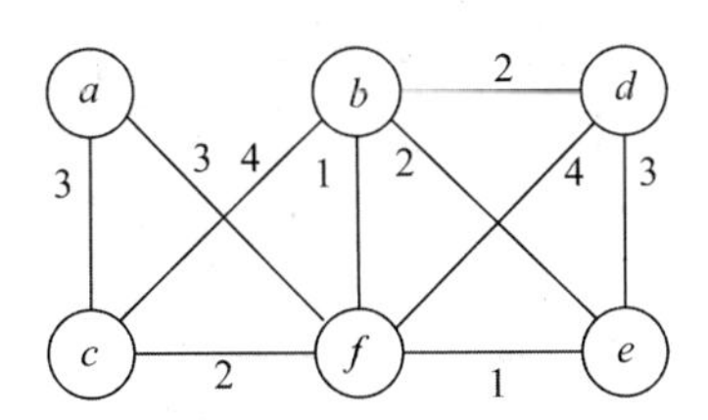

图 7.40　习题 7 图

8. 对图 7.41 的有向网,采用 Dijkstra 算法,求从源点 A 出发到图中其余各顶点的最短路径。

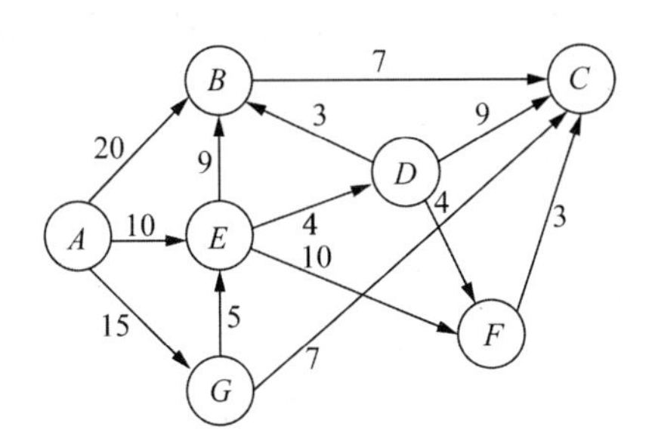

图 7.41　习题 8 图

9. 已知如图 7.42 所示的有向网,试利用 Dijkstra 算法求从源点 v_1 到其余各顶点的最短路径,并给出算法执行过程中的各步状态。

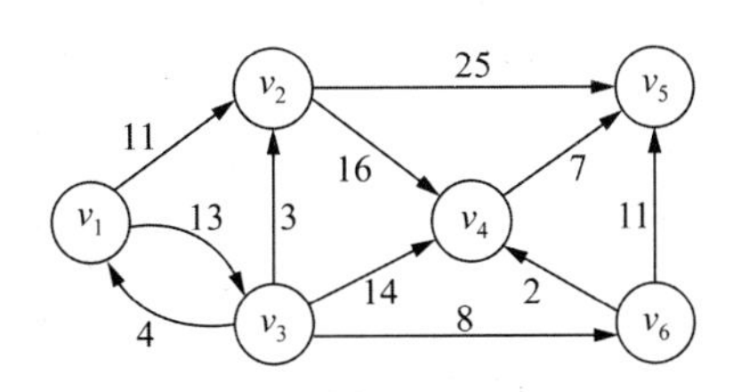

图 7.42　习题 9 图

10. 已知如图 7.43 所示的有向网，试利用 Dijkstra 算法求从源点 1 到其余各顶点的最短路径，并给出算法执行过程中的各步状态。

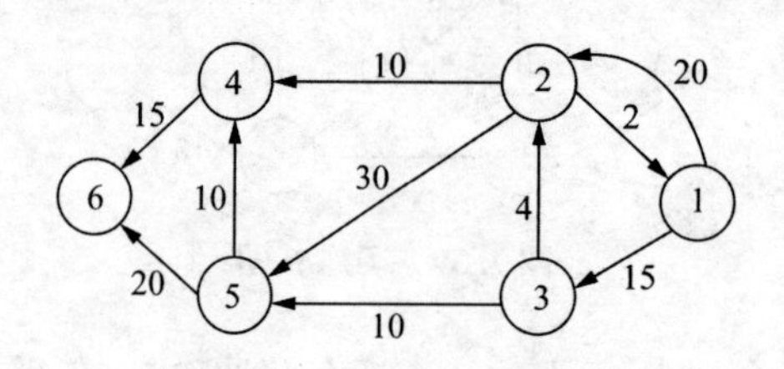

图 7.43　习题 10 图

11. 已知一个有向网如图 7.44 所示，如果需要在其中一个结点建立娱乐中心，则要求该结点距其他各结点的最长往返路程最短，相同条件下总的往返路程越短越好，请问娱乐中心应选址何处？

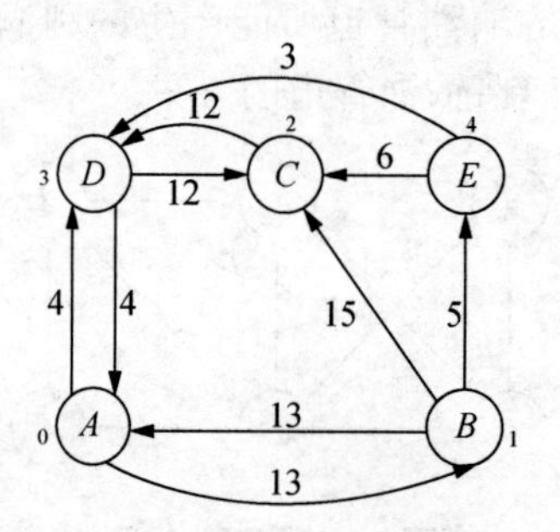

图 7.44　习题 11 图

12. 计算如图 7.45 所示的 AOE 网中各顶点所表示的事件最早发生时间、最晚发生时间和各边所表示的活动最早开始时间、最晚开始时间，并找出关键路径。

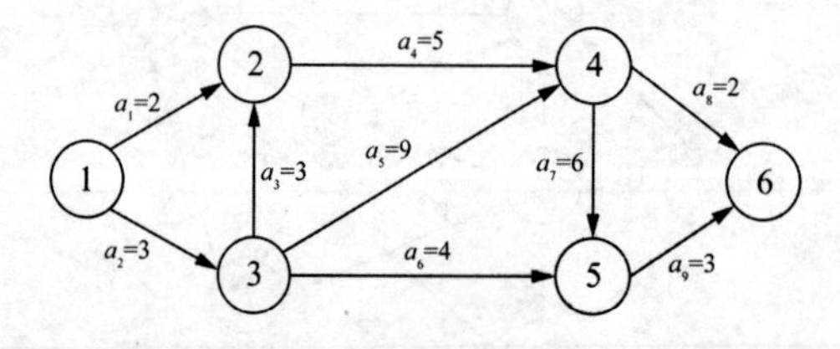

图 7.45　习题 12 图

13. 计算如图 7.46 所示的 AOE 网中各顶点所表示的事件最早发生时间、最晚发生时间和各边所表示的活动最早开始时间、最晚开始时间，并找出关键路径并计算关键路径的长度。

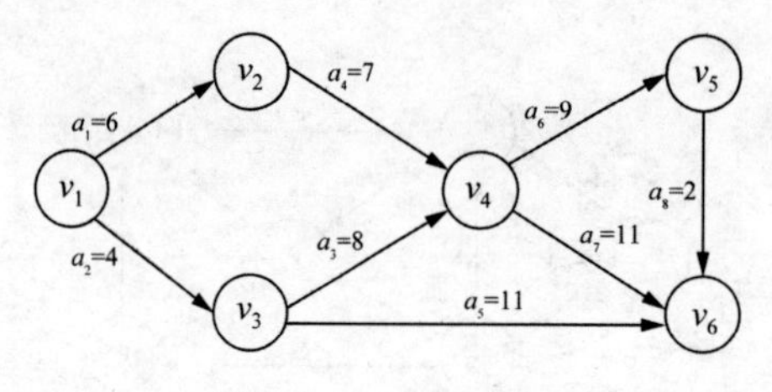

图 7.46　习题 13 图

三、算法设计

1. 已知一个有向图的邻接表,编写算法建立其逆邻接表。

2. 基于图的深度优先搜索编写算法,判断以邻接表存储的有向图中是否存在由顶点 v_i 到顶点 v_j 的路径($i \neq j$)。

第8章 查　　找

由于查找运算的使用频率很高,几乎在任何一个计算机系统软件和应用软件中都会涉及。当问题所涉及的数据量相当大时,查找方法的效率就显得格外重要,在一些实时查询系统中尤其如此。

本章将系统地讨论各种查找方法,并通过对它们的效率分析来比较各种查找方法的优劣。

8.1 查找的基本概念

查找(Searching)就是从一个记录的集合 R 中,找出与给定关键字 key 相同的记录的过程。若集合中存在这样的记录,则称查找“成功”,返回该记录的信息或该记录在集合中的位置;若集合中不存在这样的记录,则称查找“失败”,返回一个空记录或空指针。

首先介绍几个与查找有关的基本概念。

(1) **查找列表**(Search Table):由同一类型的数据元素(或记录)构成的集合,可利用任意数据结构实现。

(2) **关键字**(Key):数据元素的某个数据项的值,用它可以标识列表中的一个或一组数据元素。如果一个关键字可以唯一标识列表中的一个数据元素,则称其为**主关键字**(Primary Key),否则称为**次关键字**(Secondary Key)。当数据元素仅有一个数据项时,数据元素的值就是关键字。

(3) 查找:对于表的查找,一般有两种情况:一是**静态查找**(Static Search),指在查找过程中只是对数据元素进行查找;二是**动态查找**(Dynamic Search),指在查找的同时,插入找不到的元素,或者从查找列表中删除找到的元素,即允许元素变化。

显然,查找算法要涉及三类参量:查找对象、查找范围和查找的结果。

(4) 平均查找长度:为确定数据元素在列表中的位置,需和给定值进行比较的关键字个数的期望值,称为查找算法在查找成功时的**平均查找长度**(Average Search Length,ASL)。

对于长度为 n 的列表,查找成功时的平均查找长度为

$$\mathrm{ASL} = P_1C_1 + P_2C_2 + \cdots + P_nC_n = \sum_{i=1}^{n} P_iC_i$$

其中,P_i 为查找列表中第 i 个数据元素的概率,C_i 为找到列表中第 i 个数据元素时,已经进行过的关键字比较次数。由于查找算法的基本运算是关键字之间的比较操作,因此可用平均查找长度来衡量查找算法的性能。

8.2 查找的基本方法

查找的基本方法可以分为两大类:比较式查找和散列查找。其中,比较式查找又分为基于线性表的查找和基于树的查找。

基于线性表的查找又可分为顺序查找、折半查找和分块查找。线性表可以采用顺序存储结构,也可以采用链式存储结构。顺序存储结构的算法描述如下。

```
typedef struct{
    ElementType *array;/* 存放元素的数组 */
    int length;         /* 已经有多少元素 */
    int capacity;       /* 容量 */
}SeqList;
```

基于树的查找法是将待查找列表组织成特定树的形式并在树结构上实现查找的方法,故又称为树表式查找,主要有二叉排序树、平衡二叉树等查找法。

8.3 顺序查找

视频讲解

顺序查找(Sequential Search)的查找过程为:从表的一端开始,依次用所给关键字与线性表中各元素的关键字比较,直到成功或失败。

【算法描述】

```
/* 在顺序表 L 中顺序查找关键字等于 key 的元素。若找到,则返回该元素在表中的位置;否则返回 0 */
int  search(SeqList *L,ElementType key)
{
    /* L->array[0]称为监视哨,可以起到防止查找范围越界的作用 */
    L->array[0] = key;

    /* 查找 */
    i =L->length;
    while(L->array[i]! =key){
        i --;
    }

    return  i;
}
```

【算法分析】

假设查找列表的长度为 n,那么查找第 i 个数据元素时需进行 $n-i+1$ 次比较,即 $C_i=n-i+1$。又假设查找每个数据元素的概率相等,即 $P_i=1/n$,则顺序查找算法在查找成功时的 ASL 为

$$\text{ALS}_{\text{succ}} = \sum_{i=1}^{n} P_i C_i = \frac{1}{n}\sum_{i=1}^{n} C_i = \frac{1}{n}\sum_{i=1}^{n}(n-i+1)\frac{n+1}{2}$$

查找可能产生"成功"与"失败"两种结果,但在实际应用的大多数情况下,查找成功的可能性比查找失败的可能性大得多,特别是当表列中记录数 n 很大时,查找失败的概率可以忽略不计。当查找失败的情形不能忽略时,算法的平均查找长度应是查找成功时的平均查找长度与查找失败时的平均查找长度的平均。

由此可见,顺序查找算法的时间复杂度为 $O(n)$。

视频讲解

8.4 折半查找

折半查找(Binary Search)又称为二分查找,这种方法对查找列表有两个要求:①必须采用顺序存储结构;②待查列表为有序表。

折半查找的过程如下:

(1) 将查找关键字与表中间位置记录的关键字进行比较,如果两者相等,则查找成功。

(2) 如果查找失败,则利用中间位置记录将表分成前、后两个子表。

(3) 如果查找关键字小于中间位置记录的关键字,则进一步查找前一个子表;否则进一步查找后一个子表。

重复以上过程,直到找到满足条件的记录,查找成功;或者直到子表不存在为止,此时查找失败。

折半查找的每一次查找比较都使查找范围缩小一半,与顺序查找相比,显然会提高查找效率。

【算法描述】

```
/* 在有序表 L 中折半查找关键字等于 key 的元素。若找到,则返回该元素在表中的位置;否则返回 0 */
int binarySearch(SeqList * L,ElementType key)
{
    /* 设置初始的查找区间 */
    low = 1;
    high = L -> length;

    while(low < = high){
        mid = (low + high) /2;
        if(key < L -> arrray[mid]){/* 进一步查找前一个子表 */
            high = mid-1;
        }
        else if(key > L -> arrray[mid]){/* 进一步查找后一个子表 */
            low = mid + 1;
        }
        else{/* 找到关键字 */
            return  mid;
        }
    }

    return  0;
}
```

例 8.1 有 11 个记录的有序表,它的数据如图 8.1 所示。写出用折半查找法查找数据为 12 的过程。

1	2	3	4	5	6	7	8	9	10	11
6	12	15	18	22	25	28	35	46	58	60

图 8.1 例 8.1 图

现在要查找 key = 12 的元素,设 low 和 high 分别表示查找范围的下界和上界,mid 表示查找范围的中间位置,mid = (low + high)/2。初始时,low = 1,high = 11,查找范围为[1,11],mid = 6,折半查找的结果如图 8.2 所示。

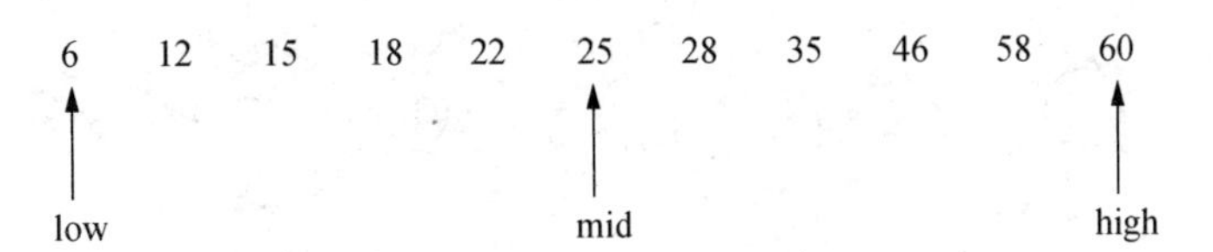

图 8.2 第一次折半查找的结果

由于 key < L -> array[mid],因此待查的元素在 mid 的左侧,这样查找范围为[low,mid - 1],折半查找的结果如图 8.3 所示。

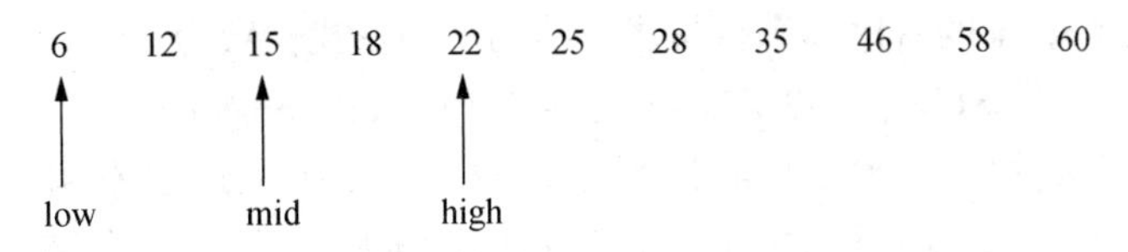

图 8.3 第二次折半查找的结果

又由于 key < L -> array[mid],因此待查的元素在 mid 的左侧,这样查找范围为[low,mid - 1],折半查找的结果如图 8.4 所示。

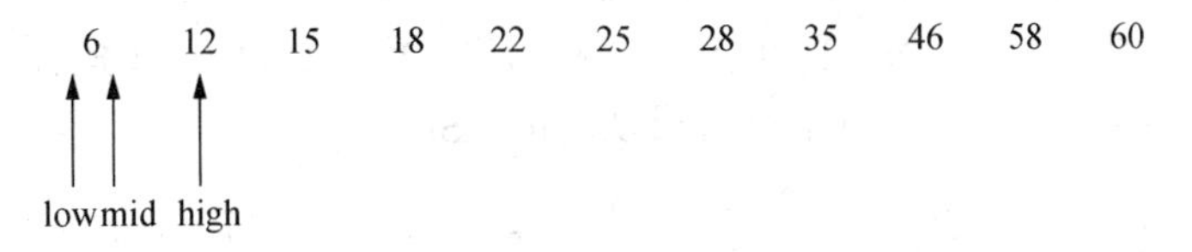

图 8.4 第三次折半查找的结果

这时,key > L -> array[mid],所以待查找的元素在 mid 的右侧,这样查找范围为[mid + 1,high],折半查找的结果如图 8.5 所示。

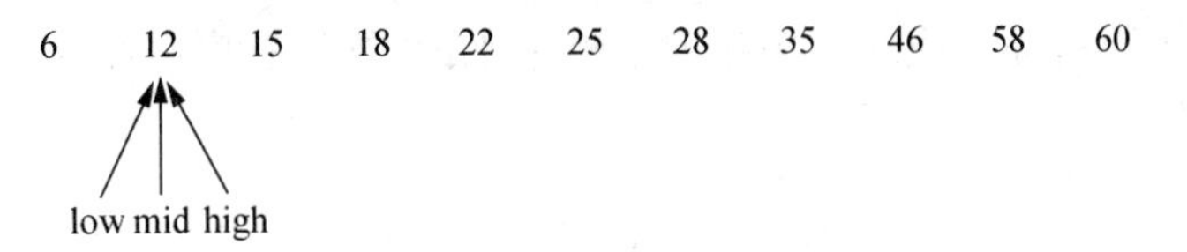

图 8.5 第四次折半查找的结果

这时,key = L -> array[mid],查找成功。

【算法分析】

折半查找过程可用二叉判定树描述。判定树中的每一个结点对应表中的一个记录,但结点值不是记录的关键字,而是记录在表中的位置序号。根结点对应当前区间的中间记录,左子树对应前一个子表,右子树对应后一子表。

例 8.1 中的有序表对应的判定树如图 8.6 所示。

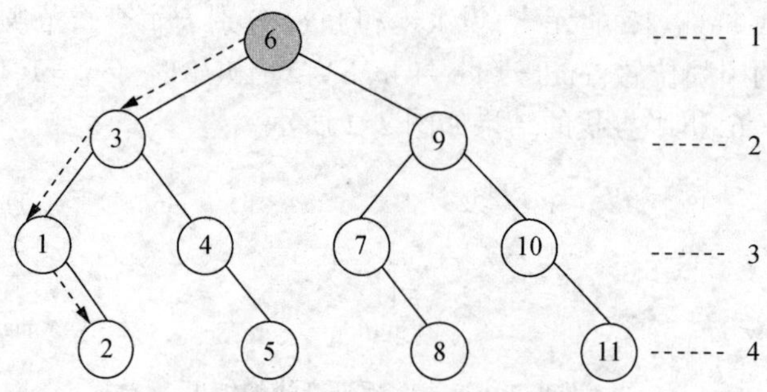

图 8.6 折半查找过程的二叉判定树

从判定树上可知,成功的折半查找恰好是走了一条从判定树的根到被查结点的路径,经历比较的关键字个数为该结点在树中的层次。假设每个记录的查找概率相同,根据图 8.6 中的判定树可知,以长度为 11 的有序表进行折半查找的平均查找长度为

$$\mathrm{ASL} = (1 + 2 \times 2 + 3 \times 4 + 4 \times 4)/11 = 33/11 = 3$$

由此可见,折半查找在查找成功时进行比较的关键字个数最多不超过树的深度。而判定树的形态只与表记录个数 n 相关,而与关键字的取值无关,具有 n 个结点的判定树的深度为$\lfloor \log_2 n \rfloor + 1$。这样,折半查找成功时,关键字比较次数最多不超过$\lfloor \log_2 n \rfloor + 1$。相应地,折半查找失败时,对应判定树中从根结点到某个含空指针的结点的路径,因此关键字比较的次数最多也不超过判定树的深度$\lfloor \log_2 n \rfloor + 1$。

利用判定树,很容易求得折半查找的平均查找长度。假设列表的长度为 $n = 2^h - 1$,则相应的判定树必是深度为 $h = \log_2(n+1)$ 的满二叉树,满二叉树的第 j 层的结点数为 2^{j-1}。又假设每个记录的查找概率相等,则折半查找成功时的 ASL 为

$$\begin{aligned}\mathrm{ASL}_{\mathrm{bs}} &= \sum_{i=1}^{n} P_i C_i = \frac{1}{n}\sum_{j=1}^{h} j \times 2^{j-1} = \frac{1}{n} \times ((n-1) \times 2^h + 1) \\ &= \frac{n+1}{n} \times \log_2(n+1) - 1 \approx \log_2(n+1) - 1\end{aligned}$$

因此折半查找具有对数的时间复杂度 $O(\log_2 n)$,它显然好于顺序查找的时间复杂度 $O(n)$。但是折半查找只适用于有序表,且限于顺序存储结构。

对于需要频繁执行插入或删除操作的数据集来说,维护有序的排序会带来很大的工作量,因此不建议使用。

8.5 分块查找

分块查找(Blocking Search)又称为索引顺序查找,其列表包含主表和索引表,要求将列表组织成以下索引顺序结构。

(1) 将列表分成若干个块(子表)。一般情况下,块的长度均匀,最后一块可以不满。每块中元素任意排列,即块内无序,但块与块之间有序。

(2) 构造一个索引表。其中每个索引项对应一个块并记录每块的起始位置,以及每块中的最大关键字(或最小关键字)。索引表按关键字有序排列。

分块查找的过程如下。

(1) 将待查关键字 key 与索引表中的关键字进行比较,以确定待查记录所在的块。这个阶段可采用顺序查找法或折半查找法进行。

(2) 用顺序查找法在相应块内查找关键字为 key 的元素。

例 8.2 在图 8.7 所示的索引顺序表中查找 36,描述其查找过程。

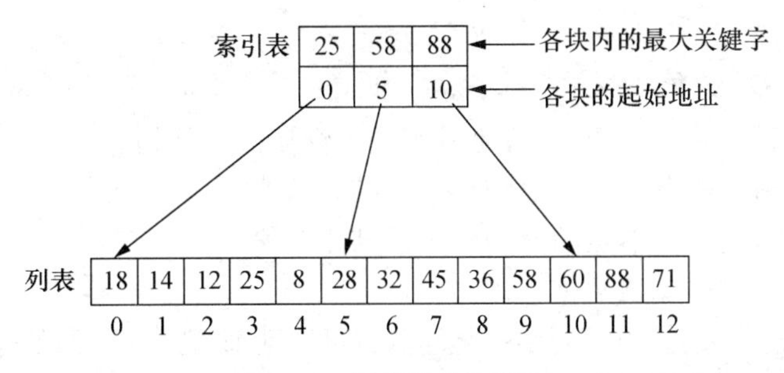

图 8.7 列表及其索引表

首先,将 36 与索引表中的关键字进行比较,因为 25 < 36 < 58,所以 36 可能在第二个块中;其次,进一步在第二个块中顺序查找;最后,在 8 号地址单元中找到 36。

【算法分析】

分块查找的平均查找长度由两部分构成,即查找索引表时的平均查找长度为 L_b 和在相应块内进行顺序查找的平均查找长度 L_w 之和:

$$\mathrm{ASL_{bs}} = L_b + L_w$$

假定将长度为 n 的表分成 b 块,且每块含 s 个元素,则 $b = n/s$。又假定表中每个元素的查找概率相等,则每个索引项的查找概率为 $1/b$,块中每个元素的查找概率为 $1/s$。

(1) 若用顺序查找法确定待查元素所在的块,则有

$$\mathrm{ALS_{bs}} = L_b + L_w = \frac{b+1}{2} + \frac{s+1}{2} = \frac{b+s}{2} + 1$$

因为

$$b = \frac{n}{s}$$

所以

$$\mathrm{ASL_{bs}} = \frac{1}{2}\left(\frac{n}{s} + s\right) + 1 \geqslant \sqrt{n} + 1$$

可见,分块索引的效率比顺序查找的效率 $O(n)$ 高,比折半查找的效率 $O(\log_2 n)$ 低。在确定所在块的过程中,由于块间有序,因此可以使用折半查找等手段来提高效率。

(2) 若用折半查找确定待查元素所在的块,则有

$$\mathrm{ASL_{bs}} = L_b + L_w \approx (\log_2(b+1) - 1) + \frac{s+1}{2}$$

因为

$$b = \frac{n}{s}$$

所以

$$\mathrm{ASL_{bs}} \approx \log_2\left(\frac{n}{s} + 1\right) + \frac{s-1}{2} \approx \log_2\left(\frac{n}{s} + 1\right) + \frac{s}{2}$$

如果线性表既要快速查找又经常动态变化,则可采用分块查找。因为分块查找的块内是无序的,在表中插入和删除数据元素时,只要找到该元素对应的块,就可以在该块内进行插入和删除运算,无须进行大量移动,但是要注意维护索引表结构。

8.6 二叉排序树

二叉排序树也称为二叉搜索树或二叉查找树,它是一种对排序和查找都很有用的特殊二叉树。

8.6.1 二叉排序树的定义

二叉排序树或者是一棵空树,或者是具有如下性质的二叉树。

(1) 非空左子树上所有结点的值均小于根结点的值。

(2) 非空右子树上所有结点的值均大于根结点的值。

(3) 它的左右子树都是二叉排序树。

这是一个递归的定义,注意只要结点之间具有可比性即可。在下面的介绍中,为了方便起见,规定各结点的值彼此不同。图 8.8(a)所示为数字值之间的比较,图 8.8(b)所示为单词字符的 ASCII 码之间的比较。

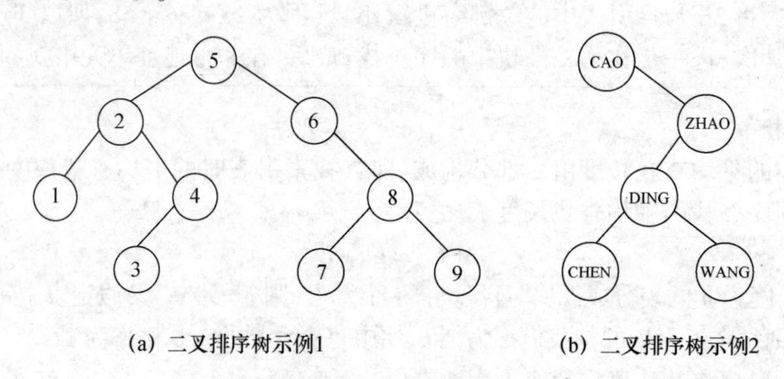

图 8.8 二叉排序树

由于二叉排序树具有的左小右大的有序特征,中序遍历一棵二叉排序树,可以得到一个递增有序序列。例如,中序遍历图 8.3(a)所示的二叉排序树,则可得到一个递增有序序列{1,2,3,4,5,6,7,8,9}。

二叉排序树是施加了一定约束的特殊二叉树,前面介绍的二叉树存储和操作都可以直接用于二叉排序树。不同的是,二叉排序树的查找、插入和删除操作与其特性有关,但主要原因是算法实现的不同。

8.6.2 二叉排序树的存储结构

二叉排序树与二叉树相同,使用二叉链表作为其存储结构,其描述如下。

```
typedef  struct  Node{
    ElementType  data;     /* 关键字的值 */
    struct Node  *left;    /* 左指针 */
    struct Node  *right;   /* 右指针 */
}BSTNode, *BSTree;
```

8.6.3 二叉排序树的插入

视频讲解

已知一个值为 data 的结点 s,若将其插入到二叉排序树中,只要保证插入后仍符合二叉排序树的定义即可。具体操作如下。

(1) 若二叉排序树是空树,则结点 s 成为二叉排序树的根。

(2) 若二叉排序树非空,则将 data 与二叉排序树的根结点的值进行比较。

①如果 data 小于根结点的值，则将结点 *s* 插入左子树。
②如果 data 大于根结点的值，则将结点 *s* 插入右子树。
③如果 data 等于根结点的值，说明要插入的元素已存在，可放弃插入操作。

例 8.3 设关键字的输入顺序为{45,24,53,12,28,90}，写出按照二叉排序树插入的方法。

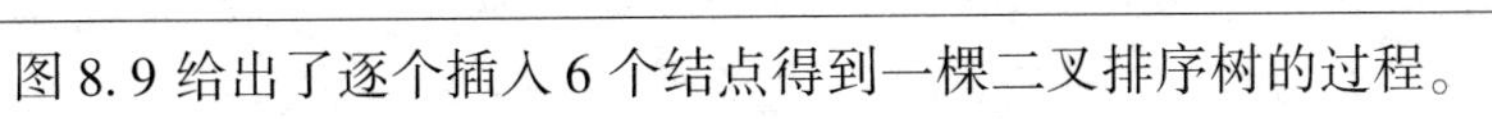
图 8.9 给出了逐个插入 6 个结点得到一棵二叉排序树的过程。

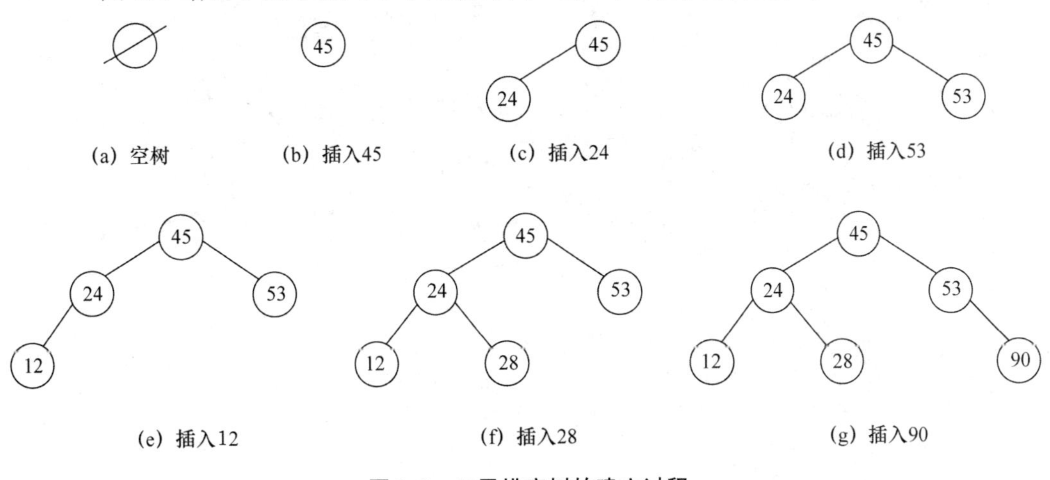

图 8.9 二叉排序树的建立过程

注意 插入时比较结点的顺序始终是从二叉排序树的根结点开始的。

1. 递归方式实现二叉排序树的插入

【算法描述】

```
/* 若二叉排序树中不存在关键字等于 data 的元素,就插入该元素 * /
BSTree  insert(BSTree root,ElementType data)
{
     if(root == NULL){
        root = (BSTNode * )malloc(sizeof(BSTNode));
        root -> data = data;
        root -> left = NULL;
        root -> right = NULL;
     }
     else if(data < root -> data){
        root -> left = insert(root -> left,data);
     }
     else if(data > root -> data){
        root -> right = insert(root -> right,data);
     }

     return root;
}
```

【算法分析】

在二叉排序树的插入操作过程中，每个结点都作为一个叶子结点插入到二叉排序树的合适位置，插入时不需要移动元素，不涉及树的整体变动。所以，其时间复杂度为 $O(\log_2 n)$。

2. 非递归方式实现二叉排序树的插入

【算法描述】

```
/* 若二叉排序树中不存在关键字等于 data 的元素，则插入该元素 */
BSTree insert(BSTree root,ElementType data)
{
    s = (BSTNode *)malloc(sizeof(BSTNode));
    s->data = data;
    s->left = NULL;
    s->right = NULL;

    if(root == NULL){
       return s;
    }

    /* 查找插入位置,pre 是 p 的前驱 */
    p = root;
    while(p! = NULL){
       pre = p;
       if(data < p->data){
          p = p->left;
       }
       else if(data > p->data){
          p = p->right;
       }
       else{
          break;
       }
    }

    /* 插入 */
    if(data < pre->data){
       pre->left = s;
    }
    else if(data > pre->data){
       pre->right = s;
    }

    return root;
}
```

8.6.4 二叉排序树的创建

二叉排序树的创建可以通过多次调用二叉排序树的插入新结点的算法来实现。

假设共有 n 个元素，要插入 n 个结点需要 n 次插入操作，而插入一个结点的算法时间复杂度为 $O(\log_2 n)$，因此创建二叉排序树的算法时间复杂度为 $O(n\log_2 n)$。

8.6.5 查找最小元素和最大元素

视频讲解

根据二叉排序树的性质,最小元素一定是在树的最左分支的端结点上,而最大元素一定是在树的最右分支的端结点上。所谓**最左分支的端结点**,是指最左分支上无左孩子的结点;所谓**最右分支的端结点**,是指最右分支上无右孩子的结点。

(1) 从左分支逐层深入查找到的是最小元素。

【算法描述】

```
BSTNode * findMin(BSTree root)
{
    if(root == NULL){
        return NULL;
    }
    p = root;
    while(p -> left ! = NULL){
        p = p -> left;
    }
    return p;
}
```

(2) 从右分支逐层深入查找到的是最大元素。

【算法描述】

```
BSTNode * findMax(BSTree root)
{
    if(root == NULL){
        return NULL;
    }

    p = root;
    while(p -> right ! = NULL){
        p = p -> right;
    }
    return p;
}
```

8.6.6 二叉排序树的一般查找

视频讲解

在二叉排序树中查找关键字为 data 的结点,如果找到了,返回其所在结点的地址;否则返回 NULL。由于二叉排序树的特殊性质,查找比较方便实现,其过程如下。

(1) 从树的根结点开始查找,如果二叉排序树为空,返回 NULL,表示未找到关键字为 data 的结点。

(2) 如果二叉排序树非空,则 data 与根结点关键字进行比较,依据比较结果,需要进行不同的处理。

①如果 data 小于根结点的值,则接下来的搜索只需在此根结点的左子树中进行。

②如果 data 大于根结点的值,则接下来的搜索只需在此根结点的右子树中进行。

③若两者比较结果相等,则搜索完成,返回指向此结点的指针。

1. 递归方式实现二叉排序树的一般查找

【算法描述】

```
BSTNode *  find(BSTree root,ElementType data)
{
    if(root == NULL){
        return  NULL;
    }
    else if(data < root -> data){/* 在左子树中查找 * /
        return  find(root -> left,data);
    }
    else if(data > root -> data){/* 在右子树中查找 * /
        return  find(root -> right,data);
    }
    else{/* 查找成功 * /
        return  root;
    }
}
```

2. 非递归方式实现二叉排序树的一般查找

由于非递归算法的执行效率高,一般采用非递归方式来实现查找。

【算法描述】

```
BSTNode *  find(BSTree root,ElementType data)
{
    p = root;
    while(p! = NULL&&data! = p -> data){
        if(data < p -> data){/* 在左子树中查找 * /
            p = p -> left;
        }
        else if(data > p -> data){/* 在右子树中查找 * /
            p = p -> right;
        }
    }
    return  p;
}
```

【算法分析】

在二叉排序树上进行查找,若查找成功,则从根结点出发走了一条从根结点到待查结点的路径;若查找失败,则从根结点出发走了一条从根结点到某个叶子结点的路径。因此,二叉排序树的查找与折半查找过程类似,在二叉排序树中查找一个记录时,其比较次数不超过树的深度。

对长度为 n 的有序表,折半查找对应的判定树是唯一的,而含有 n 个结点的二叉排序树不是唯一的。因为对于同一个关键字集合,关键字插入的先后次序不同,所构成的二叉排序树的形态和深度也不同,而二叉排序树平均查找长度与二叉排序树的形态有关。二叉排序树的各分支越平衡,树的深度越小,其平均查找长度就越小。如图 8.10 所示的两棵二叉排序树,假设每个元素的查找概率相等,则 8.10(a)和(b)中的平均查找长度分别为:

$$ASL_a = \frac{1}{6} \times (1 + 2 + 2 + 3 + 3 + 3) = 14/6$$

$$ASL_b = \frac{1}{6} \times (1 + 2 + 3 + 4 + 5 + 6) = 21/6$$

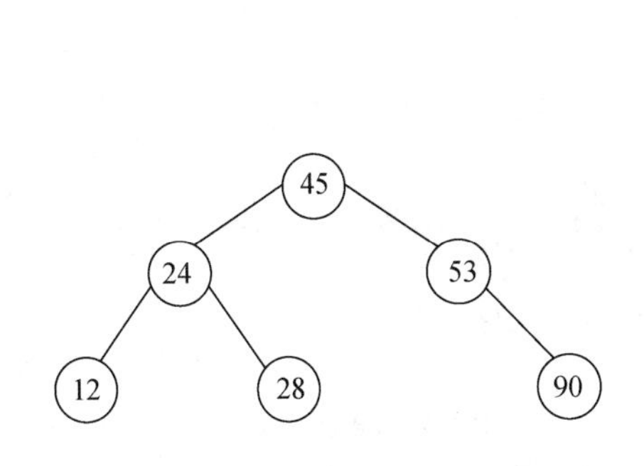

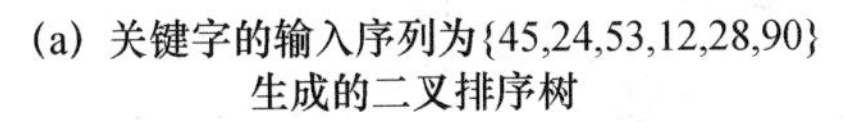
(a) 关键字的输入序列为{45,24,53,12,28,90}
生成的二叉排序树

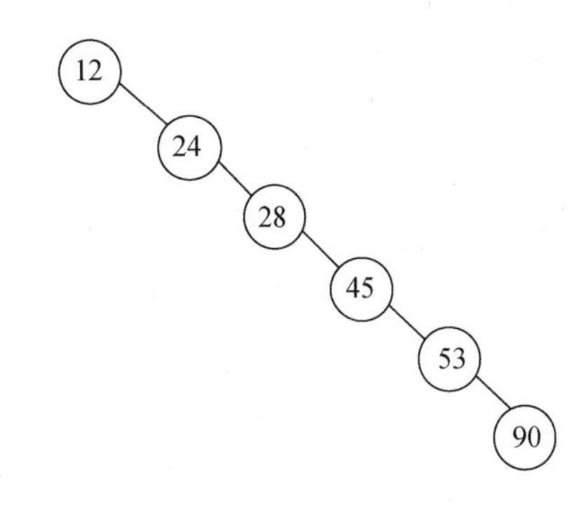

(b) 关键字的输入序列为{12,24,28,45,53,90}
生成的二叉排序树

图 8.10　二叉排序树的不同形态

在最坏的情况下，得到的二叉排序树退化为一棵深度为 n 的斜树，它的平均查找长度和线性表上的顺序查找相同，也是 $(n+1)/2$。

在最好的情况下，二叉排序树在生成过程中，最终得到的是一棵形态与折半查找的判定树相似的二叉排序树，其平均查找长度大约是 $\log_2 n$。

若考虑把 n 个结点按各种可能的次序插入到二叉排序树中，则有 $n!$ 棵二叉排序树（其中有的形态相同）。可以证明，对这些二叉排序树的查找长度求平均值，其平均查找长度仍然是 $O(\log_2 n)$。

根据平均性能而言，二叉排序树上的查找和折半查找相差不大，但是在二叉排序树上插入结点和删除结点十分方便，无须移动大量结点。因此，对于需要经常做插入、删除、查找运算的列表，宜采用二叉排序树结构。这也是人们常常将二叉排序树称为二叉查找树的原因。

8.6.7　二叉排序树的删除

从二叉排序树中删除一个结点，不能把以该结点为根的子树都删除，只能删除该结点，并且还应保证删除后所得的二叉树仍然满足二叉排序树的性质。

二叉排序树的删除操作比其他操作更为复杂，待删除结点在树中所处的位置决定了操作所采取的策略。具体需要考虑下面 3 种情况。

1. 待删除结点是叶子结点

待删除结点是叶子结点的情况最简单，可以直接删除，然后再修改其父结点的指针，置空即可。

2. 待删除结点只有一个孩子结点

如果要删除的结点只有一个孩子结点（孩子结点不一定是叶子结点，可以是子树的根），删除之前需要改变其父结点的指针，指向被删除结点的孩子结点，如图 8.11 所示。

3. 待删除结点有两棵子树

如果要删除的结点有左、右两棵子树，要怎么删除呢？

删除的基本原则是要保持二叉排序树的有序性。这里有两种方法：一种是取其右子树中的最小元素，代替该结点的数据并递归地删除那个结点（即右子树的最小元素）；另一种是取其左子树的最大元素，代替该结点的数据并递归地删除那个结点（即左子树的最大元素）。无论哪种方法，被选取的结点都必定最多只有一个孩子，于是可以采用前面介绍的待删除结点只有一个孩子结点的方法来删除这个被选择的结点。

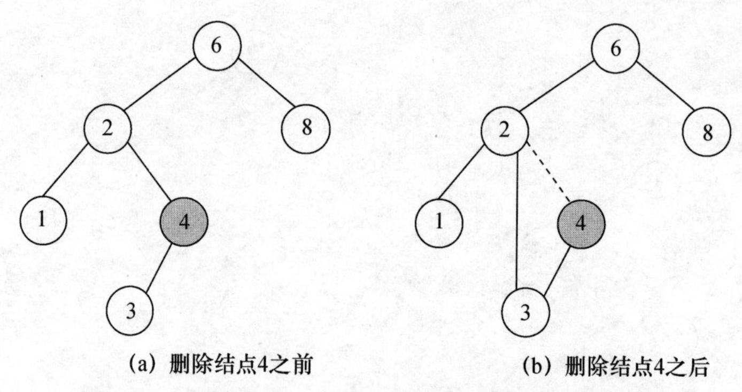

(a) 删除结点4之前　　(b) 删除结点4之后

图 8.11　删除只有一个孩子的结点 4 前后的情况对比

通常情况下,采用第一种删除方法。图 8.12 所示为一棵初始的树及其中一个结点被删除后的结果。要被删除的结点是根的左孩子(其关键字是 2),它被右子树的最小结点 3 所代替,然后关键字是 3 的原结点如前例那样被删除。

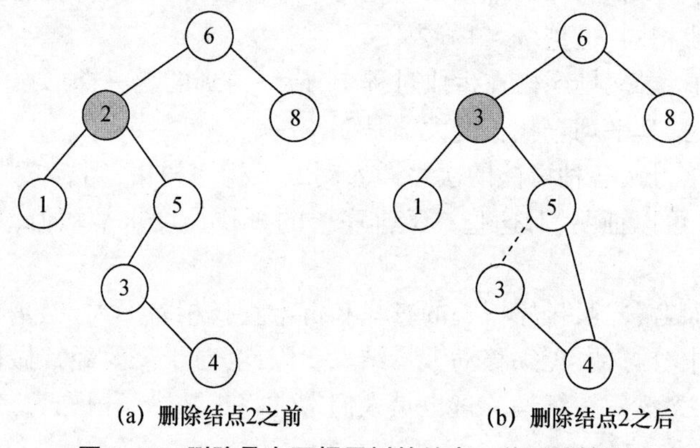

(a) 删除结点2之前　　(b) 删除结点2之后

图 8.12　删除具有两棵子树的结点 2 前后的情况

【算法描述】

```
BSTree deleteBST(BSTree root,ElementType data)
{
    if(root == NULL){/* 要删除的结点找不到 */
        return root;
    }

    if(data < root -> data){
        root -> left = deleteBST(root -> left,data);
    }
    else if(data > root -> data){
        root -> right = deleteBST(root -> right,data);
    }
    else{/* 找到了要删除的结点 */
        /* 要删除的结点有两个孩子 */
        if(root -> left != NULL&& root -> right != NULL){
            p = findMin(root -> right);
            root -> data = p -> data;
            root -> right = deleteBST(root -> right,root -> data);
```

```
        }
        else{/* 要删除的结点有一个孩子或没有孩子 */
            p = root;
            if(root -> left == NULL){
                root = root -> right;
            }
            else if(root -> right == NULL){
                root = root -> left;
            }
            free(p);
        }
    }
    return root;
}
```

8.7　平衡二叉树

二叉排序树查找的时间复杂度是通过查找过程中的比较次数来衡量的，比较是从根结点到叶子结点的路径进行的，它取决于树的深度。树的深度在最好的情况下是 $O(\log_2 n)$，所以二叉排序树在最好情况下的查找复杂度是 $O(\log_2 n)$。但这一结论是由"最好情况"得出的，事实上，n 个结点的二叉树深度取决于其树枝的分布情况。当二叉树退化成为一棵斜树的极端情况下，查找的复杂度将是线性的 $O(n)$。

因此，为了保证二叉排序树查找的对数级时间效率，应尽可能创建枝繁叶茂的树，而避免树枝过长、过少，这就引入了平衡二叉树。引入平衡二叉树的目的是为了提高查找效率，其平均查找长度为 $O(\log_2 n)$。

平衡二叉树是由阿德尔森-维尔斯(Adelson-Velskii)和兰迪斯(Landis)于1962年提出来的，又称为 AVL 树。

一棵平衡二叉树或者是空树，或者是具有下列性质的二叉排序树。

(1) 任意一个结点的左子树与右子树的高度之差的绝对值不超过1。

(2) 任意一个结点的左子树和右子树均为平衡二叉树。

当在一棵平衡二叉树上插入一个结点时，有可能导致失衡，即出现绝对值大于1的平衡因子，如2或-2。

距离插入结点最近的，且平衡因子的绝对值大于1的结点为根的子树，称为**最小不平衡子树**。调整最小不平衡子树，将使上层的祖先结点恢复平衡。

失衡的情况不同，调整的方法也不同，有以下4种：LL型、RR型、LR型、RL型。下面通过实例，直观地说明失衡情况及相应的调整方法。

8.7.1　LL 型

已知一棵平衡二叉树如图8.13(a)所示。在 A 的左子树的左子树上插入20后，导致失衡，如图8.13(b)所示。为恢复平衡并保持平衡二叉树的特性，可将 A 改为 B 的右孩子，B 原来的右孩子改为 A 的左孩子，如图8.13(c)所示。这相当于以 B 为轴，对 A 做了一次顺时针旋转。

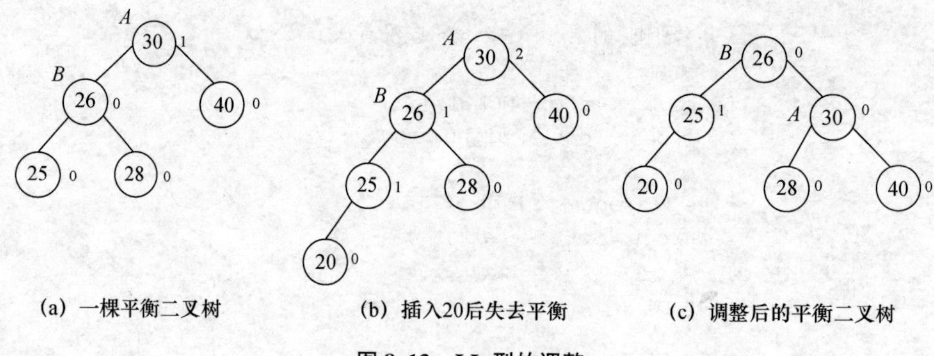

(a) 一棵平衡二叉树　　(b) 插入20后失去平衡　　(c) 调整后的平衡二叉树

图 8.13　LL 型的调整

8.7.2　RR 型

已知一棵平衡二叉树如图 8.14(a)所示。在 *A* 的右子树的右子树上插入 70 后,导致失衡,如图 8.14(b)所示。为恢复平衡并保持平衡二叉树的特性,可将 *A* 改为 *B* 的左孩子,*B* 原来的左孩子改为 *A* 的右孩子,如图 8.14(c)所示。这相当于以 *B* 为轴,对 *A* 做了一次逆时针旋转。

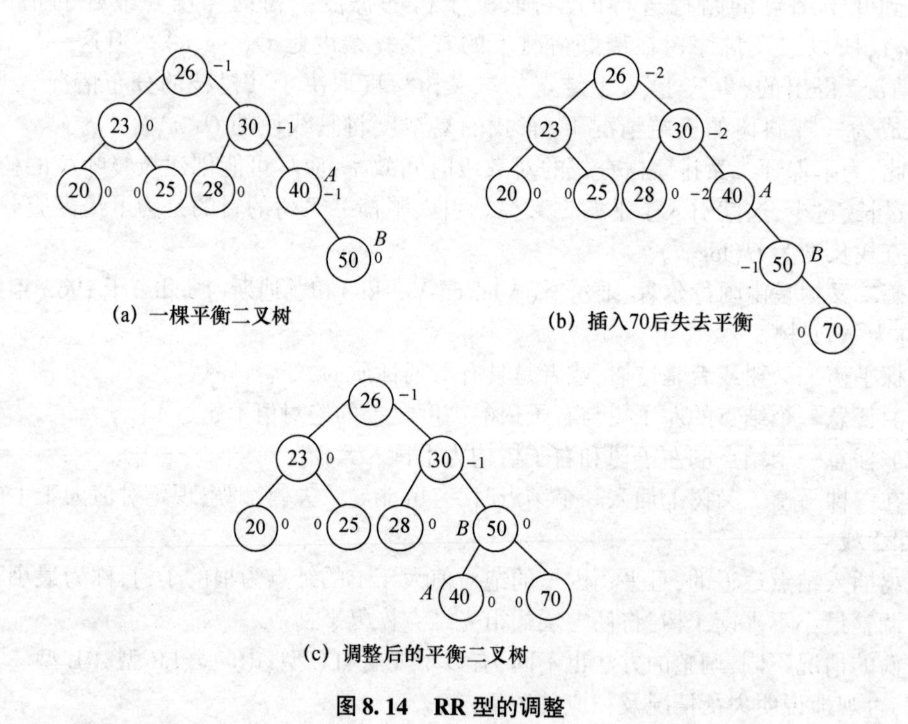

(a) 一棵平衡二叉树　　(b) 插入70后失去平衡

(c) 调整后的平衡二叉树

图 8.14　RR 型的调整

8.7.3　LR 型

已知一棵平衡二叉树如图 8.15(a)所示。在 *A* 的左子树的右子树上插入 23 后,导致失衡,如图 8.15(b)所示。为恢复平衡并保持平衡二叉树的特性,可首先将 *B* 改为 *C* 的左孩子,而 *C* 原来的左孩子改为 *B* 的右孩子;然后将 *A* 改为 *C* 的右孩子,*C* 原来的右孩子改为 *A* 的左孩子,如图 8.15(c)所示。这相当于以 *C* 为轴,对 *B* 做了一次逆时针旋转,对 *A* 做了一次顺时针旋转。

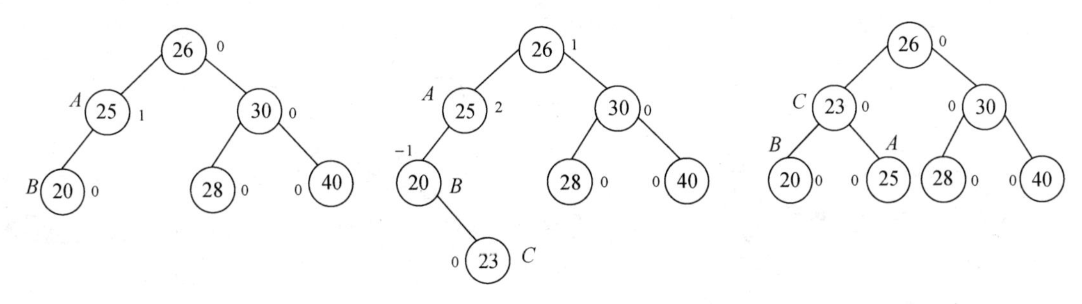

(a) 一棵平衡二叉树　(b) 插入23后失去平衡　(c) 调整后的平衡二叉树

图 8.15　LR 型的调整

8.7.4　RL 型

已知一棵平衡二叉树如图 8.16(a)所示。在 A 的右子树的左子树上插入 26 后,导致失衡,如图 8.11(b)所示。为恢复平衡并保持平衡二叉树的特性,可首先将 B 改为 C 的右孩子,而 C 原来的右孩子改为 B 的左孩子;然后将 A 改为 C 的左孩子,C 原来的左孩子改为 A 的右孩子,如图 8.16(c)所示。这相当于以 C 为轴,对 B 做了一次顺时针旋转,对 A 做了一次逆时针旋转。

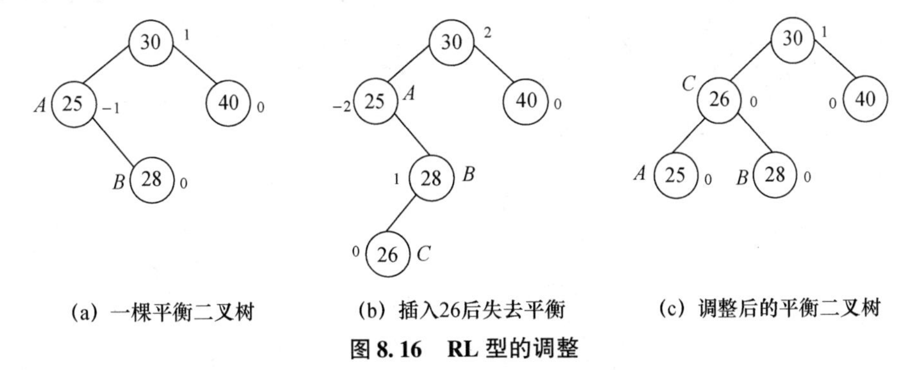

(a) 一棵平衡二叉树　(b) 插入26后失去平衡　(c) 调整后的平衡二叉树

图 8.16　RL 型的调整

8.7.5　平衡二叉树的创建

创建平衡二叉树的基本思想是:在创建二叉排序树的过程中,每当插入一个结点后,就检查是否因插入结点而破坏了树的平衡性。若是,则找出最小不平衡子树,在保持二叉排序树特性的前提下,调整最小不平衡子树中各结点之间的链接关系,进行相应的旋转,使之成为新的平衡子树。

例 8.4　给定关键字序列{30,25,40,28,26,20,23,50,70}。按给定的序列建立平衡二叉树,并求出其在等概率情况下查找成功的平均查找长度。

按照给定的序列建立的平衡二叉树过程如图 8.17 所示。

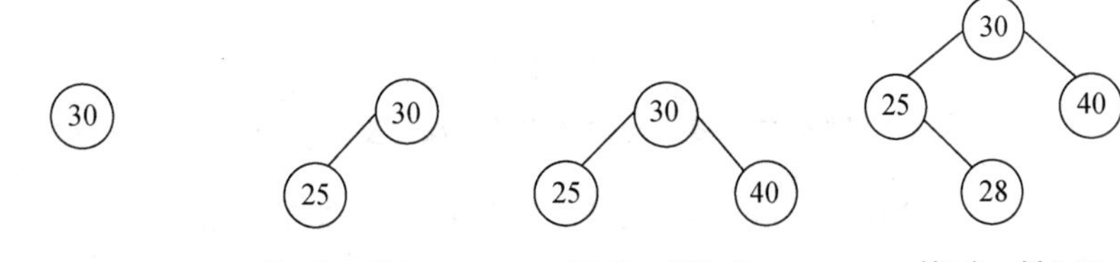

图 8.17　建立给定序列的平衡二叉树

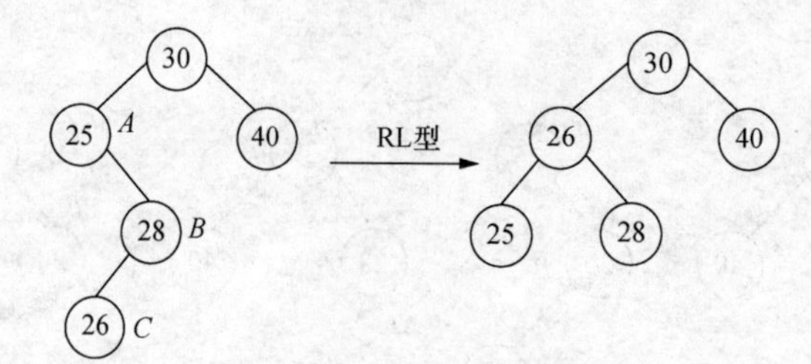

第5步　插入26

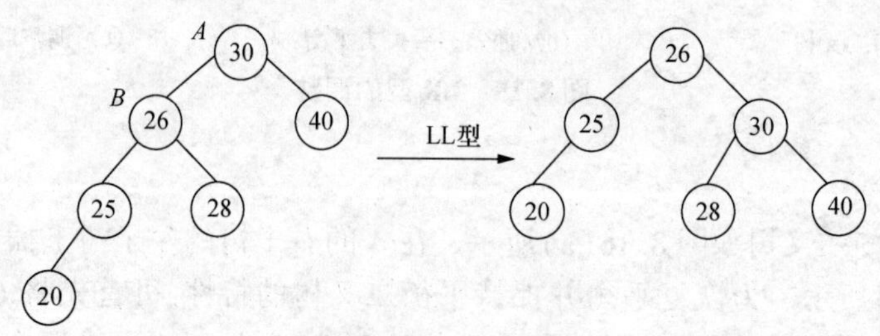

第6步　插入20

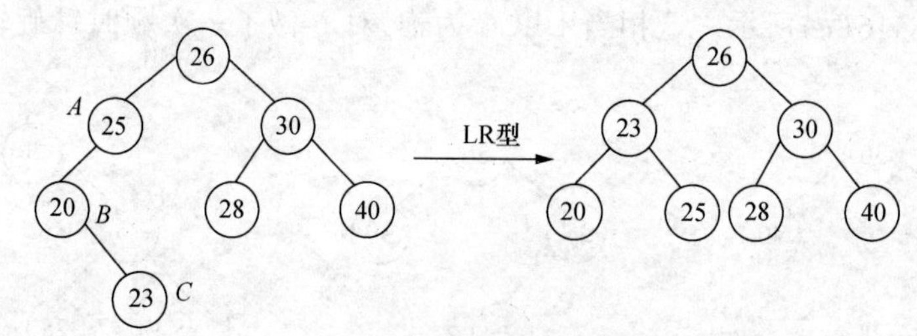

第7步　插入23

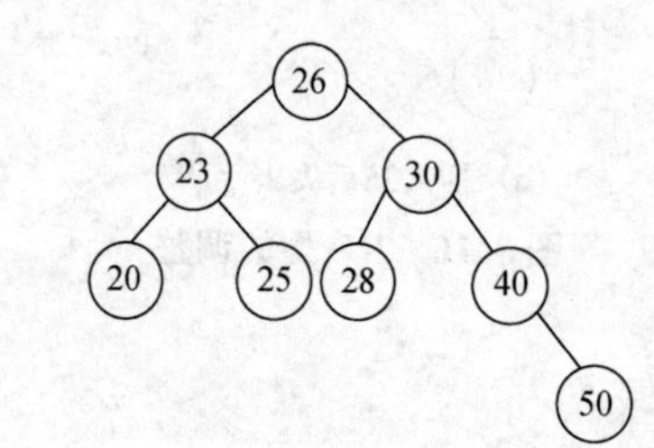

第8步　插入50

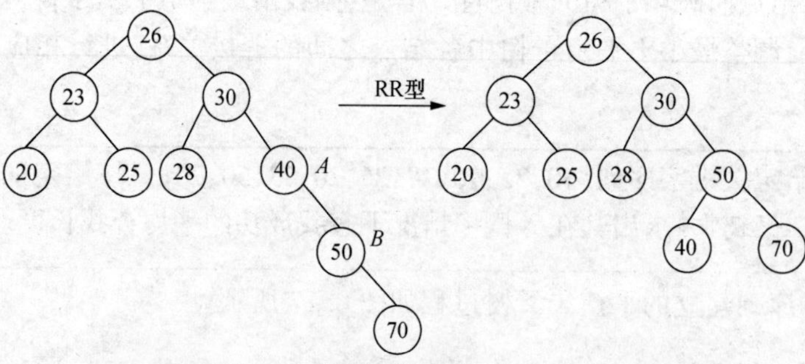

第9步　插入70

图 8.17　建立给定序列的平衡二叉树（续）

$$ASL = \frac{1}{9} \times (1 + 2 \times 2 + 3 \times 4 + 4 \times 2) = \frac{25}{9}$$

8.8 散列查找

以某种精心设计的方式,从一段可能很长的数据生成一段很短(经常为固定长度)的信息串,称为**散列**(Hashing)。

散列技术在计算机和信息技术领域中应用极广,将散列技术应用于数据的存储和检索,就得到了散列表。要想有效地实现一个散列表,不但需要选择合适的关键字映射(散列函数),还要考虑由于采用映射方式确定存储和检索位置而带来的各种问题。

本节将讨论散列函数的构造方法,并介绍解决冲突的开放定址法和分离链接法,以及进行散列方法性能分析。

8.8.1 散列函数的构造方法

构造散列函数的方法很多,要根据具体问题选用不同的散列函数,通常要考虑以下因素:散列表的长度、关键字的长度、关键字的分布情况、计算散列函数所需的时间和记录的查找频率。

但一个"好"的散列函数应遵循以下两条原则:①计算简单,以便提高转换速度;②关键字对应的地址空间分布均匀,以尽量减少冲突。实际应用中,严格的均匀分布是不可能的,只是不要过于"聚集"即可。

下面介绍构造散列函数的3种常用方法。

1. 直接定址法

如果要统计人口的年龄分布情况(0～120岁),那么年龄这个关键字可以直接作为地址。此时,$H(\text{key})=\text{key}$。

如果要统计的是1990年以后出生的人口分布情况,那么对出生年份这个关键字可以减去1990作为地址。此时$H(\text{key})=\text{key}-1990$。

总之,取关键字的某个线性函数值为散列地址,即$H(\text{key})=a\times\text{key}+b$($a,b$为常数)。

这类函数计算简单,分布均匀,不会产生冲突,但要求地址集合与关键字集合大小相同,因此,对于较大的关键字集合不适用。所以在实际应用中这种方法并不常用。

2. 除留余数法

应用中比较常用的方法是除留余数法,散列函数为

$$H(\text{key})=\text{key} \bmod p$$

一般取p为小于或等于散列表表长m的某个最大素数比较适合。用素数求得的余数作为散列地址,比较均匀地分布在整个地址空间上的可能性就比较大。

散列表表长m的选取通常由关键字集合的大小n和允许最大的装填因子α决定,m取为$\lceil n/\alpha\rceil$。

例如,已知待散列元素为{18,75,60,43,54,90,46},表长$m=10$,$p=7$,则有

$H(18)=18\%7=4$　　$H(75)=75\%7=5$　　$H(60)=60\%7=4$

$H(43)=43\%7=1$　　$H(54)=54\%7=5$　　$H(90)=90\%7=6$

$H(46)=46\%7=4$

此时冲突较多。为减少冲突,可取较大的m值和p值,如$m=p=13$,结果如下。

$H(18)=18\%13=5$　　$H(75)=75\%13=10$　　$H(60)=60\%13=8$

$H(43)=43\%13=4$　　$H(54)=54\%13=2$　　$H(90)=90\%13=12$

$H(46)=46\%13=7$

此时没有冲突,如表8.1所示。

表8.1 散列函数计算

散列地址	0	1	2	3	4	5	6	7	8	9	10	11	12
关键字			54		43	18		46	60		75		90

如果 $p<m$,则意味着地址 $p \sim m-1$ 是不能通过散列函数直接映射到的。事实上,这些空间在冲突发生时就可能会用到它们。

3. 数字分析法

如果数字关键字的位数比较多,在特定的情况下,有些位数容易重复,而用的位数比较随机。

例如,11位手机号码,前3位容易重复,中间4位表示用户的归属地,在一定范围内也容易重复,而最后4位表示用户号,是很随机的。所以一般选择最后4位作为散列地址,这样发生冲突的可能性小。如果4位正整数太大,不适合作为地址,那么还可以结合除留余数法再做一次转换。主要考虑依据是选择合适的装填因子,从而估计需要多大的地址空间,如有5 000个数据元素的集合,装填因子选为0.5,则地址空间大小应为5 000/0.5=10 000左右,即可以选用上述4位正整数作为地址。

如果关键字是字符串,那么如何处理呢?其实无论是英文字符、中文字符,还是其他各种各样的符号,它们都可以转换为某种编码来对待,如ASCII码或Unicode码等,因此也可以使用上面的这些方法。

视频讲解

8.8.2 处理冲突的方法

在散列函数构造过程中,尽量使散列地址均匀分布于整个地址空间,但是实际应用中,冲突只能尽量减少,而不能完全避免。

常用的处理冲突的方法有两种:开放定址法(Open Addressing)和分离链接法(Separate Chaining)。

1. 开放定址法

所谓开放定址法,就是一旦产生了冲突(即该地址已经存放了其他数据元素),就要去找另一个空的散列地址。在没有装满的散列表中,空的散列地址是否总能找到,这也是在选择解决冲突方法时要考虑的因素之一。

一般来说,发生了第 i 次冲突,则试探的下一个地址将增加 d_i。公式为

$$H_i(\text{key}) = (H(\text{key}) + d_i) \bmod m \ (1 \leqslant i < m) \tag{8.1}$$

其中,H 是散列函数,Key是关键字。根据 d_i 的选取方式不同,可以得到不同的解决冲突方法。

(1) 线性探测法。

如果将式(8.1)中的 d_i 选为 i,那么它就是线性探测法。即线性探测以增量序列1,2,…,$(m-1)$循环试探下一个存储地址。

做插入操作时,要找到一个空位置,或者直到散列表已满为止;做查找操作时,探测一个存储地址,就比较一次关键字,直到找到特定的数据对象,或者探测到一个空位置表示查找失败为止。

例 8.5 设关键字序列为{47,7,29,11,9,84,54,20,30},散列表表长 $m=13$,散列函数为 $H(\text{key})=\text{key mod } 11$。用线性探测法($d_i=i$)处理冲突,请列出依次插入关键字后的散列表,并估算查找成功时的平均查找长度。

$h_0=H(47)=47\%11=3$

$h_0=H(7)=7\%11=7$

$h_0=H(29)=29\%11=7$ $\quad h_1=(7+1)\%13=8$

$h_0=H(11)=11\%11=0$

$h_0=H(9)=9\%11=9$

$h_0=H(84)=84\%11=7$ $\quad h_1=(7+1)\%13=8$ $\quad h_2=(7+2)\%13=9$

$\qquad h_3=(7+3)\%13=10$

$h_0=H(54)=54\%11=10$ $\quad h_1=(10+1)\%13=11$

$h_0=H(20)=20\%11=9$ $\quad h_1=(9+1)\%13=10$ $\quad h_2=(9+2)\%13=11$

$\qquad h_3=(9+3)\%13=12$

$h_0=H(30)=30\%11=8$ $\quad h_1=(8+1)\%13=9$ $\quad h_2=(8+2)\%13=10$

$\qquad h_3=(8+3)\%13=11$ $\quad h_4=(8+4)\%13=12$

$\qquad h_5=(8+5)\%13=0$ $\quad h_6=(8+6)\%13=1$

表 8.2 列出了相应的散列地址计算、冲突次数和查找比较次数统计。

表 8.2 散列地址计算、冲突次数和查找比较次数统计

散列地址	0	1	2	3	4	5	6	7	8	9	10	11	12
关键字	11	30		47				7	29	9	84	54	20
冲突次数	0	6		0				0	1	0	3	1	3
查找比较次数	1	7		1				1	2	1	4	2	4

每个关键字的比较次数是其冲突次数加 1。

计算查找成功时的 ASL。假设要查找的关键字一定在散列表中存在,计算平均需要查找多少次。只要将查找表中的每个关键字的比较次数加起来,除以关键字的个数,就得到平均每个关键字的查找长度,即

成功查找时的 $\text{ASL}=(1+7+1+1+2+1+4+2+4)/9=23/9\approx2.56$

线性探测法可能使第 i 个散列地址的同义词存入到第 $i+1$ 个散列地址,因此可能会出现很多元素在相邻的散列地址上"堆积"起来的现象,这会大大降低查找效率。如在例 8.5 中,插入关键字 30 时需要经过很多次冲突才能找到空位置。这种现象称为**一次聚集**(Primary Clustering)。为减轻这种一次聚集效应,可采用平方探测法或双散列探测法。

(2) 平方探测法。

视频讲解

如果式(8.1)中的 d_i 取 $\pm i^2$,则称为平方探测法,即平方探测法以增量序列 $1^2,-1^2,2^2,-2^2,\cdots,q^2,-q^2$ 且 $q\leqslant b$ 循环试探下一个存储地址。

有证明表明,如果散列表长度 m 是某个 $4k+3$(k 是正整数)形式的素数,平方探测法就可以探查到整个散列表空间。这一点很重要,是采用平方探测法的理论保证。

例 8.6 设关键字序列为{47,7,29,11,9,84,54,20,30}，散列表表长 $m=11$，散列函数为 $H(\text{key})=\text{key} \bmod 11$。用平方探测法（$d_i=\pm i^2$）处理冲突，请列出依次插入关键字后的散列表，并估算查找成功时的平均查找长度。

$h_0=H(47)=47\%11=3$

$h_0=H(7)=7\%11=7$

$h_0=H(29)=29\%11=7$ $\quad h_1=(7+1^2)\%11=8$

$h_0=H(11)=11\%11=0$

$h_0=H(9)=9\%11=9$

$h_0=H(84)=84\%11=7$ $\quad h_1=(7+1^2)\%11=8$ $\quad h_2=(7-1^2)\%11=6$

$h_0=H(54)=54\%11=10$

$h_0=H(20)=20\%11=9$ $\quad h_1=(9+1^2)\%11=10$ $\quad h_2=(9-1^2)\%11=8$

$h_3=(9+2^2)\%11=2$

$h_0=H(30)=30\%11=8$ $\quad h_1=(8+1^2)\%11=9$ $\quad h_2=(8-1^2)\%11=7$

$h_3=(8+2^2)\%11=1$

表 8.3 列出了相应的散列地址计算、冲突情况统计和查找比较次数统计。

表 8.3 散列地址计算、冲突次数和查找比较次数统计

散列地址	0	1	2	3	4	5	6	7	8	9	10
关键字	11	30	20	47			84	7	29	9	54
冲突次数	0	3	3	0			2	0	1	0	0
查找比较次数	1	4	4	1			3	1	2	1	1

成功查找时的 $\text{ASL}=(1+4+4+1+3+1+2+1+1)/9=18/9=2$。

例 8.5 的装填因子 $\alpha=9/13\approx0.69$，而例 8.6 的装填因子 $\alpha=9/11\approx0.82$。从这两个例子可以看出，装填因子较大反而比装填因子较小的有更小的 ASL。这表明，平方探测法在一定程度上减轻了“聚焦”效应，从而提高了散列表的查找性能。关于平方探测法的查找性能分析将在后面不加证明地给出。

虽然平方探测法排除了一次聚集，但是散列到同一地址的那些数据对象将探测相同的备选单元，这称为**二次聚集**（Second Clustering）。二次聚集在理论上是一个小缺憾。模拟结果显示，对每次查找，二次聚集一般要引起另外的少于一半的探测。下面的双散列探测法可以弥补这个缺憾，但也需要付出一定的代价，用得不好还会带来严重后果。

视频讲解

（3）双散列探测法。

如果式(8.1)中的 d_i 取 $i\times H_2(\text{key})$，其中 $H_2(\text{key})$ 是另一个散列函数，则称为**双散列探测法**，这时探测序列即为 $H_2(\text{key}), 2H_2(\text{key}), 3H_2(\text{key}), \cdots$

第二个散列函数 $H_2(\text{key})$ 如果选得不好，结果将会是灾难性的。例如，如果 $H_2(\text{key}=\text{key} \bmod 11)$，散列表中地址为 0 的单元已被占用，如果要把 key = 22 插入到此散列表中，就无法实现了。如果 $H_2(22)=0$，那么所有的探测都是同一个位置 0。因此，要求对任意的 key，$H_2(\text{key})$ 都不能是 0 值。

另外，探测序列还应该保证所有的散列存储单元都应该能够被探测到。一般将第二个散列函数定义为：

$$H_2(\text{key}) = p - (\text{key} \bmod p)$$

这样的函数效果会很好，其中 p 是小于表长 m 的素数。请注意，选用一个素数作为表长也同样重要；否则可能探测不到所有的存储单元。

例 8.7 设关键字序列为{11,47,26,60,69}，散列表表长 $m=13$，散列函数为 $H(\text{key})=\text{key} \bmod 11$。用双散列探测法（$d_i = i \times H_2(\text{key})$，$H_2(\text{key}) = 11 - (\text{key} \bmod 11)$）。请处理冲突，列出依次插入关键字后的散列表，并估算查找成功时的平均查找长度。

$h_0 = H(11) = 11\%11 = 0$

$h_0 = H(47) = 47\%11 = 3$

$h_0 = H(26) = 26\%11 = 4$

$h_0 = H(60) = 60\%11 = 5$

$h_0 = H(69) = 69\%11 = 3$　　$h_1 = (3 + 1 \times (11 - (69\%11)))\%13 = 11$

表 8.4 列出了相应的散列地址计算、冲突次数和查找比较次数统计。

表 8.4　散列地址计算、冲突次数和查找比较次数统计

散列地址	0	1	2	3	4	5	6	7	8	9	10	11	12
关键字	11			47	26	60						69	
冲突次数	0			0	0	0						1	
查找比较次数	1			1	1	1						2	

成功查找时的 $\text{ASL} = (1+1+1+1+2)/5 = 1.2$

采用双散列探测法会增加每次探测的乘法和除法的计算，但其期望的探测次数比较少，这使得它在理论上很有吸引力。不过平方探测法不需要计算第二个散列函数，从而在实践中可能更简单实用。

（4）再散列法。

视频讲解

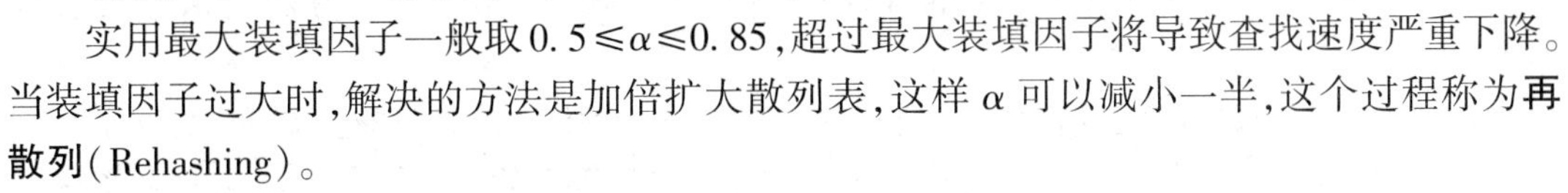

开放定址法的装填因子 $\alpha(0 \le \alpha \le 1)$ 会严重影响查找效率，α 越大，填入表中的元素越多，产生冲突的可能性就越大；α 越小，填入表中的元素越少，产生冲突的可能性就越小。

装填因子 $\alpha = n/m$，其中，m 是散列表长度，n 是填入表中的元素个数。

实用最大装填因子一般取 $0.5 \le \alpha \le 0.85$，超过最大装填因子将导致查找速度严重下降。当装填因子过大时，解决的方法是加倍扩大散列表，这样 α 可以减小一半，这个过程称为**再散列**（Rehashing）。

例 8.8 设关键字序列为{13, 15, 24, 6}，散列表表长 $m=7$，散列函数为 $H(\text{key})=\text{key} \bmod 7$。请使用线性探测方法（$d_i = i$）处理冲突，并列出依次插入关键字后的散列表。

$h_0 = H(13) = 13\%7 = 6$

$h_0 = H(15) = 15\%7 = 1$

$h_0 = H(24) = 24\%7 = 3$

$h_0 = H(6) = 6\%7 = 6$

$h_1 = (6+1)\%7 = 0$

表 8.5 列出了相应的散列地址计算、冲突次数和查找比较次数统计。

表 8.5　散列地址计算、冲突次数和查找比较次数统计

散列地址	0	1	2	3	4	5	6
关键字	6	15		24			13
冲突次数	1	0		0			0
查找比较次数	2	1		1			1

如果将 23 插入表 8.5 的关键字中,刚统计结果如表 8.6 所示。

表 8.6　散列地址计算、冲突次数和查找比较次数统计

散列地址	0	1	2	3	4	5	6
关键字	6	15	23	24			13
冲突次数	1	0	0	0			0
查找比较次数	2	1	1	1			1

此时表有超过 70% 的单元是满的。因为表填得过满,所以建立一个新的表,表大小为 17。该表大小之所以为 17,是因为 17 是原表两倍后的第一个素数。新的散列函数为 $H(\text{key}) = \text{key mod } 17$。扫描原来的表,并将关键字序列{6,15,23,24,13}插入到新表中。最后统计结果如表 8.7 所示。

表 8.7　散列地址计算、冲突次数和查找比较次数统计

散列地址	0	1	2	3	4	5	6	7	8	9	10	11	12	13	14	15	16
关键字							6	23	24					13		15	
冲突次数							0	1	1					0		0	
查找比较次数							1	2	2					1		1	

什么时候使用再散列法呢？方法是只要表满到一半就再散列。第二种极端的方法是只有当插入失败时才再散列。第三种方法即途中策略:当表到达某一个装填因子时进行再散列。由于随着装填因子的增加,表的性能的确有所下降,因此第三种方法可能是最好的策略。

再散列需要新建一个两倍大的散列表,并将原表中的数据重新分配到新表中,这个过程要花费较多的时间,因此在交互系统中会使人感觉有“停顿”现象。而在一些实时系统中使用再散列时更要格外谨慎,如在医用的生命保障系统中,设备的短时“停顿”有可能导致严重的后果。

注意　在开放定址法的散列表中,不能进行标准的删除操作,因为相应的单元可能已经发生过冲突,数据对象绕过它存到了其他地方。为此,开放定址法的散列表需要“懒惰删除”,即需要增加一个“删除标记”,而不是真正删除它。这样才能不影响查找,但这样做会增加额外的存储负担和程序的复杂程度。

2. 分离链接法

分离链接法也称为链地址法,它是解决冲突的另一种方法。它的基本思想是:将所有散列地址为 i 的元素构成一个称为同义词链的单链表,并将单链表的头指针存在散列表的第 i 个单元中,因而查找、插入和删除主要是在同义词链中进行的。

插入时,新元素插在表头。这不仅为了方便,而且还因为新近插入的元素最有可能被最先访问,这样可以加快在单链表中的顺序查找速度。

分离链接法适用于经常进行插入和删除的情况。

例 8.9 已知有一组关键字序列{32,40,36,53,16,46,71,27,42,24,49,64},散列表表长 $m=13$,散列函数为 $H(\text{key})=\text{key mod } 13$。求用分离链接法处理冲突的结果,并估算查找成功时的平均查找长度。

$h_0=H(32)=32\%13=6$ $h_0=H(40)=40\%13=1$ $h_0=H(36)=36\%13=10$

$h_0=H(53)=53\%13=1$ $h_0=H(16)=16\%13=3$ $h_0=H(46)=46\%13=7$

$h_0=H(71)=71\%13=6$ $h_0=H(27)=27\%13=1$ $h_0=H(42)=42\%13=3$

$h_0=H(24)=24\%13=11$ $h_0=H(49)=49\%13=10$ $h_0=H(64)=64\%13=12$

分离链接法处理冲突时的散列表如图 8.18 所示。

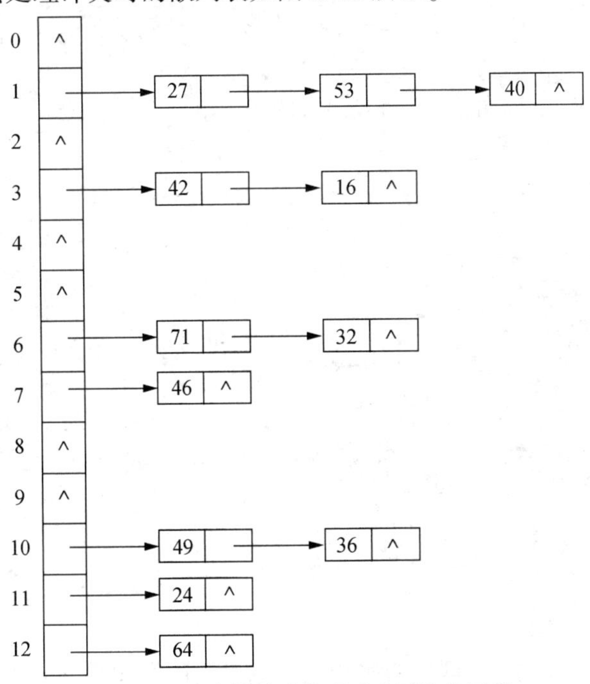

图 8.18 分离链接法处理冲突时的散列表

由此可以看出,图 8.18 中有 7 个结点只需要 1 次查找,4 个结点需要 2 次查找,1 个结点需要 3 次查找,因此

成功查找时的 ASL = $(7\times1+4\times2+1\times3)/12=18/12=1.5$。

8.8.3 散列表的查找过程

在散列表的查找过程与散列表的创建过程是一致的。一些关键字通过散列函数转换的地址直接找到,另一些关键字在散列函数得到的地址上产生了冲突,需要按处理冲突的方法继续查找。

假设用线性探测法解决冲突。

【算法描述】

```
#define used 1
#define empty 0

typedef int ElementType;
typedef int Position;
struct HashTbl;
typedef struct HashTbl *HashTable;
struct HashEntry;
typedef struct HashEntry Cell;
struct HashEntry{
    ElementType data;/*关键数字*/
    int info;/*类型,used或者empty,表示已用或者空槽*/
};
struct HashTbl{
    Cell *cells;     /*散列表槽列表*/
    int cursize;     /*散列表中已用槽数*/
    int tablesize;   /*散列表大小*/
};

/*在散列表h中顺序查找其关键字等于key的元素。
若找到,则返回该元素在表中的位置;否则返回-1*/
Position  find(HashTable h,ElementType key)
{
    addr=Hash(key);/*求散列地址*/
    while(h->cells[addr].data!=key){
        /*用线性探测法解决冲突*/
        addr++;
        if(addr>=h->tablesize){
            addr-=h->tablesize;
        }
        if(h->cells[addr].info==empty ||addr==Hash(key)){
            return -1;/*没有找到*/
        }
    }
    return addr;/*找到了*/
}
```

视频讲解

8.8.4 散列表的性能分析

在散列表的查找过程中,关键字的比较次数取决于产生冲突的多少。产生的冲突少,查找效率就高;产生的冲突多,查找效率就低。因此,影响产生冲突的因素,也就是影响查找效率的因素。影响产生冲突的多少有以下3个因素:散列函数是否均匀、处理冲突的方法和散列表的装填因子。

分析这3个因素,尽管散列函数的"好坏"直接影响冲突产生的频度,但一般情况下,可视所选的散列函数总是"均匀的",可不考虑散列函数对平均查找长度的影响。所以,影响平均查找长度的因素只有两个:处理冲突的方法和装填因子。

表8.8给出了在等概率情况下,采用几种不同方法处理冲突时,得到的散列表查找成功和查找失败时的平均查找长度,证明过程从略。

表 8.8 用几种不同方法处理冲突时散列表的平均查找长度

处理冲突的方法	平均查找长度	
	查找成功	查找失败
线性探测法	$\frac{1}{2}\times\left(1+\frac{1}{1-\alpha}\right)$	$\frac{1}{2}\times\left(1+\frac{1}{(1-\alpha)^2}\right)$
平方探测法和双散列探测法	$\frac{1}{\alpha}\ln(1-\alpha)$	$\frac{1}{1-\alpha}$
分离链接法	$1+\frac{\alpha}{2}$	$\alpha+e^{-\alpha}$

对于一个具体的散列表,通常采用直接计算的方法求其平均查找长度,方法如下。

(1) 直接计算等概率情况下查找成功的平均查找长度公式为:

$$\mathrm{ASL_{succ}} = \frac{1}{\text{表中置入元素个数 } n}\sum_{i=1}^{n} C_i$$

其中,C_i 为查找第 i 个元素时所需的比较次数。

(2) 直接计算等概率情况下查找失败的平均查找长度公式为:

$$\mathrm{ASL_{unsucc}} = \frac{1}{\text{散列函数取值个数 } r}\sum_{i=1}^{r} C_i$$

其中,C_i 为散列函数取值为 i 时查找失败的比较次数。

查找失败的情况:①遇到空单元;② 0 到 $r-1$ 相当于 r 个失败查找的入口,从每个入口进入后,按照解决冲突的方法直到确定查找失败为止。

例 8.10 已知有一组关键字序列{19,14,23,1,68,20,84,27,55,11,10,79},散列表表长 $m=16$,散列函数为 $H(\text{key})=\text{key}\%13$,请用线性探测法处理冲突构造散列表,直接计算等概率情况下查找成功、查找失败时的平均查找长度。

$h_0=H(19)=19\%13=6$

$h_0=H(14)=14\%13=1$

$h_0=H(23)=23\%13=10$

$h_0=H(1)=1\%13=1$ $\quad h_1=(1+1)\%16=2$

$h_0=H(68)=68\%13=3$

$h_0=H(20)=20\%13=7$

$h_0=H(84)=84\%13=6$ $\quad h_1=(6+1)\%16=7$ $\quad h_2=(6+2)\%16=8$

$h_0=H(27)=27\%13=1$ $\quad h_1=(1+1)\%16=2$ $\quad h_2=(1+2)\%16=3$

$h_3=(1+3)\%16=4$

$h_0=H(55)=55\%13=3$ $\quad h_1=(3+1)\%16=4$ $\quad h_2=(3+2)\%16=5$

$h_0=H(11)=11\%13=11$

$h_0=H(10)=10\%13=10$ $\quad h_1=(10+1)\%16=11$ $\quad h_2=(10+2)\%16=12$

$h_0=H(79)=79\%13=1$ $\quad h_1=(1+1)\%16=2$ $\quad h_2=(1+2)\%16=3$

$h_3=(1+3)\%16=4$ $\quad h_4=(1+4)\%16=5$

$$h_5=(1+5)\%16=6 \qquad h_6=(1+6)\%16=7$$
$$h_7=(1+7)\%16=8 \qquad h_8=(1+8)\%16=9$$

散列函数计算、查找成功和查找失败时的比较次数统计如表 8.9 所示。

表 8.9　散列函数计算、查找成功和查找不成功时的比较次数统计

散列地址	0	1	2	3	4	5	6	7
关键字		14	1	68	27	55	19	20
查找成功时的比较次数		1	2	1	4	3	1	1
查找失败时的比较次数	1	13	12	11	10	9	8	7
散列地址	8	9	10	11	12	13	14	15
关键字	84	79	23	11	10			
查找成功时的比较次数	3	9	1	1	3			
查找失败时的比较次数	6	5	4	3	2			

由此可计算出,在等概率查找的情况下其成功查找时的平均查找长度为

$$\mathrm{ASL_{succ}}=\frac{1}{12}\times(1\times6+2+3\times3+4+9)=2.5$$

在等概率查找的情况下,其查找失败的平均查找长度为

$$\mathrm{ASL_{unsucc}}=\frac{1}{13}\times(1+13+12+11+10+9+8+7+6+5+4+3+2)=7$$

公式法的平均查找长度对比如下。

$$\alpha=12/16=0.75$$

$$\mathrm{ASL_{succ}}=\frac{1}{2}\times\left(1+\frac{1}{1-\alpha}\right)=\frac{1}{2}\times\left(1+\frac{1}{1-0.75}\right)=2.5$$

$$\mathrm{ASL_{unsucc}}=\frac{1}{2}\times\left(1+\frac{1}{(1-\alpha)^2}\right)=\frac{1}{2}\times\left(1+\frac{1}{(1-0.75)^2}\right)=8.5$$

由此可见,查找成功时的 ASL 一致;查找失败时的 ASL 不一样,但差别不大。

例 8.11　已知一组关键字序列{32,40,36,53,16,46,71,27,42,24,49,64},散列表表长 $m=13$,散列函数为 $H(\mathrm{key})=\mathrm{key}\%13$。请用分离链接法处理冲突,直接计算等概率情况下查找成功、查找失败时的平均查找长度。

根据图 8.18,列出相应的地址计算、查找成功和查找失败时的比较次数统计,如表 8.10 所示。

表 8.10　散列函数计算、查找成功和查找失败时的比较次数统计

散列地址	0	1	2	3	4	5	6	7	8	9	10	11	12
关键字		27 53 40		42 16			71 32	46			49 36	24	64
查找成功时比较次数		1 2 3		1 2			1 2	1			1 2	1	1
查找失败时比较次数	1	4	1	3	1	1	3	2	1	1	3	2	2

可计算出在等概率查找的情况下其查找成功的平均查找长度为

$$ASL_{succ} = \frac{1}{12} \times (1 \times 7 + 2 \times 4 + 3) = \frac{18}{12} = 1.5$$

可计算出在等概率查找的情况下其查找失败的平均查找长度为

$$ASL_{unsucc} = \frac{1}{13} \times (1 \times 6 + 2 \times 3 + 3 \times 3 + 4) = \frac{25}{13}$$

公式法的平均查找长度对比如下：

$$\alpha = 12/13。$$

$$ASL_{succ} = 1 + \frac{\alpha}{2} \approx 1.5$$

$$ASL_{unsucc} = \alpha + e^{-\alpha} \approx 1.3$$

由此可见，查找成功时的 ASL 差不多一致；查找失败时的 ASL 不一样，但差别不大。

本章小结

顺序查找、折半查找、分块查找和基于树的查找等方法，是建立在比较的基础上的，查找效率由比较一次能够缩小多少查找范围来决定。而散列方法是依据关键字直接计算得到其对应数据对象的位置，这就是散列方法的核心思想。

学完本章内容后，要求掌握二叉排序树的构造和查找方法，平衡二叉树的 4 种平衡调整方法。熟练掌握散列表的构造方法。明确各种不同查找方法之间的区别和各自的适用情况，能够按定义直接计算各种查找方法在等概率情况下查找成功、查找失败的平均查找长度。

习　题

一、单项选择题

1. 静态查找与动态查找的根本区别在于(　　)。
   A. 它们的逻辑结构不一样
   B. 施加在其上的操作不一样
   C. 所包含的数据元素的类型不一样
   D. 存储实现不一样
2. 顺序查找法适合于存储结构为(　　)的线性表。
   A. 散列存储　　B. 顺序存储或链式存储
   C. 压缩存储　　D. 索引存储
3. 数组和单链表表示的有序表均可使用折半查找方法来提高查找速度。这个说法是(　　)。
   A. 正确的　　B. 错误的
4. 用顺序查找方法在长度为 n 的线性表中进行查找，在等概率情况下查找成功的平均查找长度为(　　)。

A. n　　B. $n/2$　　C. $(n-1)/2$　　D. $(n+1)/2$

5. 用顺序查找法对具有 n 个结点的线性表查找一个结点的时间复杂度为(　　)。

A. $O(\log_2 n^2)$　　B. $O(n\log_2 n)$　　C. $O(n)$　　D. $O(\log_2 n)$

6. 适合于折半查找的表的存储方式及数据元素排列要求为(　　)。

A. 链接存储,数据元素无序　　B. 链接存储,数据元素有序

C. 顺序存储,数据元素无序　　D. 顺序存储,数据元素有序

7. 假设在含 20 个记录的有序表上进行折半查找,则平均查找长度为(　　)。

A. 3.5　　B. 3.6　　C. 3.7　　D. 3.8

8. 对于长度为 9 的有序顺序表,采用折半查找法,在等概率情况下查找成功的平均查找长度为(　　)的值除以 9。

A. 20　　B. 18　　C. 25　　D. 22

9. 长度为 10 的有序表采用顺序存储结构,采用折半查找技术,在等概率情况下,查找成功时的平均查找长度是(　　),查找失败时的平均查找长度是(　　)。

A. 29,39　　B. 29/10,39/10

C. 29/11,39/11　　D. 29/10,39/11

10. 某一维数组中依次存放数据元素序列{15,23,38,47,55,62,88,95,102,123},采用折半查找法查找元素 95 时,依次与(　　)进行了比较。

A. 62,88,95　　B. 62,95　　C. 55,88,95　　D. 55,95

11. 有一个有序表{2,11,16,23,32,45,51,62,73,79,80,94,97},当折半查找 94 时,(　　)次比较后查找成功。

A. 1　　B. 2　　C. 3　　D. 4

12. 设有序表中有 1 000 个元素,则用折半查找法查找元素 x 最多需要比较(　　)次。

A. 25　　B. 10　　C. 7　　D. 1

13. 对 100 个元素进行折半查找,在查找成功的情况下,比较次数最多是(　　)。

A. 25　　B. 50　　C. 10　　D. 7

14. 采用折半查找法对有序表进行查找总比采用顺序查找法对其进行查找要快。这个说法是(　　)。

A. 正确的　　B. 错误的

15. 采用分块查找法时,若线性表中共有 256 个元素,查找每个元素的概率相同,假设采用顺序查找来确定结点所在的块时,每块应分(　　)个结点最佳。

A. 16　　B. 64　　C. 128　　D. 256

16. 二叉排序树中,键值最小的结点一定(　　)。

A. 左指针为空　　B. 右指针为空

C. 左、右指针均为空　　D. 左、右指针均非空

17. 二叉排序树是(　　)。

A. 每一分支结点的度均为 2 的二叉树

B. 中序遍历得到一个升序序列的二叉树

C. 按照从左到右顺序编号的二叉树

D. 每一个分支结点的值均小于左子树上所有结点的值,又大于右子树上所有结点的值

18. 用 n 个键值构造一棵二叉排序树，其最小高度为(　　)。

A. $n/2$　　B. n　　C. $\lfloor \log_2 n \rfloor$　　D. $\lfloor \log_2 n \rfloor + 1$

19. 在含有 n 个结点的二叉排序树中查找一个关键字，最多进行(　　)次比较。

A. $n/2$　　B. $\log_2 n$　　C. $\log_2 n + 1$　　D. n

20. 已知数据元素序列为{54,28,16,73,62,95,60,26,43}，按照依次插入结点的方法生成一棵二叉排序树，查找值为62的结点所需要的比较次数为(　　)。

A. 2　　B. 3　　C. 4　　D. 5

21. 已知数据元素序列为{34,76,45,18,26,54,92,65}，按照依次插入结点的方法生成一棵二叉排序树，则该树的深度为(　　)。

A. 4　　B. 5　　C. 6　　D. 7

22. 在二叉排序树上查找关键字为28的结点(假设存在)，则依次比较的关键字有可能是(　　)。

A. 30,36,28　　B. 38,48,28

C. 48,18,38,28　　D. 60,30,50,40,38,36

23. 对于给定的关键字集合，以不同的次序插入到初始为空的二叉排序树中，得到的二叉排序是相同的。这个说法是(　　)。

A. 正确的　　B. 错误的

24. 若二叉排序树中关键字互不相同，那么最小值结点必定无左孩子，最大值结点必定无右孩子。这个说法是(　　)。

A. 正确的　　B. 错误的

25. 在二叉排序树中，最大值结点和最小值结点一定是叶子结点。这个说法是(　　)。

A. 正确的　　B. 错误的

26. 将二叉排序树 T1 的先序遍历序列依次插入初始值为空的树中，得到二叉排序树 T_2，它和 T_1 的形态完全相同。这个说法是(　　)。

A. 正确的　　B. 错误的

27. 对二叉排序树进行中序遍历得到的序列是由小到大有序的。这个说法是(　　)。

A. 正确的　　B. 错误的

28. 先序遍历一棵二叉排序树得到的结点序列不一定是有序的序列。这个说法是(　　)。

A. 正确的　　B. 错误的

29. 当向非空的二叉排序树中插入一个结点时，该结点一定成为叶子结点。这个说法是(　　)。

A. 正确的　　B. 错误的

30. 对两棵具有相同关键字集合而形状不同的二叉排序树，按中序遍历它们得到的序列的顺序是一样的。这个说法是(　　)。

A. 正确的　　B. 错误的

31. 适合动态查找的数据结构是(　　)。

A. 有序表　　B. 双链表　　C. 循环链表　　D. 二叉排序树

32. 在任意一棵非空的二叉排序树中，删除某结点后又将其插入，则所得到的二叉排序树与删除前的二叉排序树相同。这个说法是(　　)。

A. 正确的　　B. 错误的

33. 平衡二叉树又称为 AVL 树，树中任意一个结点的(　　)。

A. 左、右子树的高度均相同

B. 左、右子树高度差的绝对值不超过1

C. 左子树的高度均大于右子树的高度

D. 左子树的高度均小于右子树的高度

34. 有一棵平衡二叉树,它的广义表表示为24(13,53(37,90)),在其中插入关键字48以后,重新调整得到一棵新平衡二叉树,在新平衡二叉树中,关键字37所在结点的左、右子结点的关键字分别是(　　)。

A. 13,48　　B. 24,48　　C. 24,53　　D. 24,90

35. 一棵深度为 k 的平衡二叉树,其每个非终端结点的平衡因子均为0,则该树共有(　　)个结点。

A. $2^{k-1}-1$　　B. 2^{k-1}　　C. $2^{k-1}+1$　　D. 2^k-1

36. 一个无序序列可以通过构造一棵(　　)而变成一个有序序列,构造树的过程即为对无序序列进行排序的过程。

A. 二叉树　　B. 哈夫曼树

C. 平衡二叉排序树　　D. 二叉排序树

37. 最优二叉树是AVL树(也称为平衡二叉树)。这个说法是(　　)。

A. 正确的　　B. 错误的

38. 折半查找判定树不属于(　　)。

A. 平衡二叉树　　B. 二叉排序树

C. 完全二叉树　　D. 二叉树

39. 下列二叉排序树中查找效率最高的是(　　)。

A. 平衡二叉树　　B. 二叉查找树

C. 没有左子树的二叉排序树　　D. 没有右子树的二叉排序树

40. 下面关于哈夫曼树的叙述中,正确的是(　　)。

A. 哈夫曼树一定是完全二叉树

B. 哈夫曼树一定是平衡二叉排序树

C. 哈夫曼树中权值最小的两个结点互为兄弟结点

D. 哈夫曼树中左孩子结点小于父结点、右孩子结点大于父结点

41. 以下术语属于逻辑结构的是(　　)。

A. 顺序表　　B. 散列表　　C. 有序表　　D. 单链表

42. 散列法存储的基本思想是由关键字的值决定数据的存储地址。这个说法是(　　)。

A. 正确的　　B. 错误的

43. 在散列函数 $H(\text{key}) = \text{key} \bmod p$ 中,p 应取(　　)。

A. 奇数　　B. 偶数　　C. 素数　　D. 正数

44. 散列函数有一个共同的性质,即函数值应当以(　　)取其值域的每一个值。

A. 最大概率　　B. 最小概率　　C. 平均概率　　D. 同等概率

45. 假定有 k 个关键字互为同义词,若用线性探测法($d_i = i$)把这 k 个关键字存入散列表中,至少要进行(　　)次探测。

A. $k-1$　　B. k　　C. $k+1$　　D. $k(k+1)/2$

46. 假设有10个关键字,它们具有相同的散列函数值,用线性探测法($d_i = i$)把这10个关键字存入散列表中至少需要做(　　)次探测。

A. 110　　B. 100　　C. 55　　D. 45

47. 装填因子是散列表的一个重要参数,它反映散列表的装满程度。这个说法是(　　)。

A. 正确的　　B. 错误的

48. 散列查找方法中的冲突是指(　　)。

A. 两个数据元素具有相同的序号

B. 两个数据元素具有相同的关键字

C. 两个数据元素的关键字不同而非关键字属性相同

D. 不同关键字对应相同的存储地址

49. 若散列表的装填因子 $\alpha<1$,则可避免冲突的发生。这个说法是(　　)。

A. 正确的　　B. 错误的

50. 采用线性探测法处理冲突时,当从散列表中删除一个记录时,不应将这个记录的所在位置置为空,因为这将会影响以后的查找。这个说法是(　　)。

A. 正确的　　B. 错误的

51. 采用分离链接法处理冲突的散列表的装填因子可以大于1。这个说法是(　　)。

A. 正确的　　B. 错误的

52. 下列说法中错误的是(　　)。

A. n 个结点的树的各结点度数之和为 $n-1$

B. n 个结点的无向图最多有 $n\times(n-1)$ 条边

C. 用邻接矩阵存储图时所需存储空间大小与图的结点数有关,而与边数无关

D. 散列表中冲突的可能性大小与装填因子有关

53. 散列表的查找效率主要取决于构造散列表时选取的散列函数和处理冲突的方法。这个说法是(　　)。

A. 正确的　　B. 错误的

54. 散列查找方法一般适用于(　　)情况下的查找。

A. 查找表为链表的

B. 查找表为有序表的

C. 关键字集合比地址集合大得多的

D. 关键字集合与地址集合存在对应关系的

55. 设散列表表长 $m=14$,散列函数为 $H(\text{key})=\text{key}\ \%11$。当前表中已有4个结点:addr(15)=4,addr(38)=5,addr(61)=6,addr(84)=7。如果采用平方探测法($d_i=\pm i^2$)处理冲突,则关键字为49的结点的地址是(　　)。

A. 8　　B. 3　　C. 5　　D. 9

56. 对一组关键字序列{53,17,12,61,89,70,87,25,64,46}建立散列表,哈希函数为 $H(\text{key})=\text{key mod }13$,表长为15。如果采用平方探测法(　　)处理冲突,则在等概率情况下查找成功的平均查找长度为(　　)。

A. 1.4　　B. 1.5　　C. 1.6　　D. 1.7

57. 对一组关键字序列{87,73,25,55,90,28,31,17,101,22,3,62}构造散列表,散列函数为 $H(\text{key})=\text{key mod }11$。用分离链接法处理冲突后位于同一个链表中的是(　　)。

A. 87,90　　B. 31,101　　C. 3,73　　D. 62,73

二、简答题

1. 对二叉排序树的查找都是从根结点开始的,查找失败时是否一定落在叶子结点上?为什么?

2. 平衡二叉树在旋转调整时只调整了最小不平衡子树,树中是否还会存在不平衡的结点?为什么?

3. 在采用线性探测法处理冲突的散列表中,所有同义词在表中是否一定相邻?

4. 关键字序列为{60,40,30,150,130,50,90},试用给定的关键字序列插入生成平衡二叉排序树。

5. 关键字序列为{Jan,Feb,Mar,Apr,May,June,July,Aug,Sep,Oct,Nov,Dec}。

(1) 按给定的关键字序列插入生成二叉排序树,并求其在等概率情况下查找成功的平均查找长度。

(2) 按给定的关键字序列插入生成平衡二叉排序树,并求其在等概率情况下查找成功的平均查找长度。

6. 为1 000个记录设计散列表,假设散列函数是均匀的,解决冲突用线性探测法,并要求在等概率情况下查找成功时的平均查找长度不超过3,查找失败时的平均查找长度不超过13,则散列表表长 m 应取多大?

7. 对一组关键字序列{SUN,MON,TUE,WED,THU,FRI,SAT}建立散列表,散列函数为 $H(K)=K$(key 中第一个字母在字母表中的序号)mod 7。用线性探测法($d_i=i$)处理冲突,要求构造一个装填因子为0.7的散列表,并计算在等概率情况下查找成功的平均查找长度和查找失败的平均查找长度。其中,字母序号表如表8.11所示。

表8.11　字母序号表

字母	A	B	C	D	E	F	G	H	I	J	K	L	M
序号	1	2	3	4	5	6	7	8	9	10	11	12	13
字母	N	O	P	Q	R	S	T	U	V	W	X	Y	Z
序号	14	15	16	17	18	19	20	21	22	23	24	25	26

8. 对一组关键字序列{11,54,36,89,51,47,38,59,63,94,15}建立散列,散列函数为 $H(\text{key})=\text{key}\%13$,表长为16。用线性探测法($d_i=i$)解决冲突,计算在等概率情况下查找成功的平均查找长度和查找失败的平均查找长度。

9. 对一组关键字序列{1,13,12,34,38,33,27,22},散列函数为 $H(\text{key})=\text{key}\ \%11$,表长为11。用分离链接法解决冲突,计算在等概率情况下查找成功的平均查找长度和查找失败的平均查找长度。

三、算法设计

编写算法判断一棵给定的二叉树是否为二叉排序树。

第9章 排　　序

排序就是将一组无序的记录序列调整为有序的记录序列。据资料表明，在当今计算机上排序占用计算机 CPU 时间已高达 30%～50%。由此可见，排序是计算机程序设计中的一种基础性操作，研究和掌握各种排序方法非常重要。

如何让计算机将{7,6,3,4,2,5,1}这组序列排成从小到大的序列？一些简单的排序方法，如冒泡排序、简单选择排序等，都可以很好地解决这种数据量比较小的排序问题。那么如果要对 Googlc 的搜索关键字进行排序，选出十大热门关键字，该如何实现呢？对于这类数据量很大的问题，排序算法的效率就非常关键。

本章介绍几种经典的排序算法，同时分析它们各自的优缺点。需要特别指出的是：没有一种排序算法在任何情况下都是最优的，所以必须学会根据实际情况选择最优的算法来解决问题。

9.1　排序的基本概念与分类

排序的依据是关键字之间的大小关系，那么对同一个记录集合，针对不同的关键字进行排序，可以得到不同序列。

这里关键字可以是记录的主关键字，也可以是次关键字，甚至是若干数据项的组合。例如，某些学校为了选拔在主科上更优秀的学生，要求对所有学生的所有科目总分降序排序，并且在总分相同的情况下再将语、数、外总分做降序排名。这就是对总分和语数外总分两个次关键字的组合排序。如图 9.1 所示，对于组合排序的问题，当然可以先对总分排序，在总分相等的情况下，再对语数外总分排序。此外，还可以应用一些技巧来实现一次排序即完成组合排序问题。

编号	姓名	语	数	外	物	化	历	政	生	地	总分	语数外
1	张汉阳	85	60	84	86	89	94	87	83	85	753	229
2	郭洁	66	64	6	45	76	56	56	78	76	573	186
3	杨柳青	85	78	64	68	84	78	73	88	64	682	227
4	胡一菲	84	85	67	90	87	83	94	79	84	753	236

(a) 排序前

编号	姓名	语	数	外	物	化	历	政	生	地	总分	语数外
4	胡一菲	84	85	67	90	87	83	94	79	84	753	236
1	张汉阳	85	60	84	86	89	94	87	83	85	753	229
3	杨柳青	85	78	64	68	84	78	73	88	64	682	227
2	郭洁	66	64	6	45	76	56	56	78	76	573	186

(b) 排序后

图 9.1　先对总分排序再对语数外总分排序

例如，把总分与语数外都当成字符串首尾连接在一起（注意，如果语数外总分位数不够三位，则需要在前面补零），很容易可以得到张汉阳的“753 229”要小于胡一菲的“753 236”，于是按照总分降序排序胡一菲就排在了张汉阳的前面。

从这个例子也可看出，多个关键字的排序最终都可以转换为单个关键字的排序，因此，本章主要讨论的是单个关键字的排序。

9.1.1 排序的稳定性

排序算法的稳定性是指在一组待排序记录中，如果存在任意两个相等的记录 R 和 S，且在待排序记录中 R 在 S 前，如果排序后 R 依然在 S 前，即它们的前后位置在排序前后不发生改变，则称该排序算法为稳定的，否则为不稳定的。

例如，对于上面的例子，未排序时总分相同的张汉阳在前、胡一菲在后，如果按总分排序后，张汉阳依然在前，这样才算稳定的排序；如果他们二者颠倒了，则此排序是不稳定的。只要有一组关键字实例发生类似情况，就可认为此排序方法是不稳定的。

无论是稳定的还是不稳定的排序方法，均能排好序。证明一种排序方法是稳定的，要从算法本身的步骤中加以证明；而证明排序方法是不稳定的，只需给出一个反例说明。

9.1.2 内部排序与外部排序

根据在排序过程中待排序的记录是否全部被放置在内存中，排序分为内部排序和外部排序。

1. 内部排序

内部排序是指在排序整个过程中，待排序的所有记录全部被放置在内存中。对于内部排序来说，排序算法的性能主要是受到以下 3 个方面的影响。

(1) 时间性能。

在内部排序中，主要进行两种操作：比较和移动。比较是指关键字之间的比较，这是要做排序最起码的操作。移动是指记录从一个位置移动到另一个位置，事实上，移动可以通过改变记录的存储方式来予以避免。

总之，高效率的内部排序算法应该具有尽可能少的关键字比较次数和尽可能少的记录移动次数。

(2) 辅助存储空间。

评价排序算法的另一个主要标准是执行算法所需要的辅助存储空间。**辅助存储空间**是指除了存放待排序记录所占用的存储空间之外，执行算法所需要的其他存储空间。

(3) 算法的复杂性。

算法的复杂性是指算法本身的复杂度，而不是指算法的时间复杂度。显然算法过于复杂也会影响排序的性能。

本章主要介绍交换类（冒泡排序、快速排序）、选择类（简单选择排序、堆排序）、插入类（直接插入排序、希尔排序）、归并类（2-路归并排序）和分配类（基数排序）等内部排序算法，这些都是比较成熟的排序技术，已经被广泛地应用于很多的程序语言或数据库中，甚至很多的程序语言或数据库都已经封装了关于排序算法的实现代码。

因此，学习这些排序算法的目的并不是为了在现实中实现排序算法，而是通过学习来提高编写算法的能力，以便能够解决更复杂、更灵活的应用性问题。

2. 外部排序

外部排序是指大文件排序，即待排序的数据记录以文件的形式存储在外存储器上。由

于文件中的记录很多、信息容量庞大，因此整个文件所占据的存储单元往往会超过计算机的内存容量，因此无法将整个文件调入内存中进行排序。于是，在排序过程中需进行多次的内外存之间的交换。在实际应用中，由于使用的外设不一样，通常可以分为磁盘文件排序和磁带文件排序两大类。

外部排序基本上由两个相对独立的阶段组成：首先，按可用内存大小，将外存上含 N 个记录的文件分成若干长度为 $L(L<N)$ 的子文件，依次读入内存，利用内部排序算法进行排序。其次，将排序后的文件写入外存，通常将这些文件称为“归并段”或“顺串”；对这些归并段进行逐步归并，最终得到整个有序文件。可见，外部排序的基本方法是归并排序。

9.1.3　一些约束

为简单起见，假设在例子中数组只包含整数，不考虑更复杂的结构。

对于本章后面的内容，还假设整个排序工作能够在主存中完成，因此，元素的个数相对来说比较小（小于 10^6）。当然，不能在主存中完成而必须在磁盘或磁带上完成的外部排序也相当重要。

本章描述的算法都将是可以互换的。每个算法都将接收一个含有元素的数据和一个包含元素个数的整数。

另外，由于排序最常用的操作是将数组中的两个元素交换，因此可以将其写成函数，以作后用。

```
typedef int ElementType;
void swap(ElementTyper[],int i,int j)
{
    int temp;

    temp = r[i];
    r[i] = r[j];
    r[j] =temp;
}
```

对于所有的排序，数据都将在下标 1 处开始。为了叙述方便，本章随后讨论的排序问题都约定为从小到大排序。

9.2　冒泡排序

视频讲解

冒泡排序（Bubble Sort）是一种交换排序，其过程是比较相邻两个记录的关键字，如果逆序则交换，直到没有逆序的记录为止，故又称为相邻比序法。

9.2.1　冒泡排序算法

【算法步骤】

以升序为例，假设有 n 个待排序的记录。

(1) 在第一趟排序中，从第 1 个记录开始，扫描整个待排序记录序列，若相邻的两个记录逆序，则交换位置。在扫描的过程中，不断地将相邻两个记录中关键字大的记录向后移动，最后必然将待排序记录序列中的最大关键字记录换到待排序记录序列的末尾。

(2) 然后进行第二趟冒泡排序，对前 $n-1$ 个记录进行与步骤(1)同样的操作，其结果是使次大的记录被放在第 $n-1$ 个记录的位置上。

(3) 如此反复，每一趟冒泡排序都将一个记录放置到位，直到剩下一个最小的记录为止。

【算法描述】

```
void  bubbleSort(ElementType r[],int n)
{
    for(i =1;i <n;i ++){/* i 为排序的趟数 * /
        for(j =1;j < =n-i;j ++){
            if(r[j] >r[j +1]){
                swap(r,j,j +1);
            }
        }
    }
}
```

例 9.1 已知序列{35,89,61,135,78,29,50},请给出采用冒泡排序对该序列做升序排序的每一趟的结果。

当 $i=1$ 时,变量 j 由 1 到 6,逐个比较,将较大值交换到后面,直到最后找到最大值放在第 7 位。如图 9.2 所示,当 $i=1$ 时,

$j=1$,35 <89,不交换。

$j=2$,89 >61,因此交换它们的位置。

$j=3$,89 <135,不交换。

$j=4$,135 >78,因此交换它们的位置。

$j=5$,135 >29,因此交换它们的位置。

$j=6$,135 >50,因此交换它们的位置。

最终得到最大值 135 放置到最后的位置。

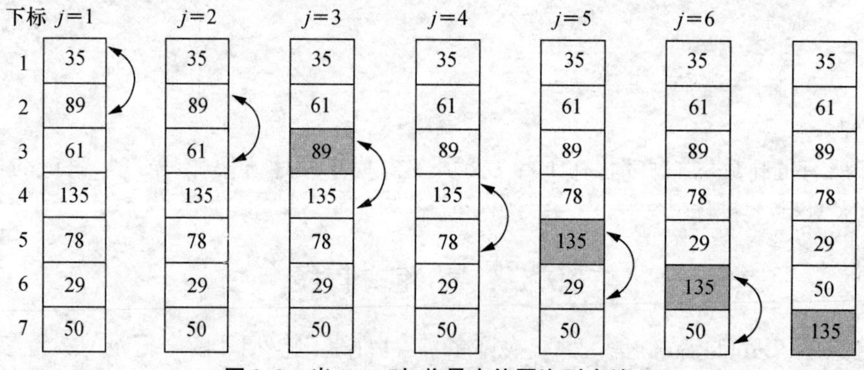

图 9.2　当 $i=1$ 时,将最大值冒泡到底端

当变量 i 从 2 到 6 时与 $i=1$ 时类似,可以得到它每一趟排序的结果。

第 1 趟:35,61,89,78,29,50,{135}

第 2 趟:35,61,78,29,50,{89,135}

第 3 趟:35,61,29,50,{78,89,135}

第 4 趟:35,29,50,{61,78,89,135}

第 5 趟:29,35,{50,61,78,89,135}

第 6 趟:29,{35,50,61,78,89,135}

9.2.2　冒泡排序算法优化

如果待排序的序列是{2,1,3,4,5,6,7}。

第1趟,交换了2和1。

第2趟,由于没有任何数据交换,就说明此序列已经有序,但是算法仍然进行第3趟、第4趟、第5趟、第6趟排序,这些趟数中均没有交换数据,如图9.3所示。

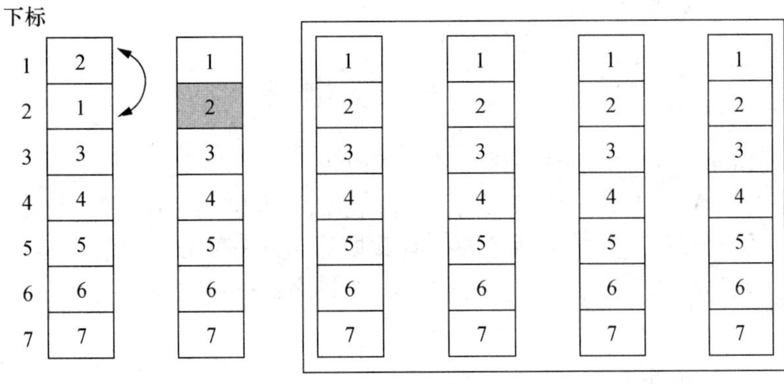

图9.3　冒泡排序示例

因此需要改进代码,增加一个标记变量flag来实现这一算法。

【算法描述】

```
void  bubbleSort(ElementType r[],int n)
{
    flag =1;     /* flag 用来作标记 * /
    for(i =1;i < =n-1 && flag;i ++){/* i 为排序的趟数 * /
        flag =0;
        for(j =1;j < =n-i;j ++){
            if(r[j] >r[j +1]){
                swap(r,j,j +1);
                flag =1;  /* 如果有数据交换,则 flag 为1 * /
            }
        }
    }
}
```

经过这样的改进,冒泡排序在性能上就有了一些提升,可以避免在已经有序的情况下做无意义的循环。

9.2.3　冒泡排序的算法分析

1. 时间复杂度

最好情况下,也就是待排序序列本身就是有序的,根据优化的代码,可知只是$n-1$次的比较,没有数据交换,时间复杂度为$O(n)$。

最坏情况下,待排序记录按关键字的逆序排列,此时,每一趟冒泡排序需进行$n-i$次比较,

经过 $n-1$ 趟冒泡排序后,总的比较次数为 $\sum_{i=1}^{n-1}(n-i)=n(n-1)/2$,并做等数量级的记录移动,因此总的时间复杂度为 $O(n^2)$。

2. 空间复杂度

冒泡排序算法只用到一个辅助空间,因此它的空间复杂度为 $O(1)$。

3. 稳定性

冒泡排序法是一种稳定的排序方法。

视频讲解

9.3 快速排序

快速排序(Quick Sort)是对冒泡排序的一种改进。

快速排序由 C. A. R. Hoare 在 1962 年提出。它的基本思想是:通过一趟排序将要排序的数据分割成独立的两部分,其中一部分的所有数据都比另一部分的所有数据都要小,然后再按此方法对这两部分数据分别进行快速排序,整个排序过程可以递归进行,从而使整个数据变成有序序列。

9.3.1 快速排序算法

【算法步骤】

下面以升序为例。假设待排序序列为{r[low]…r[high]},取记录的第一个元素为基准。

首先,将基准记录 r[low]移至枢轴变量 pivot 中,使 r[low]相当于空单元;

其次,反复进行如下两个扫描过程,直到 low 和 high 相遇为止。

(1) high 从右往左扫描,直到 r[high] < pivot 时,将 r[high]移至空单元 r[low],此时 r[high]相当于空单元。

(2) low 从左往右扫描,直到 r[low] > pivot 时,将 r[low]移至空单元 r[high],此时 r[low]相当于空单元。

当 low 和 high 相遇时,r[low](或 r[high])相当于空单元,且 r[low]左边所有记录的关键字均不大于基准记录的关键字,而 r[low]右边所有记录的关键字均不小于基准记录的关键字。

最后,将基准记录移至 r[low]中,就完成了一趟快速排序。对于 r[low]左边的子表和 r[low]右边的子表,再按此方法分别进行快速排序。

【算法描述】

```
void quickSort(ElementType r[],int n){
    qSort(r,1,n);
}
/* 对子序列 r[low…high]作快速排序 */
void  qSort(ElementType r[],int low,int high)
{
    int pos;
    if(low < high){
        pos = partition(r,low,high);/* 将 r[low…high]一分为二 */

        qSort(r,low,pos-1);/* 对左边子表快速排序 */
        qSort(r,pos +1,high);/* 对右边子表快速排序 */
```

```
    }
}
/*交换r中子表的记录,使枢轴记录到位,并返回其所在的位置。
此时在它之前(后)的记录均不大(小)于它*/
1    int  partition(ElementType r[],int low,int high)
2    {
3        int pivot;
4        pivot=r[low];/*用子表的第一个记录作枢轴记录*/
5        while(low<high){
6            while(low<high &&r[high]>=pivot){
7                high--;
8            }
9            r[low]=r[high];/*将比枢轴记录小的记录放到左边*/
10           while(low<high &&r[low]<=pivot){
11              low++;
12           }
13           r[high]=r[low];/*将比枢轴记录大的记录放到右边*/
14       }
15       r[low]=pivot;
16       return  low;  /*返回枢轴所在的位置*/
17   }
```

例 9.2 已知序列{27,46,5,18,16,51,32,26},请给出采用快速排序对该序列做升序排序的第1趟的结果。

下面来模拟算法中的 partition()函数的执行过程。

(1) 程序开始执行时,此时 low=1,high=8。执行第4行,将 r[low]=r[1]=27 赋值给枢轴变量 pivot,如图 9.4 所示。

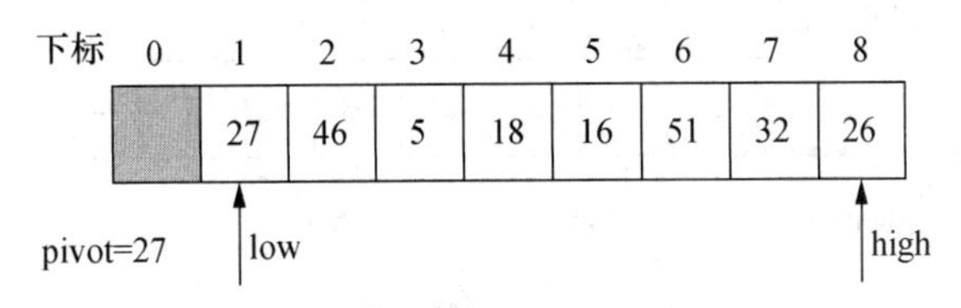

图 9.4 快速排序示例 1

(2) 第5～14 行为 while 外循环。执行第5行,low=1,high=8,low<high 执行外循环。

①第6行是 while 内循环,low<high 但是 r[high]=r[8]=26<pivot,不满足循环条件,故不执行循环。

②执行第9行,r[low]=r[high],如图 9.5 所示。

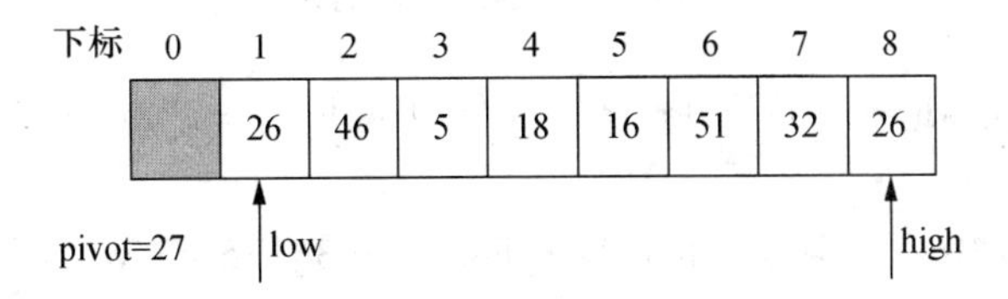

图 9.5 快速排序示例 2

③第 10 行是 while 内循环，low < high 并且 $r[\text{low}] = r[1] = 26 < \text{pivot}$，循环条件满足，做循环，low = 2。

继续执行第 10 行，low < high 但是 $r[\text{low}] = r[2] = 46 > \text{pivot}$，不满足循环条件，故不执行循环。

④执行第 13 行，$r[\text{high}] = r[\text{low}]$，如图 9.6 所示。

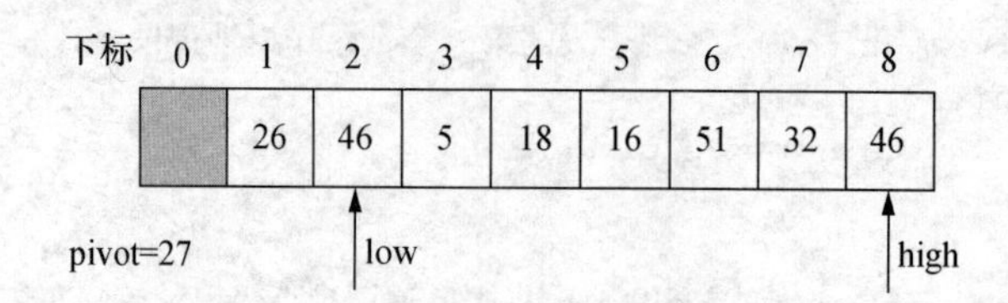

图 9.6　快速排序示例 3

（3）继续执行第 5 行，low = 2，high = 8，low < high 执行循环。

①第 6 行是 while 内循环，low < high 并且 $r[\text{high}] = r[8] = 46 > \text{pivot}$，满足循环条件，故执行循环，high = 7。

继续执行第 6 行，low < high 并且 $r[\text{high}] = r[7] = 32 > \text{pivot}$，满足循环条件满足，故执行循环，high = 6。

继续执行第 6 行，low < high 并且 $r[\text{high}] = r[6] = 51 > \text{pivot}$，满足循环条件，故执行循环，high = 5。

继续执行第 6 行，low < high 但是 $r[\text{high}] = r[5] = 16 > \text{pivot}$，不满足循环条件，故不执行循环，如图 9.7 所示。

②执行第 9 行，$r[\text{low}] = r[\text{high}]$，如图 9.8 所示。

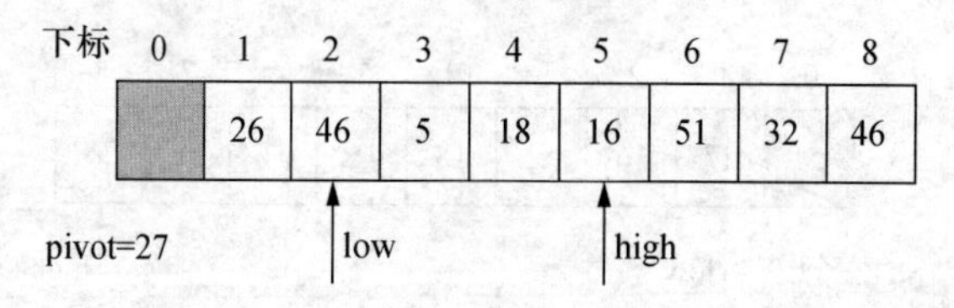

图 9.7　快速排序示例 4

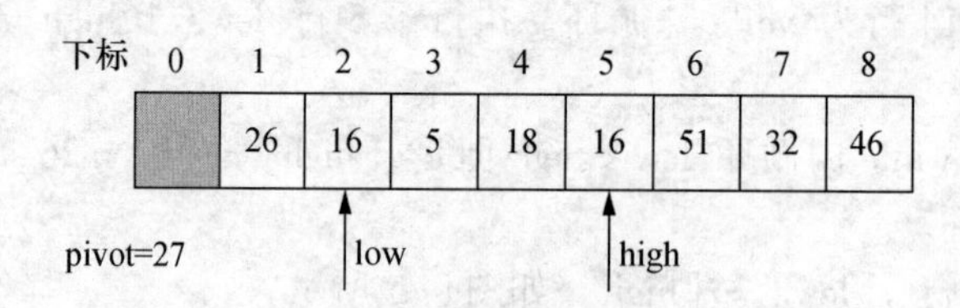

图 9.8　快速排序示例 5

③第 10 行是 while 内循环，low < high 并且 $r[\text{low}] = r[2] = 16 < \text{pivot}$，满足循环条件，故执行循环，low = 3。

继续执行第 10 行，low < high 并且 $r[\text{low}] = r[3] = 5 < \text{pivot}$，满足循环条件，故执行循环，low = 4。

继续执行第 10 行，low < high 并且 $r[\text{low}] = r[4] = 18 < \text{pivot}$，满足循环条件，故执

行循环，low = 5。

继续执行第 10 行，low = 5，high = 5，low = high，不满足循环条件，故不执行循环，如图 9.9 所示。

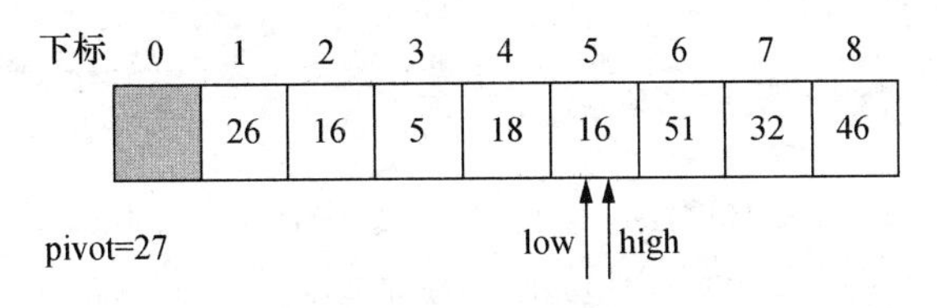

图 9.9 快速排序示例 6

④执行第 13 行，此时 r[high] = r[low]，待排序记录没有变化。

(4) 继续执行第 5 行，low = 5，high = 5，low = high，不满足循环条件，故不执行循环。

(5) 执行第 15 行，r[low] = pivot，如图 9.10 所示。

(6) 执行第 16 行，返回 low 的值 5，partition 函数结束，快速排序的第 1 趟结束。

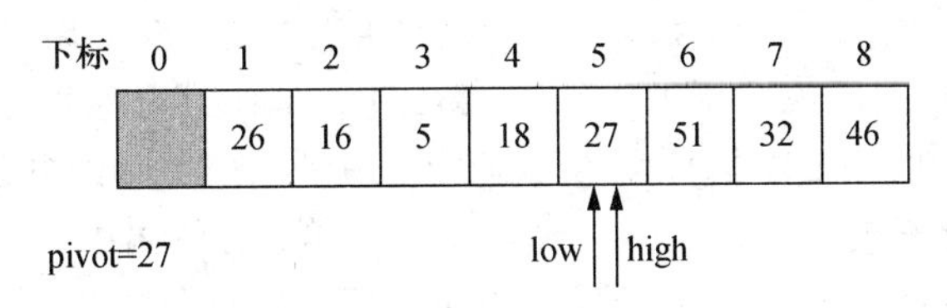

图 9.10 快速排序示例 7

9.3.2 快速排序的算法分析

1. 时间复杂度

快速排序的时间复杂度分析略显复杂。

最好情况下，每一次划分都将原序列分成两个基本等长的子序列，随着递归层次的加深，子序列的数量翻倍，但在每一递归层次上总的比较次数都是 $O(n)$，而递归层次（深度）是 $\log_2 n$，由此可见，快速排序的最好时间复杂度就为 $O(n\log_2 n)$。

更复杂一些的证明显示，快速排序的平均时间复杂度也为 $O(n\log_2 n)$。相对于其他内部排序，快速排序的平均时间效率是最高的。

但在最坏情况下，待排序的序列为正序或逆序，每次划分只得到一个比上一次划分少一个记录的子序列，注意另一个为空，则快速排序的执行时间复杂度就接近于冒泡排序 $O(n^2)$ 的时间效率。

2. 空间复杂度

就空间复杂度来说，主要是递归造成的栈空间的使用。最好情况下，递归树的深度为 $\log_2 n$，其空间复杂度也就为 $O(\log_2 n)$；最坏情况下，需要进行 $n-1$ 次递归调用，其空间复杂度为 $O(n)$；平均情况下，空间复杂度也为 $O(\log_2 n)$。

3. 稳定性

由于关键字的比较和交换是跳跃进行的，因此快速排序是一种不稳定的排序方法。

9.3.3 快速排序优化

前面所讲的快速排序还是有很多可以改进的地方，下面来看一下优化的方案。

1. 优化选择枢轴

从前面对快速排序的时间复杂度分析可知，枢轴的选取非常关键。如果选取的枢轴是处于整个序列的中间位置，那么可以将整个序列分成两个比较平衡的子序列。但是枢轴太小或太大，都会影响性能。因为在现实中，待排序的序列极有可能是基本有序的，此时，如果总是固定选取第一个关键字（其实无论是固定选取哪一个位置的关键字）作为首个枢轴，则很不合理。

一种改进方法是随机选取枢轴法。即随机获得一个 low 与 high 之间的数 rnd，让它的关键字 *r*[rnd]与 *r*[low]交换，此时就不容易出现枢轴太小或太大的情况。应该说，这在某种程度上，解决了对于基本有序的序列快速排序时的性能瓶颈。但是，随机选取到依然是很小或很大的关键字怎么办呢？

另一种改进方法是三数取中法。即取三个关键字先进行排序，然后将中间数作为枢轴。一般是取左端、右端和中间三个数，也可以随机选取。由于整个序列是无序状态，随机选取三个数和从左端、中端、右端选取三个数是同理的，而且随机数生成器本身还会带来时间上的开销，因此可以不予考虑随机生成。从概率来上说，取三个数均为最小或最大数的可能性很小，因此中间数位于较为中间的值的可能性就大大提高了。

三数取中法对小数组来说有很大的概率选择到一个比较好的枢轴，但是对于非常大的待排序的序列来说，还是不足以保证能够选择出一个好的枢轴，因此还有所谓的九数取中法，即它先从数组中分三次取样，每次取三个数，三个样品各取出中数，然后从这三个中数中再取出一个中数作为枢轴。显然，这样做就更加保证了取到的枢轴是比较接近中间值的关键字。

2. 优化递归操作

qSort 函数在其尾部有两次递归操作，递归对性能是有一定影响的。如果待排序的序列划分极端不平衡，递归深度将趋近于 n，而不是平衡时的 $\log_2 n$，这就不仅仅是速度快慢的问题了。栈的大小是很有限的，每次递归调用都会耗费一定的栈空间，函数的调用越多，每次递归耗费的空间也越多。因此如果能减少递归，将会大大提高性能。

于是可以对 qSort 函数实施尾递归优化。

```
/* 对 r 中的子序列 r[low… high]作快速排序 */
void  qSort(ElementType r[],int  low,int  high)
{
    while(low < high){
        pos = partition(r,low,high);/* 将 r[low… high]一分为二 */

        qSort(r,low,pos-1);   /* 对左边子表递归排序 */
        low = pos +1;         /* 尾递归 */
    }
}
```

当将 if 改成 while 后，因为第一次递归以后，变量 low 就没有用处了，所以可以将 pos + 1 赋值给 low，再一次循环后，执行一次 partition(r, low, high)，其效果等同于“qSort(r, pos + 1, high)”。结果相同，但因采用迭代而不是递归的方法可以缩减堆栈深度，从而提高了整体性能。

在现实的应用中，如C++、Java、PHP、C#、VB、JavaScript等都有对快速排序算法的实现，只是实现方式上略有不同。

快速排序在整体性能上，依然是排序算法的佼佼者。

9.4　简单选择排序

视频讲解

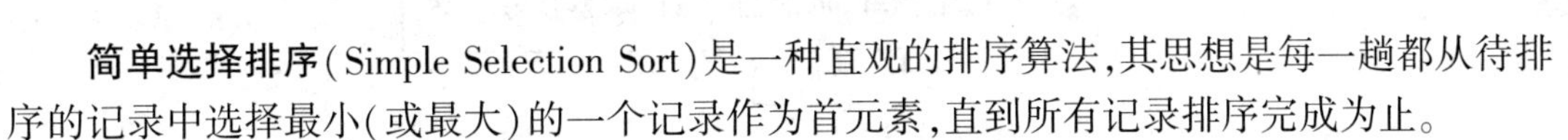

简单选择排序（Simple Selection Sort）是一种直观的排序算法，其思想是每一趟都从待排序的记录中选择最小（或最大）的一个记录作为首元素，直到所有记录排序完成为止。

9.4.1　简单选择排序算法

以升序为例，假设有n个待排序的记录。

第i趟简单选择排序是指通过$n-i$次关键字的比较，从$n-i+1$个记录中选出关键字最小的记录，并与第i个记录进行交换。共需进行$n-1$趟比较，直到所有记录排序完成为止。

【算法描述】

```
void  selectSort(ElementType r[],int n)
{
    for(i =1;i <n;i ++){
        k =i;  /* k 记录最小值的下标 * /
        for(j =i +1;j < =n;j ++){
            if(r[k] >r[j]){
                k =j;
            }
        }
        if(k! =i){/* 交换 * /
            swap(r,i,k);
        }
    }
}
```

例9.3　已知序列{54,38,96,23,15,72,60,45}，请给出采用简单选择排序对该序列做升序排序的每一趟的结果。

根据算法描述，当$i=1$时，$r[i]=54$，k开始是1，然后j从2至8，依次比较$r[k]$与$r[j]$的大小，因为$j=5$时最小，所以$k=5$。最终交换了$r[5]$与$r[1]$的值，如图9.11所示。

注意　这里比较了7次，但交换数据只操作了一次。

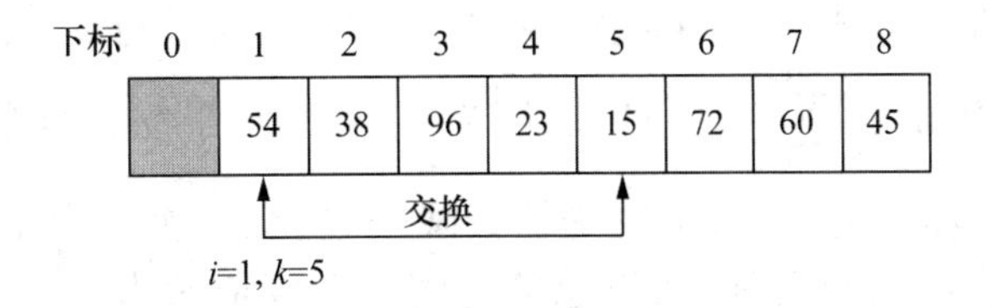

图9.11　简单选择排序示例1

当 $i=2$ 时，$r[i]=38$，k 开始是 2，然后 j 从 3 至 8，依次比较 $r[k]$ 与 $r[j]$ 的大小，因为 $j=4$ 时最小，所以 $k=4$。最终交换了 $r[4]$ 与 $r[2]$ 的值。如图 9.12 所示，这样就找到了第二个位置的关键字。

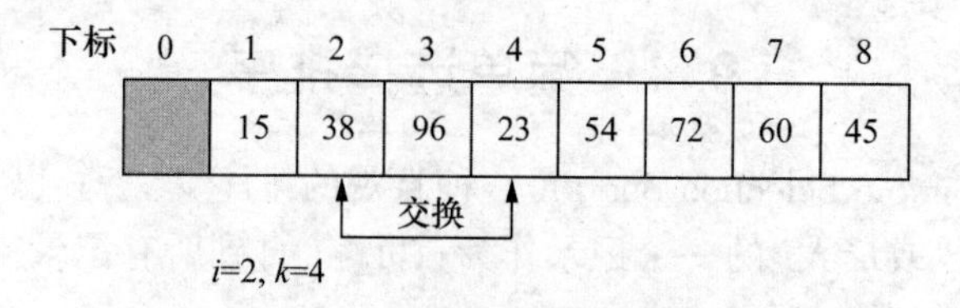

图 9.12　简单选择排序示例 2

当 $i=3$ 时，$r[i]=96$，k 开始是 3，然后 j 从 4 至 8，依次比较 $r[k]$ 与 $r[j]$ 的大小，因为 $j=4$ 时最小，所以 $k=4$。最终交换了 $r[4]$ 与 $r[3]$ 的值。如图 9.13 所示，这样就找到了第三个位置的关键字。

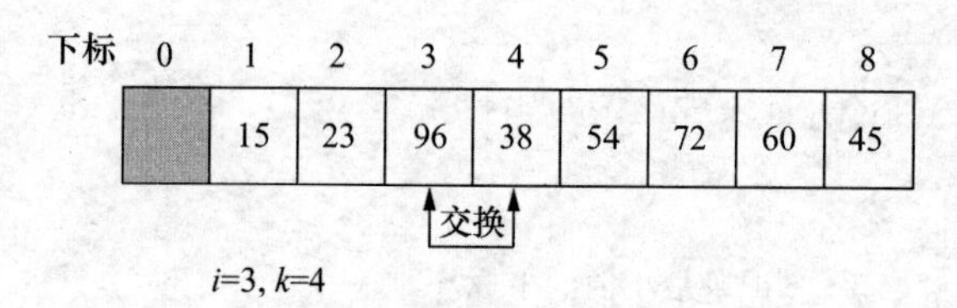

图 9.13　简单选择排序示例 3

之后的数据比较和交换完全相同，最多经过 7 次交换，就可完成排序工作。简单选择排序的每一趟结果如下。

第 1 趟：{15}，38，96，23，54，72，60，45
第 2 趟：{15，23}，96，38，54，72，60，45
第 3 趟：{15，23，38}，96，54，72，60，45
第 4 趟：{15，23，38，45}，54，72，60，96
第 5 趟：{15，23，38，45，54}，72，60，96
第 6 趟：{15，23，38，45，54，60}，72，96
第 7 趟：{15，23，38，45，54，60，72}，96

9.4.2　简单选择排序的算法分析

从简单选择排序的过程来看，它最大的特点就是交换移动的数据次数相当少，这样也就节约了相应的时间。

1. 时间复杂度

简单选择排序过程中需要进行的比较次数与初始状态下待排序的记录序列的排列情况无关。当 $i=1$ 时，需进行 $n-1$ 次比较；当 $i=2$ 时，需进行 $n-2$ 次比较；依次类推，共需要进行的比较次数是 $\sum_{i=1}^{n-1}(n-i)=\frac{n(n-1)}{2}$。对于交换次数而言，最好的情况下，交换次数为 0；最坏的情况下，也就是初始降序时，交换次数为 $n-1$。因为最终的排序时间是比较与交换的次数总和，所以总的时间复杂度依然为 $O(n^2)$。

应该说，尽管与冒泡排序同为 $O(n^2)$，但是简单选择排序在性能上还是要略优于冒泡排序的。

2. 空间复杂度

简单选择排序算法只用到一个辅助空间，因此它的空间复杂度为 $O(1)$。

3. 稳定性

就选择排序方法本身来讲，它是一种稳定的排序方法，但是因为上述实现选择排序的算法采用“交换记录”的策略就造成了不稳定。

9.5 堆　排　序

堆排序(Heap Sort)是指利用堆这种数据结构所设计的一种排序算法，它是选择排序的一种。

堆排序算法是由罗伯特·弗洛伊德(Robert W. Floyd)和威廉姆斯(J. Williams)于1964年共同提出的，同时，他们发明了“堆”这种数据结构。在进行堆排序之前，必须建初堆。

9.5.1 堆

堆(Heap)是一种重要的数据结构，是实现优先队列首选的数据结构。由于堆有很多种变体，包括二项式堆、斐波那契堆等，但是这里只考虑最常见的二叉堆(以下简称“堆”)。

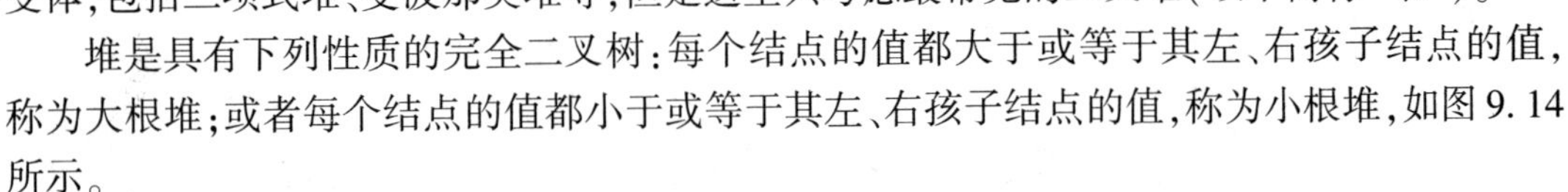

堆是具有下列性质的完全二叉树：每个结点的值都大于或等于其左、右孩子结点的值，称为大根堆；或者每个结点的值都小于或等于其左、右孩子结点的值，称为小根堆，如图9.14所示。

由堆的定义可知，根结点一定是堆中所有结点最大(小)者。

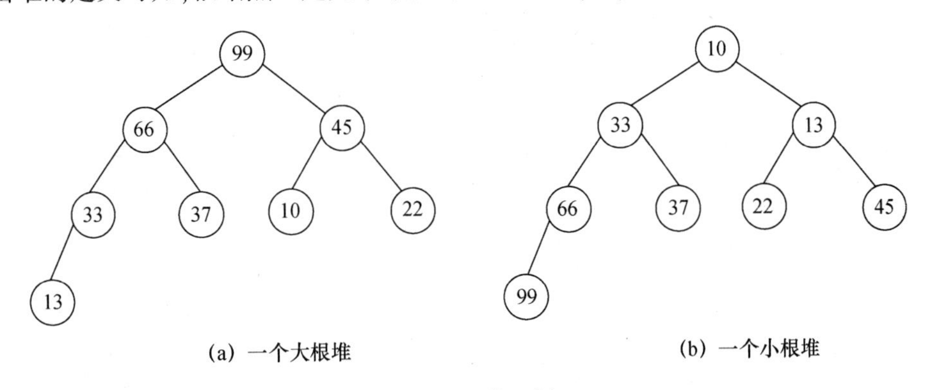

(a) 一个大根堆　　(b) 一个小根堆

图9.14　堆示例

如果按照层序遍历的方式给结点从1开始编号，则结点之间满足如下关系。

$$\begin{cases} k_i \geqslant k_{2i} \\ k_i \geqslant k_{2i+1} \end{cases} \quad \text{或} \quad \begin{cases} k_i \leqslant k_{2i} \\ k_i \leqslant k_{2i+1} \end{cases}, \qquad 1 \leqslant i \leqslant \left\lfloor \frac{n}{2} \right\rfloor$$

其中，k 是结点，k_i 是第 i 个结点。

因为完全二叉树很有规律，所以堆可以用一个顺序表表示，它的结构如下。

```
typedef struct{
    ElementType *array;/*存放元素的数组*/
    int length;        /*已经有多少元素*/
    int capacity;      /*容量*/
}HNode,*Heap;
```

堆的第一个特性是用数组表示的完全二叉树，称为堆的结构特性；堆的另一个特性是其部分有序性,即任一结点的数值与其子结点的值是相关的。但是,兄弟结点之间并不存在特定的约束关系。

视频讲解

9.5.2　筛选法

假设 $H\text{->}array[k\cdots m]$ 是以 $H\text{->}array[k]$ 为根的完全二叉树,除了 $H\text{->}array[k]$ 之外均满足大根堆的定义。现在要调整 $H\text{->}array[k]$,使整个序列 $H\text{->}array[k\cdots m]$ 为大根堆。

【算法步骤】

(1) 将根结点中的记录移出,该记录称为待调整记录。

(2) 此时根结点相当于空结点,从空结点的左、右孩子中选出一个关键字较大且大于待调整记录的关键字的记录,将该记录上移至空结点中。

(3) 此时,原来那个关键字较大的子结点相当于空结点,从空结点的左、右孩子中再选出一个关键字较大且仍大于待调整记录的关键字的记录,将该记录上移至空结点中。

(4) 重复上述移动过程,直到空结点中的左、右孩子的关键字均不大于待调整记录的关键字为止。此时,将待调整记录放入空结点即可。

上述调整方法相当于把待调整记录逐步向下"筛"的过程,所以一般称为筛选法。如图9.15所示的例子。

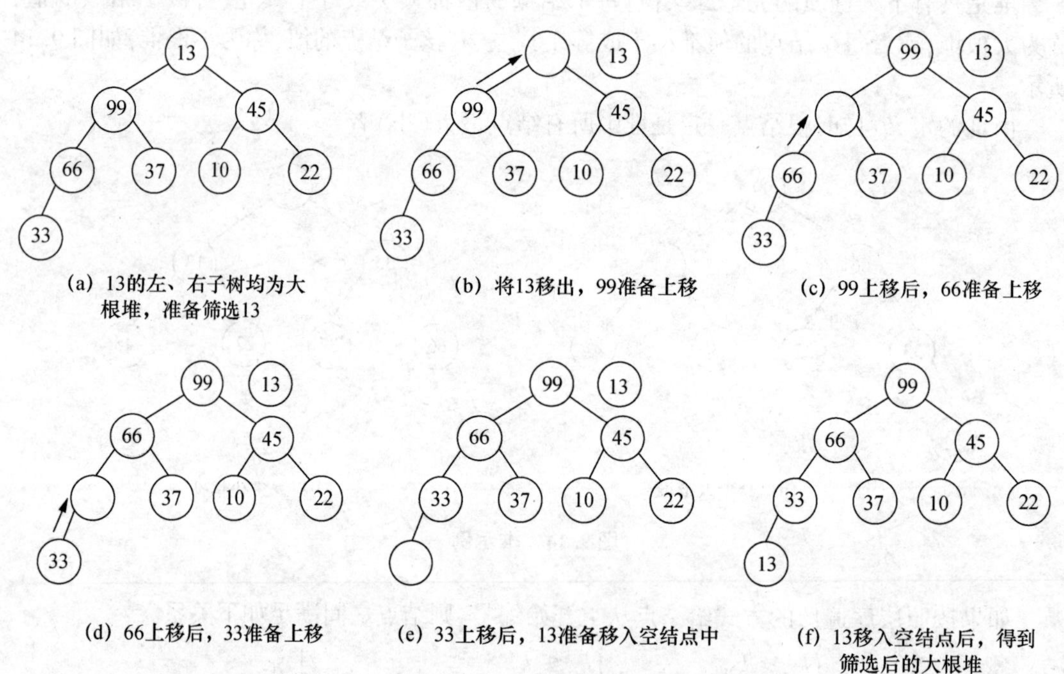

图 9.15　调整建堆的过程

【算法描述】

```
/* H->array[k+1...m]已经是大根堆,将H->array[k...m]调整为以H->array[k]为根的大根堆 */
void  heapAdjust(Heap H,int k,int m)
{
    temp=H->array[k];   /* 暂存"根"记录 */
    for(i=2*k;i<=m;i*=2){
        /* i 为关键字较大记录的下标,有右孩子且右孩子比左孩子大 */
```

```
        if(i <m && H ->array[i] <H ->array[i +1]){
            i ++;
        }
        if(H ->array[i] < = temp){
            break;
        }
        H ->array[k] =H ->array[i];/* 上移至空结点 * /
        k =i;
    }
    H ->array[k] =temp;
}
```

9.5.3 建初堆

视频讲解

如何由一个任意序列建初堆？首先将一个任意序列看成是对应的完全二叉树，然后利用筛选法自底向上逐层把所有的子树调整为堆。

由于叶子结点可以视为单元素的堆，可以证明，上述完全二叉树中，最后一个非叶子结点位于第 $n/2$ 个位置，n 为二叉树结点的数目。因此，筛选只需从第 $n/2$ 个元素开始，逐层向上倒退，直到根结点。

例 9.4 已知关键字序列为{13,66,22,33,37,10,45,99}，要求将其筛选为一个大根堆。

首先，根据给定的关键字序列创建一棵完全二叉树；其次，筛选建成大根堆。因为 $n=8$，所以应从第 4 个结点 33 开始筛选。图 9.16 给出了完整的建堆过程。图中箭头所指为当前待筛选结点。

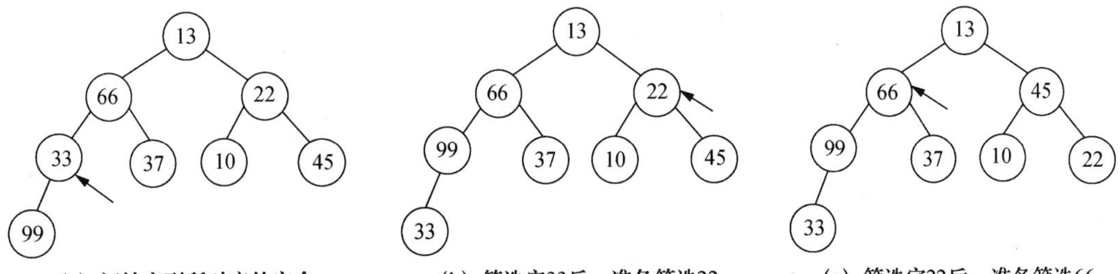

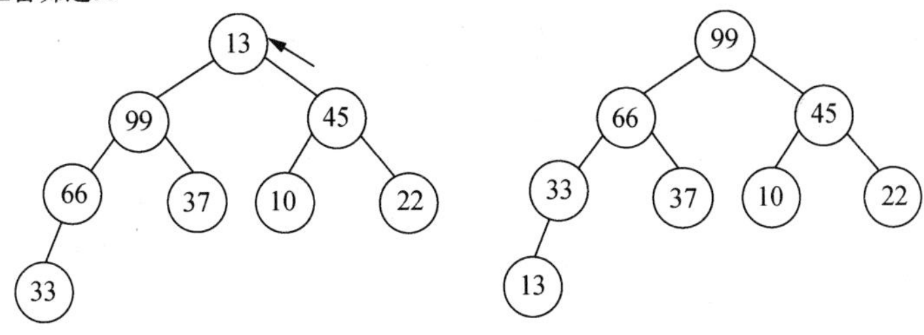

图 9.16 建初堆的过程

【算法描述】

```
/* 建初堆 */
void  createHeap(Heap H)
{
    /* 把 H 中的 H->array[1...n]建成大根堆 */
    n = H->length;
    for(i = n/2;i >= 1;i --){
        heapAdjust(H,i,n);
    }
}
```

视频讲解

9.5.4 堆插入

为将一个元素 x 插入到堆中,可以在堆的最后一个元素后面创建一个空穴,如果将 x 放入该空穴而不破坏堆的序列,那么插入完成;否则,把空穴的父结点移入该空穴中,这样,空穴就朝着根的方向上行一步。继续该过程直到 x 能被放入空穴为止。

如图 9.17 所示,在大根堆中为了插入 80,在堆的最后一个元素后面创建一个空穴。如果把 80 插入空穴会破坏堆的序,就将 37 移入该空穴。继续这种策略,直到找到放置 80 的正确位置为止。

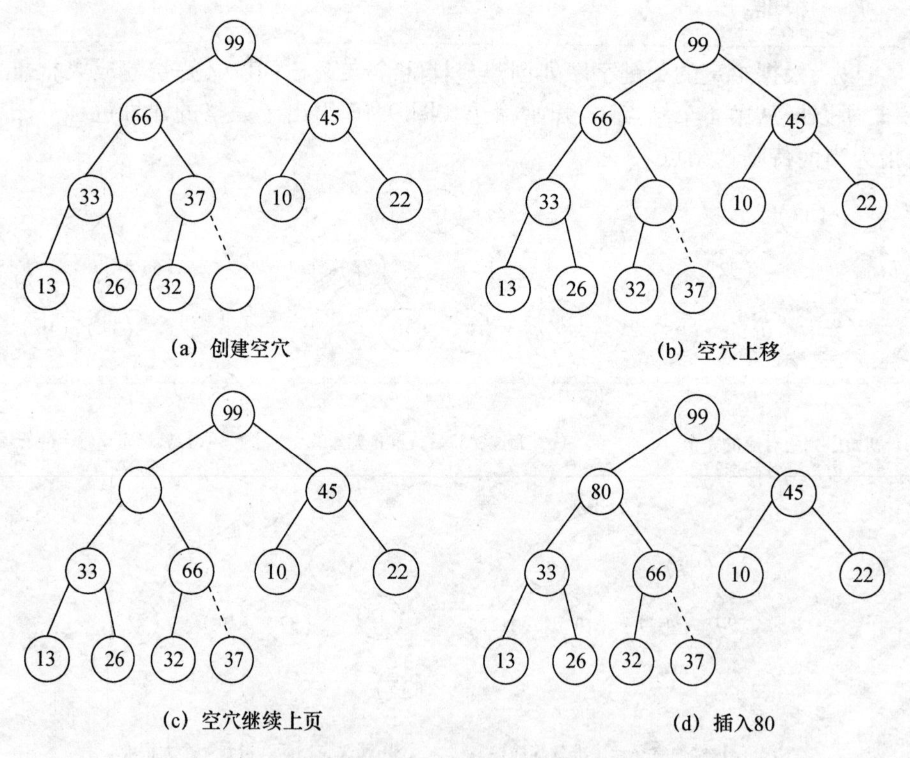

图 9.17 将 80 插入堆中:创建一个空穴,再将空穴上冒

这种策略称为上滤,新元素在堆中上滤直到找到正确的位置为止。

【算法描述】

```
void insert(Heap H,ElementType x)
{
    if(!full(H)){
        H->array[0]=x;/*设置哨兵*/
        H->length++;
        i=H->length;
        while(H->array[i/2]<x){
            H->array[i]=H->array[i/2];
            i=i/2;
        }
        H->array[i]=x;
    }
}
```

如果要插入的元素是最大元素从而会一直上滤到根处,那么这种插入的时间复杂度高达 $O(\log_2 n)$。平均看来,这种上滤终止得要早。

思考 如果是将一个元素 x 插入到小根堆中,此算法该如何修改?

注意 也可以通过堆插入创建堆。假设共有 n 个元素,则插入 n 个结点需要 n 次插入操作。

9.5.5 堆排序算法

视频讲解

堆排序算法的步骤如下。

(1) 用给定的待排序序列建初堆。

(2) 堆顶元素与堆尾元素交换。

(3) 利用筛选法,调整剩余元素成为一个新堆。

重复执行步骤(2)和步骤(3)。新筛选建成的堆会越来越小,而新堆后面的有序元素会越来越多,最后使待排序序列成为一个有序的序列,这个过程称为堆排序。

例 9.5 已知关键字序列为{13,66,22,33,37,10,45,99},要求写出堆排序的过程。

完整的堆排序过程如图 9.18 所示。

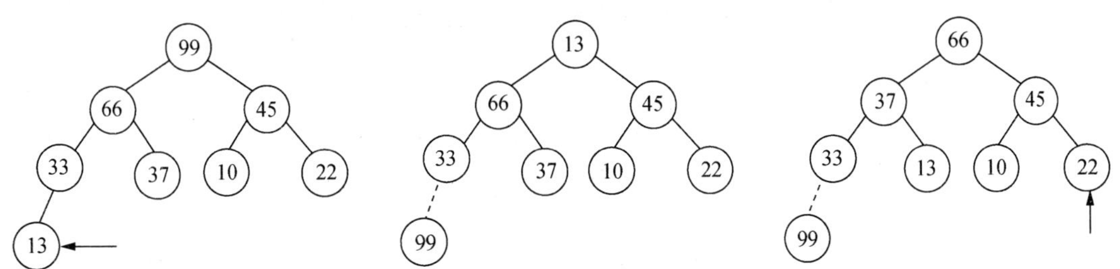

图 9.18 完整的堆排序过程

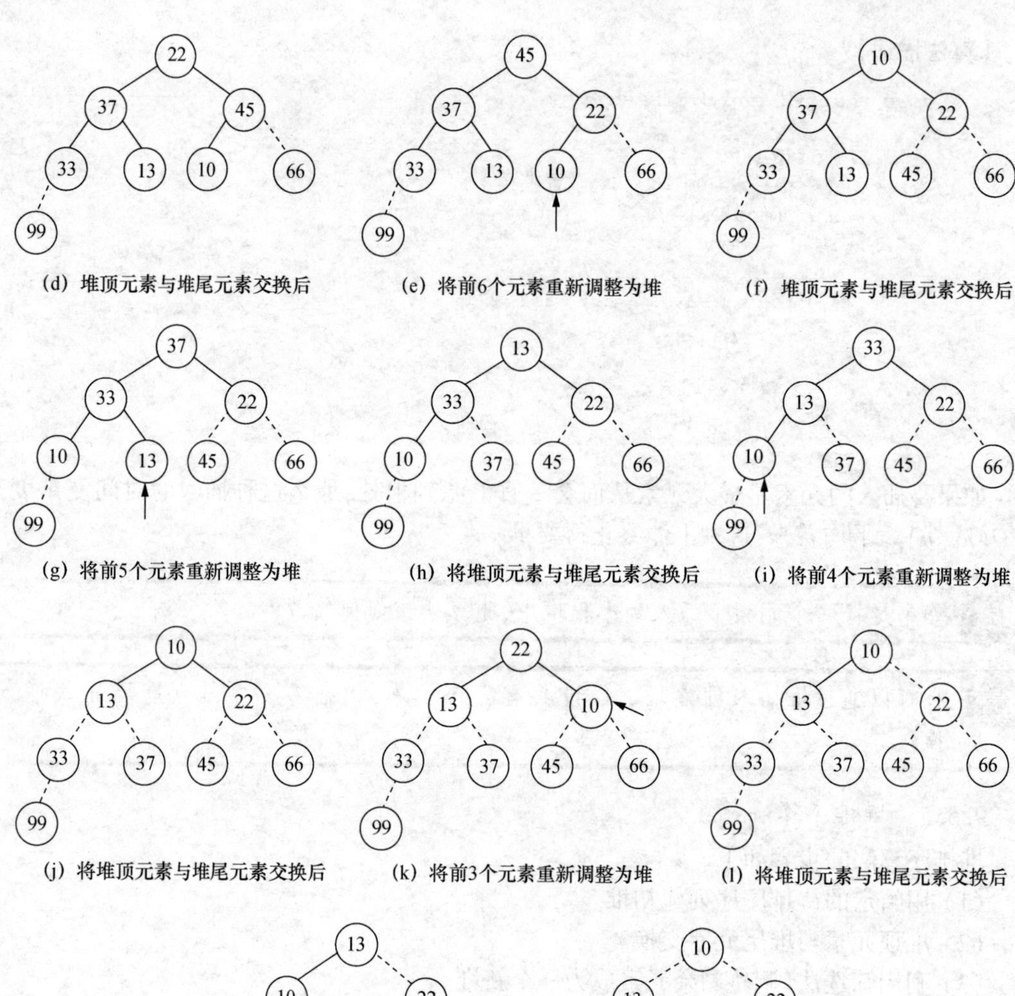

(d) 堆顶元素与堆尾元素交换后　(e) 将前6个元素重新调整为堆　(f) 堆顶元素与堆尾元素交换后

(g) 将前5个元素重新调整为堆　(h) 将堆顶元素与堆尾元素交换后　(i) 将前4个元素重新调整为堆

(j) 将堆顶元素与堆尾元素交换后　(k) 将前3个元素重新调整为堆　(l) 将堆顶元素与堆尾元素交换后

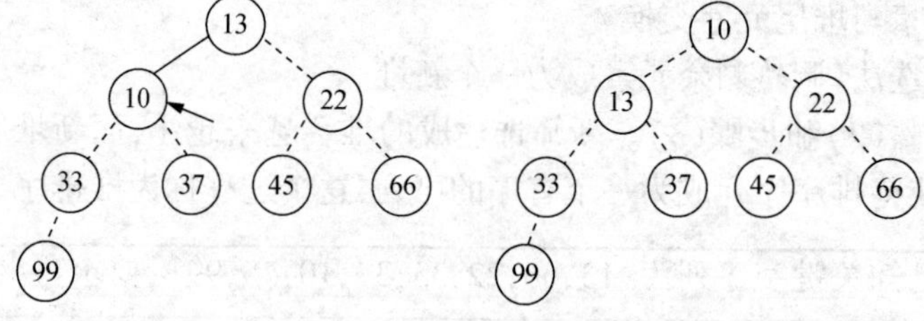

(m) 将前2个元素重新调整为堆　(n) 将堆顶元素与堆尾元素交换后

图 9.18　完整的堆排序过程(续)

【算法描述】

```
void  heapSort(Heap H)
{
    createHeap(H);/* 建初堆 */

    for(i = H -> length;i > 1;i -- ){
        /* 将堆顶元素和当前未排序子序列的最后一个元素交换 */
        swap(H,1,i);

        /* 将 H -> array[1...i-1]重新调整为大根堆 */
        heapAdjust(H,1,i-1);
    }
}
```

9.5.6 堆排序的算法分析

1. 时间复杂度

堆排序的运行时间主要是消耗在建初堆和在重建堆时的反复筛选上。

(1) 建初堆。设有 n 个元素的初始序列所对应的完全二叉树的深度为 $h(h=\lfloor \log_2 n \rfloor+1)$,建初堆时每个非终端结点都要自上而下进行“筛选”。

由于第 i 层上的结点数至多为 2^{i-1},且第 i 层结点最大下移的深度为 $h-i$,每下移一层要做2次比较,因此建初堆时关键字总的比较次数为

$$\sum_{i=h-1}^{1} 2^{i-1} \times 2(h-i) = \sum_{i=h-1}^{1} 2^{i} \times (h-i) = \sum_{j=1}^{h-1} 2^{h-j} \times j =$$

$$2^h \sum_{j=1}^{h-1} \frac{j}{2^j} \leqslant 2n \sum_{j=1}^{h-1} \frac{j}{2^j} \leqslant 4n$$

(2) 重建堆。排序过程中要进行 n-1 次重建堆,每次都要将根结点下移到合适的位置。n 个结点的完全二叉树的深度为$\lfloor \log_2 n \rfloor+1$,则所进行的总比较次数不超过:

$$2(\lfloor \log_2(n-1) \rfloor + \lfloor \log_2(n-2) \rfloor + \cdots + \lfloor \log_2 2 \rfloor) < 2n\lfloor \log_2 n \rfloor$$

所以总体来说,堆排序的时间复杂度为 $O(n\log_2 n)$。由于堆排序对原始记录的排序状态无关,因此它无论是最好、最坏和平均时间复杂度均为 $O(n\log_2 n)$。这在性能上显然要远远好于冒泡排序、简单选择排序、直接插入排序的 $O(n^2)$ 的时间复杂度。

2. 空间复杂度

堆排序只需要存放一个记录的辅助空间,空间复杂度为 $O(1)$,所以堆排序也称为原地排序。

3. 稳定性

堆排序由于记录的比较与交换是跳跃式进行的,因此它是一种不稳定的排序方法。

9.6 直接插入排序

视频讲解

直接插入排序(Straight Insertion Sort)是一种简单的排序方法,其基本操作是将一条记录插入到已排好序的有序表中。

9.6.1 直接插入排序算法

【算法步骤】

(1) 设待排序的记录存放在数组 $r[1\cdots n]$中,$r[1]$是一个有序序列。

(2) 循环 $n-1$ 次,每次使用顺序查找法,查找 $r[i]$ $(i=2,\cdots,n)$ 在已排好序的序列 $r[1\cdots i-1]$中的插入位置,然后将 $r[i]$ 插入表长为 $i-1$ 的有序序列 $r[1...i-1]$。直到将 $r[n]$ 插入表长为 $n-1$ 的有序序列 $r[1\cdots n-1]$中为止,最后得到一个表长为 n 的有序序列。

【算法描述】

```
void  insertSort(ElementType r[],int n)
{
    for(i =2;i < =n;i ++){
        if(r[i] <r[i-1]){/* 需将 r[i]插入到有序序列 * /
            r[0] =r[i];   /* 设置监视哨 * /
            for(j = i-1;r[0] <r[j];j --){
                r[j +1] =r[j];/* 记录后移 * /
            }
```

```
            r[j+1]=r[0];/*插入到正确位置*/
        }
    }
}
```

直接插入排序算法的要点:①使用监视哨 $r[0]$ 临时保存待插入的记录,并且防止越界;②从后往前查找应插入的位置;③查找与移动在同一循环中完成。

例 9.6 已知序列{54,38,96,23,15,72,60,45},请给出采用直接插入排序对该序列做升序排序的每一趟的结果。

第 1 趟:当 $i=2$ 时,$r[i]=38$,因为 $r[i]<r[i-1]$,条件满足,每步结果如图 9.19 所示。

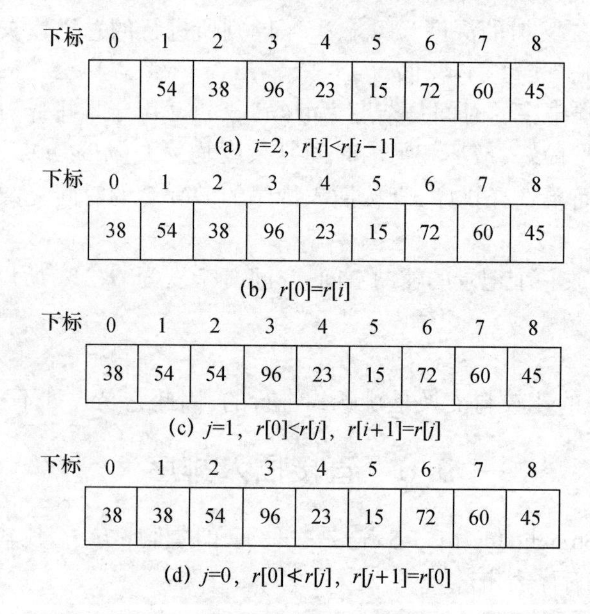

图 9.19 直接插入排序示例

之后的数据比较和交换完全一样。所以,直接插入排序的每一趟结果如下。

第 1 趟:{38,54},96,23,15,72,60,45

第 2 趟:{38,54,96},23,15,72,60,45

第 3 趟:{23,38,54,96},15,72,60,45

第 4 趟:{15,23,38,54,96},72,60,45

第 5 趟:{15,23,38,54,72,96},60,45

第 6 趟:{15,23,38,54,60,72,96},45

第 7 趟:{15,23,38,45,54,60,72,96}

9.6.2 直接插入排序的算法分析

1. 时间复杂度分析

直接插入排序的运行时间主要是耗费在关键字比较和移动元素上。

对于一趟插入排序，算法中的内循环的次数主要取决于待插记录的关键字与前$i-1$个记录的关键字之间的关系。

最好情况为：$r[i] \geq r[i-1]$，也就是待排序记录本身已按关键字有序排列，此时总的比较次数为$n-1$次，没有移动的记录，所以最好情况的时间复杂度为$O(n)$。

最坏情况为：$r[i] < r[1]$，也就是待排序记录按关键字逆序排列，此时需要比较$\sum_{i=2}^{n} i = 2 + 3 + \cdots + n = \frac{(n-1)(n+2)}{2}$次，并且记录的移动次数也达到最大值$\sum_{i=2}^{h}(1+(i-1)+1) = \frac{(n-1)(n+4)}{2}$次。所以，最坏情况的时间复杂度为$O(n^2)$。

若待排序记录是随机的，即待排序记录可能出现的各种排列的概率相同，则可以取上述最小值和最大值的平均值，即比较的次数加上移动记录的次数。因此，平均情况的时间复杂度为$O(n^2)$。

2. 空间复杂度

直接插入排序只需要存放一个记录的辅助空间$r[0]$，因此，直接插入排序的空间复杂度为$O(1)$。

3. 稳定性

直接插入排序方法是稳定的排序方法。因为在直接插入排序算法中，由于待插入元素的比较是从后向前进行的，因此循环的判断条件($r[0] < r[j]$)保证了后面出现的关键字不可能插入到与前面相同的关键字之前。也就是说，数值相同的两个记录不会发生相对位置上的改变。

9.7　希尔排序

视频讲解

希尔排序(Shell Sort)是Donald Shell于1959年提出来的一种排序算法，又称为“缩小增量排序”，它是插入排序的一种。

9.7.1　希尔排序算法

直接插入排序，当待排序的记录个数较少且待排序序列的关键字基本有序时，效率较高。希尔排序基于以上两点，从“减少记录个数”和“序列基本有序”两个方面对直接插入排序进行了改进。

基本有序，就是小的关键字基本在前面，大的关键字基本在后面，不大不小的关键字基本在中间，像{2,1,3,6,4,7,5,8,9}这样可以称为基本有序；但像{1,5,9,3,7,8,2,4,6}这样，9在第三位，2在倒数第三位就谈不上基本有序了。

希尔排序先将整个待排序记录序列分割成几组，从而减少参与直接插入排序的数据量，对每组分别进行直接插入排序，然后增加每组的数据量，重新分组。这样当经过几次分组排序后，整个序列中的记录“基本有序”时，再对全体记录进行一次直接插入排序。

希尔排序对记录的分组，不是简单地“逐段分割”，而是定义一组增量序列，将相隔某个“增量”的记录分成一组。

例9.7　已知序列{54,38,96,23,15,72,60,45}，设定增量序列为{4,2,1}，请给出采用希尔排序对该序列做升序排序的过程。

(1) 首先，取$d_1=4$，分为4个间隔为4的子序列。

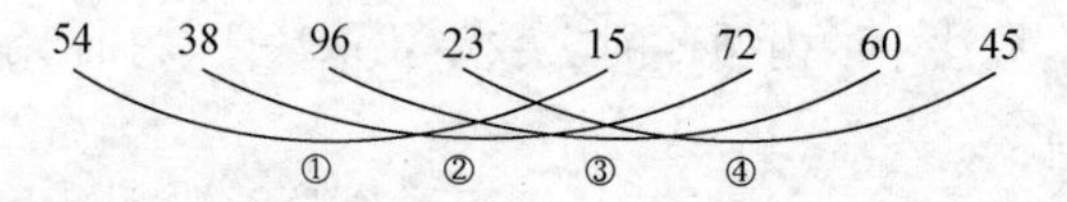

其次,在各子序列内进行插入排序,结果为

15 38 60 23 54 72 96 45

(2) 首先,取 $d_2=2$,分为 2 个间隔为 2 的子序列。

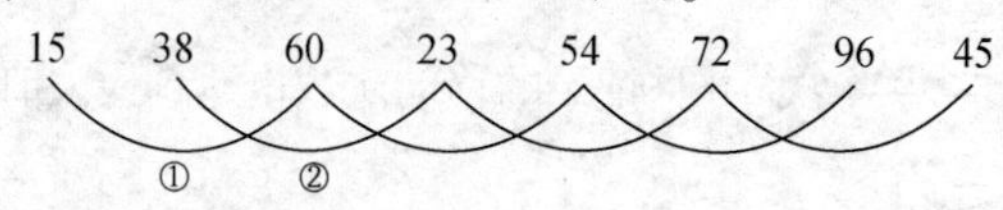

其次,在各子序列内进行插入排序,结果为

15 23 54 38 60 45 96 72

(3) 首先,取 $d_3=1$,分为 1 个间隔为 1 的子序列。

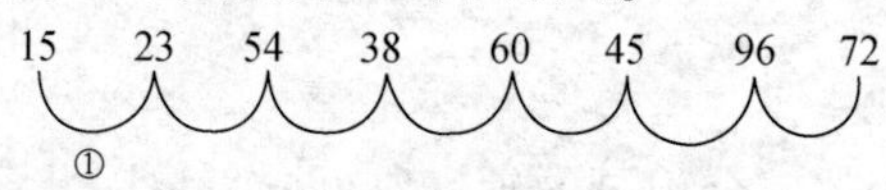

其次,有各子序列内进行插入排序。最后,排序结果为

15 23 38 45 54 60 72 96

【算法描述】

```
void  shellSort(ElementType r[],int n)
{
    int inc[len];/* inc 为增量数组,len 为增量数组的长度 * /

    for(k =1;k < =len;k ++){
        shellInsert(r,n,inc[k]);
    }
}
/* 一趟希尔插入排序,delta 为增量 * /
void  shellInsert(ElementType r[],int n,int delta)
{
    for(i =delta +1;i < =n;i ++){
        if(r[i] <r[i-delta]){
            r[0] =r[i];/* 设置监视哨 * /
            for(j =i-delta;j >0 && r[0] <r[j];j-=delta){
                r[j +delta] =r[j];
            }
            r[j +delta] =r[0];
        }
    }
}
```

为什么希尔排序优于直接插入排序呢?

下面来介绍逆转数的概念。对于待排序序列中的某个记录的关键字,它的逆转数是指在它之前比此关键字大的关键字的个数。例如,待排序序列为{54,38,96,23,15,72,60,45},每个关键字的逆转数如表 9.1 所示。

表9.1 关键字及其逆转数

关键字	54	38	96	23	15	72	60	45
逆转数(B_i)	0	1	0	3	4	1	2	4

逆转数就是排序过程中插入某一个待排序记录所需要移动记录的次数。

对直接插入排序而言,n个记录的n个关键字的逆转数之和为$\sum_{i=2}^{n} B_i$。若插入第i个记录,则其前必有B_i个关键字大于它的记录需要移动。这样一次比较,一次移动,每次只是减少一个逆转数。

但对于希尔排序而言,一次比较,一次移动后减少的逆转数可能不止一个。例如,待排序序列为{54,38,96,23,15,72,60,45},逆转数和为0+1+0+3+4+1+2+4=15。当取$d_1=4$时,将待排序序列分为4个间隔为4的子序列。

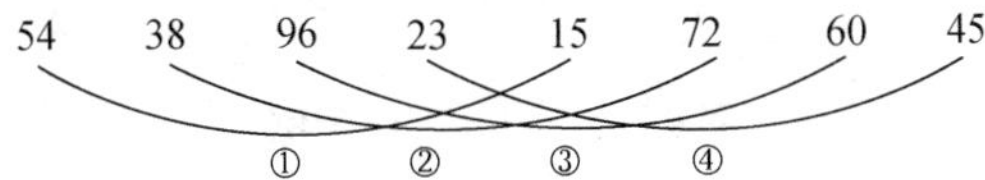

对于第①个子序列,比较一次,移动一次,移动后的序列为{15,38,96,23,54,72,60,45},此时逆转数和为0+0+0+2+1+1+2+4=10,减少了5个逆转数。对第②个序列,比较一次,没有记录的移动;对第③个子序列,比较一次,移动一次,移动后的序列为{15,38,60,23,54,72,96,45},此时逆转数和为0+0+0+2+1+0+0+4=7,又减少了3个逆转数;对第④个子序列,比较一次,没有记录的移动。

9.7.2 希尔排序的算法分析

1. 时间复杂度

希尔排序的关键并不是随便分组后各自排序,而是将相隔某个“增量”的记录组成一个子序列,实现跳跃式的移动,使得排序的效率提高。

希尔排序算法的整体时间复杂度和增量序列的选取有关,目前并没有统一的最优增量序列。当使用增量序列{$\lfloor n/2 \rfloor$,$\lfloor n/2^2 \rfloor$,…,1}进行希尔排序时,最坏情况下的时间复杂度为$O(n^2)$;而当使用增量序列{2^k-1,…,7,3,1}时,最坏情况下的时间复杂度为$O(n^{1.5})$,平均时间复杂度为$O(n^{1.25})$。除此以外,还有不少其他的增量序列选取方法,在各自特定的排序对象中有较好的时间复杂度的表现。

需要注意的是,增量序列的最后一个增量值必须等于1才行。

2. 空间复杂度

希尔排序的空间复杂度和直接插入排序一样,为$O(1)$。

3. 稳定性

希尔排序不是稳定的排序,选取不同增量进行排序时,可能导致数值相同的两个元素发生相对位置上的改变。例如,待排序序列{2,4,1,$\underline{2}$},采用希尔排序时,设$d_1=2$,得到一趟排序结果为{1,$\underline{2}$,2,4},说明希尔排序法是不稳定的排序方法。

9.8 归并排序

归并排序(Merge Sort)是建立在归并操作基础上的一种排序方法。归并操作是指将两个或两个以上已排序的子序列合并成一个有序序列的过程。

9.8.1 归并排序算法

这里只介绍2-路归并排序。2-路归并排序的基本原理是：将大小为 n 的序列看成 n 个长度为1的子序列，将相邻子序列两两进行归并操作，得到$\lfloor n/2 \rfloor$个长度为2（或1）的有序子序列；然后再继续进行相邻子序列两两归并操作，如此一直重复，直至得到1个长度为 n 的有序序列为止，则该序列为原序列完成排序后的结果，如图9.20所示。

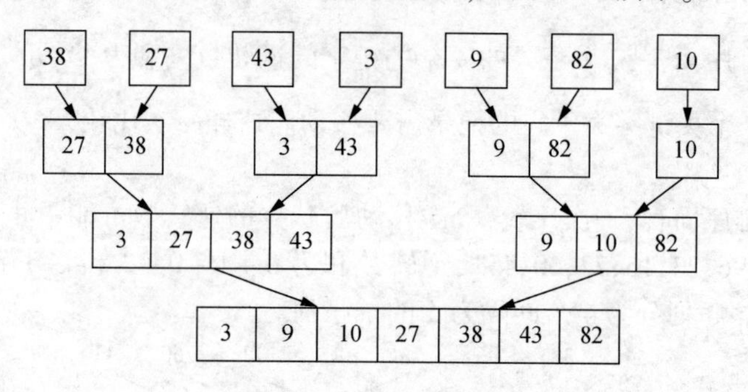

图9.20 归并排序示例

从递归的角度看，归并排序也采用了分治法的思想，就是将原序列划分为两个等长子序列，再递归地排序这两个子序列，最后调用归并操作合并成一个完整的有序序列，如图9.21所示。

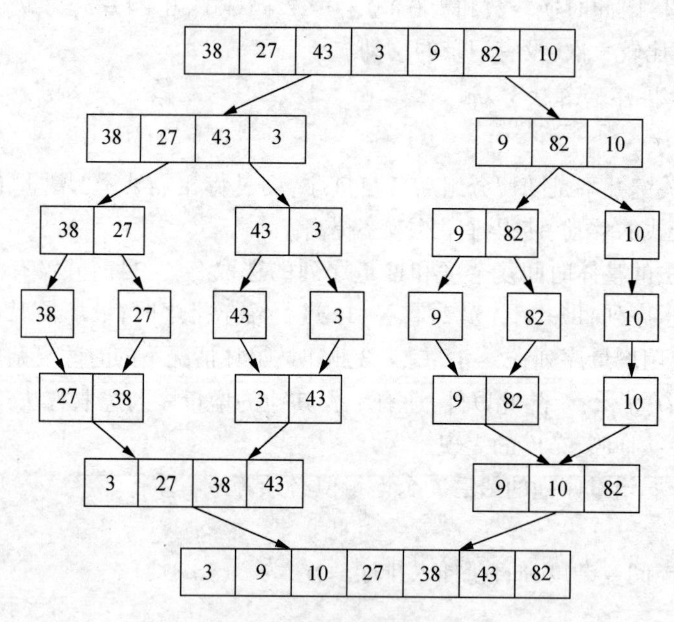

图9.21 归并排序过程

【算法描述】

```
/* 对数组 r 做归并排序 * /
void  mergeSort(ElementType r[],int n)
{
    mSort(r,1,n,r);
}
/* 将 s[low...high]归并排序后放入 t[low...high]中 * /
```

```
void  mSort(int s[],int low,int  high,int t[])J
{
    if(low == high){
        t[low] = s[low];
    }
    else{
        mid = (low + high)/2;

        /* s[low...mid]递归归并排序,放入 temp[low...mid] * /
        mSort(s,low,mid,temp);
        /* s[mid+1...high]递归归并排序,放入 temp[mid+1...high] * /
        mSort(s,mid+1,high,temp);

        merge(temp,low,mid,high,t);
    }
}
/* 将有序的 s[low...mid]和 s[mid+1...high]归并为有序的 t[low...high] * /
void  merge(int s[],int low,int mid,int high,int t[])
{
    i = low;  j = mid+1;  k = low;
    while(i < = mid && j < = high){
        if(s[i] < = s[j]){
            t[k ++] = s[i ++];
        }
        else{
            t[k ++] = s[j ++];
        }
    }
    while(i < = mid){
        t[k ++] = s[i ++];
    }
    while(j < = high){
        t[k ++] = s[j ++];
    }
}
```

9.8.2 归并排序的算法分析

1. 时间复杂度

一趟归并需要将 sr[1]～sr[n]中相邻的长度为 h 的有序序列进行两两归并,并将结果放到 tr1[1]～tr1[n]中,这需要将待排序序列中的所有记录扫描一遍,因此耗费 $O(n)$时间,而由完全二叉树的深度可知,整个归并排序需要进行$\lfloor \log_2 n \rfloor$次,因此,总的时间复杂度为 $O(n\log_2 n)$,而且这是归并排序算法中最好、最坏、平均的时间性能。

2. 空间复杂度

由于归并排序在归并过程中需要与原始记录序列同样数量的存储空间存放归并结果及递归时深度为 $\log_2 n$ 的栈空间,因此空间复杂度为 $O(n+\log_2 n)$。

3. 稳定性

在算法描述中 merge 函数中有“if(sr[i] < = sr[j])”语句,这就说明它需要两两比较,不

存在跳跃,因此归并排序是一种稳定的排序算法。

归并排序虽然看上去稳定而且时间复杂度不高,但是在实际应用中,开辟大块的额外空间并且将两个数组的元素来回复制却是很耗时的,所以归并排序一般不用于内部排序,但它常用于进行外部排序。

视频讲解

9.9 基数排序

基数排序(Radix Sort)属于分配式排序,是桶排序的推广。它将要排序的元素分配至某些桶中,借以达到排序的作用。

视频讲解

9.9.1 基数排序算法

基数排序所考虑的待排序记录一般有多个关键字。它通常有两种方法:**主位优先法**(Most Significant Digit First,MSD)和**次位优先法**(Least Significant Digit First,LSD)。

例如,对一副牌的整理,可将每张牌看作一个记录,包含两个关键字:花色和面值。把"花色"看成是"最主位关键字","面值"看成是"最次位关键字"。

所谓主位优先法,是先为最主位关键字建立桶,即按花色建立4个桶,将牌按花色分别装进4个桶中;然后对每个桶中的牌,再按最次关键字(面值)进行排序,最后将4个桶中的牌收集,顺序叠放在一起。

所谓次位优先法,是先为最次位关键字建立桶,即按面值建立13个桶,将牌按面值分别放于13个桶中;然后将所有桶中的牌收集,顺序叠放在一起;再为主位关键字花色建立4个桶,顺序将每张牌放入对应的花色桶中,则4个花色桶中的牌必是有序的,最后只要将它们收集,顺序叠放即可。

从上述例子可知,这两种方法具有不同的特点。主位优先法基本上是分治法的思路,将序列分割成子序列后,分别排序再合并的结果;而次位优先法是将排序过程分解成了"分配"和"收集"这两个相对简单的步骤,并不需要分割成子序列进行排序,所以一般情况下次位优先法的效率更高一些。

9.9.2 单关键字的基数分解

基数排序主要是对有多关键字的对象进行排序,其实也可以将单个整数关键字按某种基数分解为多关键字,再进行排序。这也是"基数排序"名称的由来。

典型问题是给定 n 个记录,每个记录的关键字为一整数,其取值范围为 $0\sim m$。若 m 比 n 大很多(如 $m=n^k$),这时桶排序需要 m 个桶,会造成巨大的空间浪费,而以 r 为基数对关键字进行分解后则只需要 r 个桶就够了。

例 9.8 给定范围在0～999之间的10个关键字{278,109,63,930,589,184,505,269,8,83},现用基数排序算法进行递增排序。

可以将每个关键字看成一个三位的十进制(不足位的在左边补0),其百位数为最主位关键字,个位数为最次位关键字。对给定的10个记录用次位优先法进行基数排序,初始状态如图9.22(a)所示。

首先,对最次位关键字(个位)建立10个桶,将记录按其个位数字的大小放入相应的桶中,注意向桶中插入的新记录需插在链表的尾部,如图9.22(b)所示。每个"桶"实际上是一条链表,将桶中记录收集形成新的记录链{930,063,083,184,505,278,008,109,589,269},如图9.22(c)所示。

其次,对次位关键字(十位)建立 10 个桶,将记录按其十位数字的大小放入相应的桶中,如图 9.22(d)所示。将桶中记录收集形成新的记录链{505,008,109,930,063,269,278,083,184,589},如图 9.22(e)所示。

最后,对最主位关键字(百位)建立 10 个桶,将记录按其百位数字的大小放入桶中,如图 9.22(f)所示。将桶中记录收集形成新的记录链{008,063,083,109,184,269,278,505,589,930},如图 9.22(g)所示,这时已排好序。

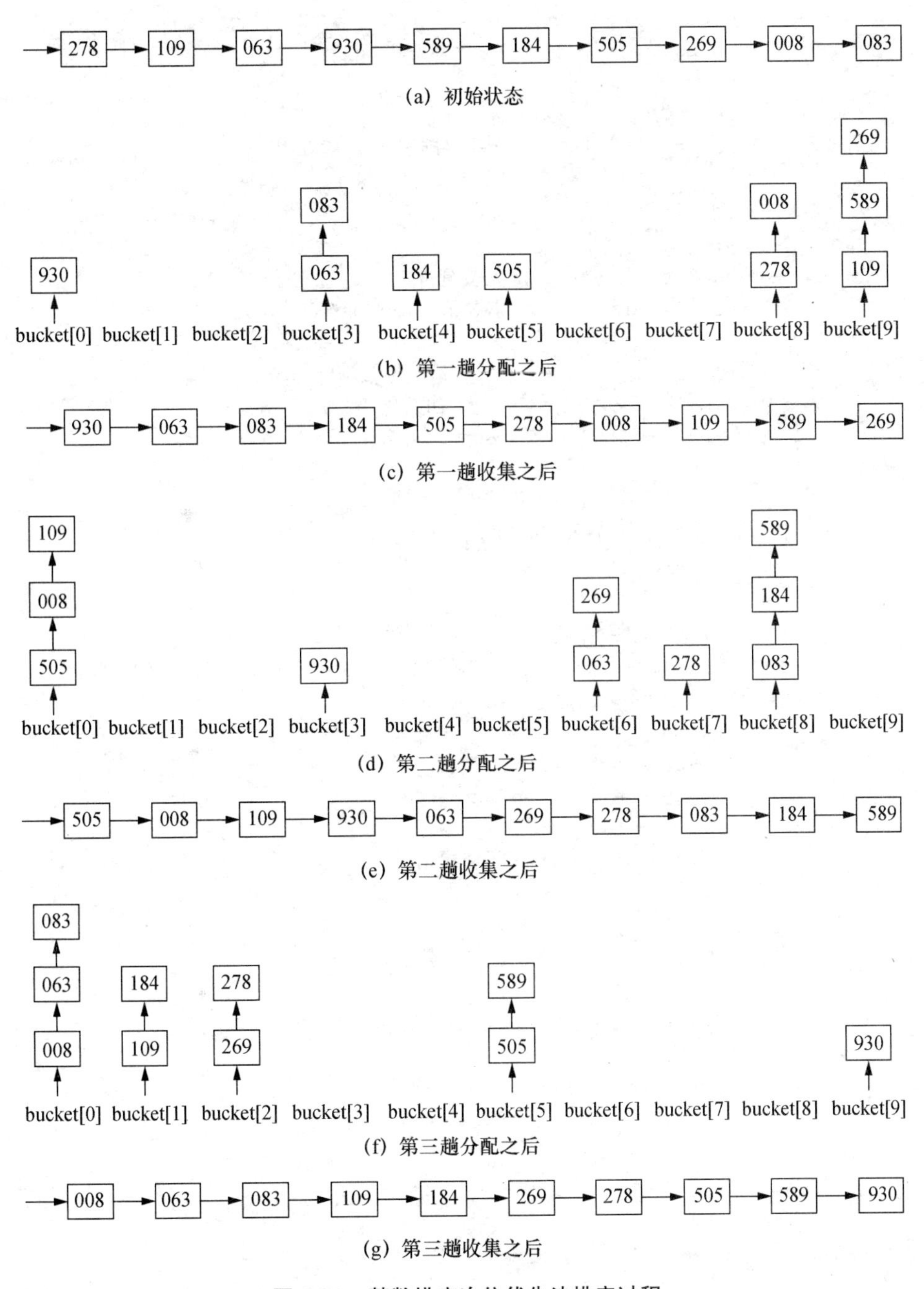

(a) 初始状态

(b) 第一趟分配之后

(c) 第一趟收集之后

(d) 第二趟分配之后

(e) 第二趟收集之后

(f) 第三趟分配之后

(g) 第三趟收集之后

图 9.22 基数排序次位优先法排序过程

【算法描述】

```
/*待排序记录是采用带头结点的单链表方式存储的;关键字用整型数组 key 存储,其中最主
位关键字存于 key[0]中,最次位关键字存于 key[MAX - 1]中;排序所采用的基数为
RADIX*/
#define  RADIX  10      /*基数*/
#define MAX 3           /*十进制整数分解成 MAX 个关键字*/

typedef struct Node{
    int  key[MAX];
    struct Node  *next;
}Node,*LinkList;
void  radixSort(LinkList L)/*基数排序*/
{
    int i,j,digit;
    Node *p;
    Node *bucket[RADIX];  /*需要建立 RADIX 个桶*/
    Node *rear[RADIX];     /*需要记录每个桶链表的尾元素位置*/

    for(i=MAX-1;i>=0;i--){/*从最次位关键字开始*/
        for(j=0;j<RADIX;j++){/*初始化*/
            bucket[j]=rear[j]=NULL;
        }

        /*将关键字逐一分配到桶中*/
        p=L->next;
        while(p!=NULL){
            digit=p->key[i];/*取出当前关键字位*/
            if(bucket[digit]==NULL){/*若对应的桶是空的,放入空桶*/
                bucket[digit]=p;
            }
            else{/*放入桶尾*/
                rear[digit]->next=p;
            }
            rear[digit]=p;/*更新尾指针*/
            p=p->next;
        }
        L->next=NULL;/*链表上的元素已全部取完*/

        /*将所有桶中元素进行"收集",并串联起来*/
        for(j=RADIX-1;j>=0;j--){
            if(bucket[j]!=NULL){
                rear[j]->next=p;/*第1次执行时,p为NULL*/
                p=bucket[j];
            }
        }
        L->next=p;
    }
}
```

9.9.3 基数排序的算法分析

1. 时间复杂度

对 n 个关键字用 r 个桶进行基数排序时，其时间复杂度为 $O(d(n+r))$，其中 d 为分配收集的趟数，也就是关键字按基数分解后的位数，每一趟分配的时间复杂度为 $O(n)$，每一趟收集的时间复杂度为 $O(r)$。

当记录的个数 n 与桶的个数基本上是同一数量级时，基数排序可以达到线性复杂度。但要注意的是由于链表指针操作的引入，实际效果不一定比前面讲过的几种算法要好。

基数排序的效率与基数的选择密切相关，而基数的选择需要综合考虑待排序记录的规模和关键字的取值范围。

2. 空间复杂度

基数排序用链表实现的好处是不需要将记录进行物理移动，对于大型记录的排序是有利的，代价是需要 $O(r)$ 额外空间来存放指针。

3. 稳定性

基数排序是稳定的排序算法。

9.10 排序算法的比较

本章介绍了5类8种不同的内部排序算法，它们在时间复杂度、空间复杂度和稳定性上各有优缺点，分别适用于不同的条件。下面从时间复杂度、空间复杂度和稳定性上比较这几种排序算法。

除了基数排序以外，其余7种排序算法都是建立在比较和交换操作上的，决定其性能的是比较次数（主要是比较）、交换次数和是否需要额外空间用于保存临时值。

具有 $O(n^2)$ 时间复杂度的，有冒泡排序、简单选择排序、直接插入排序这三种排序。元素规模 n 较小或基本有序时，它们是较好的排序算法。同时，由于总是比较相邻的两个元素，因此在比较两个关键字相等的元素时可以确定两者的相对位置，从而保证排序后它们不会发生相对位置的变化。因此，从理论上讲，这些时间复杂度为 $O(n^2)$ 的排序都是稳定的，然而简单选择排序在进行最小元素和第一个位置交换时，却改变了被交换元素和其他值相同元素的相对位置，如对序列 $\{3,\underline{3},2\}$ 进行简单选择排序后的序列为 $\{2,\underline{3},3\}$，因此简单选择排序是不稳定的。冒泡排序和直接插入排序是稳定的。

希尔排序是最早从 $O(n^2)$ 时间复杂度中提升的排序方法之一，它使用一个增量序列进行多次的规模逐渐变大的排序。在进行规模较小的排序时使用直接插入排序使序列基本有序，这样在进行规模较大的排序时就避免了过多的比较和交换，从而将时间复杂度减少到 $O(n^d)$。其中，d 的取值同增量序列和排序对象的具体情况有关，在最差的情况下接近2，即时间复杂度接近直接插入排序。由于希尔排序无法保证总是将相邻的两个元素进行比较，可能会出现一个元素在排序过程中“跳跃”到和它等值且初始位置在前的另一个元素之前，因此，希尔排序是不稳定的。

时间效率表现较好的是快速排序、堆排序和归并排序这三种排序，它们都使用分而治之的方法，将原序列分成两个部分，在排序过程中，这两个部分之间只进行复杂度为 $O(n)$ 的划分或归并操作，其他的比较或交换操作集中在两个部分的各自内部，因此大大减少了比较或交换的次数。例如，堆排序在堆顶元素与堆尾元素交换后要寻找下一个堆顶元素，在寻找的过程中不断地将问题规模缩小，直到跳出循环；快速排序在寻找基准后，序列划分为两个部分,两个部分的内部各自进行比较、交换,但两个部分之间并没有进行比较;同样地,归并排序始终将规模减半再进行排序,在规模为 n 时再进行复杂度为 $O(n)$ 的归并操作。这三种排序均实现了 $O(n\log_2 n)$ 的时间复杂度。但具体到实际的平均时间效率上,快速排序无疑是最佳的排序方法。

然而,在最坏情况下,快速排序的时间效率却不如堆排序和归并排序,可能导致 $O(n^2)$ 的最差效果。此外,快速排序需要 $O(\log_2 n)$ 深度的栈空间,归并排序也需要 $O(n)$ 的额外空间,堆排序在空间复杂度上表现出色,仅需要常数个额外空间。

在稳定性上,归并排序是稳定的,而堆排序和快速排序却是不稳定的。

基数排序是时间复杂度最低的排序方法,借助 $O(r)$ 的辅助空间和严格限制的元素数据类型,基数排序仅需要 $O(d(n+r))$ 的时间复杂度。基数排序适用于处理数量大、关键字取值范围有限的序列,如扑克牌排序等。同时,基数排序也是稳定的排序方法。

因此,每一种排序都有其自身优点,适用于不同的情况。应该根据具体情况,选择相应的排序方法,有时甚至将两种以上的排序方法结合使用。表 9.2 给出了 8 种排序算法的各种指标。

表 9.2 各种排序算法的各种指标

排序方法	最好情况	最坏情况	平均情况	辅助空间	稳定性
冒泡排序	$O(n)$	$O(n^2)$	$O(n^2)$	$O(1)$	稳定
简单选择排序	$O(n^2)$	$O(n^2)$	$O(n^2)$	$O(1)$	不稳定
直接插入排序	$O(n)$	$O(n^2)$	$O(n^2)$	$O(1)$	稳定
希尔排序	$O(n^{1.3})$	$O(n^2)$	$O(n\log_2 n)\sim O(n^2)$	$O(1)$	不稳定
堆排序	$O(n\log_2 n)$	$O(n\log_2 n)$	$O(n\log_2 n)$	$O(1)$	不稳定
归并排序	$O(n\log_2 n)$	$O(n\log_2 n)$	$O(n\log_2 n)$	$O(n+\log_2 n)$	稳定
快速排序	$O(n\log_2 n)$	$O(n^2)$	$O(n\log_2 n)$	$O(\log_2 n)\sim O(n)$	不稳定
基数排序	$O(d(n+r))$	$O(d(n+r))$	$O(d(n+r))$	$O(r)$	稳定

本章小结

排序是计算机常用的一种重要操作,本章介绍了几种基本的排序算法,使读者对排序有了一个基本了解。对每一种排序算法,详细分析了其时间复杂度和空间复杂度,目的在于展现该算法的适用范围。最后,对各种内部排序算法就时间复杂度、空间复杂度和稳定性进行了比较。通过比较进一步说明,排序算法的效率与初始待排序序列的特性有关,不存在绝对意义上最佳的排序方法。

总之,本章仅粗略地介绍了几种常用排序算法,有兴趣的读者可以进一步地阅读相关文献。

一、单项选择题

1. 排序算法的稳定性是指(　　)。

A. 经过排序之后,能使值相同的数据保持原顺序中的相对位置不变

B. 经过排序之后,能使值相同的数据保持原顺序中的绝对位置不变

C. 排序算法的性能与待排序元素的数量关系不大

D. 排序算法的性能与待排序元素的数量关系密切

2. 对不稳定的排序算法,不论采用何种描述方式,总能举出一个说明它不稳定的实例来。这个说法是(　　)。

A. 正确的　　B. 错误的

3. 不稳定的排序算法是没有实用价值的。这个说法是(　　)。

A. 正确的　　B. 错误的

4. 外排序是指(　　)。

A. 数据量很大,需要人工干预的排序方法

B. 在外存上进行的排序方法

C. 不需要使用内存的排序方法

D. 排序前后在外存,排序时数据调入内存的排序方法

5. 当待排序的元素很多时,为了交换元素的位置,移动元素要占较多的时间,这是影响时间复杂度的主要原因。这个说法是(　　)。

A. 正确的　　B. 错误的

6. 对 n 个元素的序列进行冒泡排序时,最少的比较次数是(　　)。

A. 1　　B. $n-2$　　C. $n-1$　　D. n

7. 具有 12 个记录的序列,采用冒泡排序最少的比较次数是(　　)。

A. 1　　B. 144　　C. 11　　D. 66

8. 对有 n 个记录进行冒泡排序,所需时间决定于初始记录的排列情况,在初始记录无序的情况下最好。这个说法是(　　)。

A. 正确的　　B. 错误的

9. 对有 n 个记录进行快速排序,所需时间决定于初始记录的排列情况,在初始记录无序的情况下最好。这个说法是(　　)。

A. 正确的　　B. 错误的

10. 设一组初始记录关键字序列{46,79,56,38,40,84},以第一个记录关键字 46 为基准进行一趟快速排序的结果为(　　)。

A. [38,40],46,[56,79,84]　　B. [40,38],46,[79,56,84]

C. [40,38],46,[56,79,84]　　D. [40,38],46,[84,56,79]

11. 设一组初始记录关键字序列{5,2,6,3,8},以第一个记录关键字 5 为基准进行一趟快速排序的结果为(　　)。

A. [2,3],5,[8,6]　　B. [3,2],5,[8,6]

C. [3,2],5,[6,8]　　D. [2,3,6],5,[8]

12. 下列对快速排序方法最为不利的是(　　)。

A. 要排序的数据个数为奇数　　B. 要排序的数据量太大

C. 要排序的数据已经基本有序　　D. 要排序的数据含有很多的相同值

13. 简单选择排序的比较次数不会随待排序记录的关键字的分布情况而改变。这个说法是(　　)。

A. 正确的　　B. 错误的

14. 堆一定是一棵完全二叉树。这个说法是(　　)。

A. 正确的　　B. 错误的

15. 对于关键字序列{12,13,11,18,60,15,7,18,25,100}，用筛选法建堆，必须从关键字值为(　　)的结点开始。

A. 100　　B. 12　　C. 60　　D. 15

16. 对于关键字序列{46,79,56,38,40,84}，则堆排序时建立的初始大根堆为(　　)。

A. {79,46,56,38,40,80}　　B. {38,46,56,79,40,84}

C. {84,79,56,38,40,46}　　D. {84,56,79,40,46,38}

17. 已知关键字序列为{5,8,12,19,28,20,15,22}是小根堆，插入关键字3，调整后得到的小根堆是(　　)。

A. {3,5,12,8,28,20,15,22,19}

B. {3,5,12,19,20,15,22,8,28}

C. {3,8,12,5,20,15,22,28,19}

D. {3,12,5,8,28,20,15,22,19}

18. 对 n 个元素进行初始建堆的过程中，最多做不超过(　　)次的数据比较。

A. n　　B. $2n$　　C. $3n$　　D. $4n$

19. 对一个堆，按二叉树层次进行遍历可以得到一个有序序列。这个说法是(　　)。

A. 正确的　　B. 错误的

20. 若从二叉树的任意结点出发到根的路径上所经过的结点序列按其关键字有序，则该二叉树是(　　)。

A. 二叉排序树　　B. 完全二叉树

C. 堆　　D. 平衡二叉树

21. 堆排序所需要的辅助空间数与待排序的记录个数无关。这个说法是(　　)。

A. 正确的　　B. 错误的

22. 5个不同的数据元素进行直接插入排序，最多需要进行(　　)次比较。

A. 8　　B. 14　　C. 15　　D. 25

23. 对于关键字序列{54,38,96,23,15,72,60,45,83}，进行直接插入排序时，当把第7个记录60插入到有序表时，为寻找插入位置需比较(　　)次。

A. 3　　B. 4　　C. 5　　D. 6

24. 用直接插入排序对下面4个序列进行由小到大排序，元素比较次数最少的是(　　)。

A. {89,27,35,78,41,15}　　B. {27,35,41,16,89,70}

C. {15,27,46,40,64,85}　　D. {90,80,45,38,30,25}

25. 用直接插入排序对下面4个序列进行由小到大排序，元素比较次数最少的是(　　)。

A. {94,32,40,90,80,46,21,69}　　B. {21,32,46,40,80,69,90,94}

C. {32,40,21,46,69,94,90,80}　　D. {90,69,80,46,21,32,94,40}

26. 对 n 个记录进行归并排序，所需要的辅助空间数与初始记录的排列状况有关。这个说法是(　　)。

A. 正确的　　B. 错误的

27. 若关键字序列{11,12,13,7,8,9,23,4,5}是采用下列排序方法之一得到的第二趟排序后的结果，则该排序算法只能是(　　)。

A. 冒泡排序　　B. 直接插入排序

C. 选择排序　　D. 2-路归并排序

28. 下列4种排序方法,在排序过程中,关键字比较的次数与记录的初始排列顺序无关的是(　　)。
    A. 直接插入排序和快速排序　　B. 快速排序和归并排序
    C. 简单选择排序和归并排序　　D. 直接插入排序和归并排序
29. 对关键字序列{15,9,7,8,20,-1,4}进行排序,进行一趟排序后数据的排列变为{4,9,-1,8,20,7,15},则采用的是(　　)。
    A. 简单选择排序　　B. 快速排序
    C. 希尔排序　　D. 冒泡排序
30. 下列排序方法中,(　　)是从未排序序列中依次挑选元素,并将其放入已排序序列(初始时为空)的一端的方法。
    A. 希尔排序　　B. 冒泡排序
    C. 直接插入排序　　D. 简单选择排序
31. 排序方法中,从未排序序列中依次取出元素与已排序序列(初始时为空)中的元素进行比较,将其放在已排序序列的正确位置上的方法,称为(　　)。
    A. 希尔排序　　B. 冒泡排序
    C. 直接插入排序　　D. 简单选择排序
32. 下列排序方法中,比较次数与记录的初始排列状态无关的是(　　)
    A. 快速排序　　B. 冒泡排序
    C. 直接插入排序　　D. 简单选择排序
33. 关键字序列{2,1,4,9,8,10,6,20},只能是下列排序算法中的(　　)的两趟排序后的结果。
    A. 快速排序　　B. 冒泡排序
    C. 直接插入排序　　D. 简单选择排序
34. 在下列算法中,(　　)算法可能出现下列情况:在最后一趟排序开始之前,所有的元素都不在其最终的位置上。
    A. 堆排序　　B. 冒泡排序
    C. 直接插入排序　　D. 快速排序
35. (　　)排序不需要进行记录关键字间的比较。
    A. 简单选择　　B. 快速　　C. 堆　　D. 基数
36. 在待排序的元素序列基本有序的前提下,效率最高的排序方法是(　　)。
    A. 直接插入排序　　B. 简单选择排序
    C. 快速排序　　D. 归并排序
37. 下列排序方法中,要求内存量最大的是(　　)。
    A. 归并排序　　B. 简单选择排序
    C. 直接插入排序　　D. 基数排序
38. 设有以下4种排序方法,则(　　)的空间复杂度最大。
    A. 冒泡排序　　B. 快速排序
    C. 堆排序　　D. 直接插入排序
39. 下列不属于内部排序方法的是(　　)。
    A. 归并排序　　B. 拓扑排序
    C. 堆排序　　D. 直接插入排序

二、简答题

1. 当实现插入排序过程时,可以用折半查找来确定第 i 个元素在前 $i-1$ 个元素中的可能插入位置,这样做能否改善插入排序的时间复杂度?为什么?

2. 已知关键字序列{49,38,65,97,76,13,27},请给出采用冒泡排序对该序列做升序排序的每一趟的结果。

3. 已知关键字序列{54,38,96,23,15,72,60,45,83},请给出采用简单选择排序对该序列作升序排序的每一趟的结果。

4. 已知关键字序列{503,17,512,908,170,897,275,653,426,154,509,612,677,765,703,94},请给出采用希尔排序($d_1=8,d_2=4,d_3=2,d_4=1$)对该序列作升序排序的每一趟的结果。

5. 某个数组的初始状态为{12,43,21,54,56,32,75,83,23},它是不是一个小根堆?如果不是,则建立它的小根堆。

6. 已知关键字序列{355,672,91,83,781,34,410,76,125,320},请给出采用堆排序对该序列作升序排序的每一趟的结果。

7. 已知关键字序列{25,32,6,76,36,56,68,12,72,18},请给出采用2-路归并排序对该序列作升序排列时每一趟的结果。

8. 已知关键字序列{321,712,344,589,86,941,865,267,529,930},请给出采用基数排序对该序列作升序排列时每一趟的结果。

9. 已知关键字序列{12,2,16,30,8,28,4,10,20,6,18},写出用下列算法从小到大排序时第1趟结束时的序列。

(1) 希尔排序,第一趟排序的增量为5。

(2) 快速排序,选第一个记录为枢轴。

(3) 链式基数排序(基数为10)。

10. 有 n 个不同的英文单词,它们的长度相等,均为 m,若 $n>>50,m<5$。试问:采用哪种排序方法时间复杂度最小?为什么?

11. 在冒泡排序过程中,有的关键字在某趟排序中可能朝着与最终排序相反的方向移动,试举例说明快速排序过程中有没有这种现象?

12. 如果只想得到一个含有 n 个元素的序列中第 $m(m<<n)$ 个元素之前的部分排序序列,最好采用什么排序方法?为什么?

三、算法设计

1. 荷兰国旗问题:设有一个仅由红、白、蓝三种颜色的条块组成的条块序列。请编写一个时间复杂度为 $O(n)$ 的算法,使得这些条块按红、白、蓝的顺序排列,即排成荷兰国旗图案。

2. 数组 A 中存放着 n 个整数,请设计算法将所有大于 t 的数放在数组的前半部分。要求使用尽量少的临时单元,并且算法的效率较高。

附录 A　测试函数的运行时间

要获得一个函数的运行时间,常用的方法是调用头文件 time. h 中提供的 clock( )函数,可以捕捉函数运行所耗费的时间。这个时间单位是 clock tick(时钟打点),在 C/C ++ 语言中定义的数据类型是 clock_t。同时,还有一个常数 CLK_TCK,它给出了机器时钟每秒所走的打点数。

```
#include <stdio.h>
#include <time.h>
#include <math.h>

/* clock_t 是 clock()函数返回的变量类型 */
clock_t start,stop;

double duration;/* 记录被测函数运行时间,以秒为单位 */

int main()
{
    /* 不在测试范围内的准备工作写在 clock()调用之前 */

    start = clock();    /* 开始计时 */
    function();         /* 把被测函数加在这里 */
    stop = clock();     /* 停止计时 */
    duration = ((double)(stop-start))/CLK_TCK;/* 计算运行时间 */

    /* 其他不在测试范围内的处理写在后面,如输出 duration 的值 */

    return 0;
}
```

附录B 并 查 集

并查集是一种树形的数据结构,用于处理一些不相交集合(Disjoint Sets)的合并及查询问题,常常在使用中以森林来表示。一般来说,一个并查集有以下三个操作。

(1) 初始化。

把每个点所在集合初始化为其自身。

通常来说,这个步骤在每次使用该数据结构时只需要执行一次,无论哪种实现方式,时间复杂度均为 $O(n)$。

(2) 查找。

查找元素所在的集合,即根结点。

(3) 合并。

将两个元素所在的集合合并为一个集合。

通常来说,合并之前,应先判断两个元素是否属于同一集合,这可用上面的"查找"操作实现。

在具体实现时,并查集是由一个数组 parent[ ]和两个函数构成的。数组 parent[ ]记录了每个点的前导点是什么。其中一个函数为 find( )函数,用于寻找前导点;另一个函数是 join( )用于合并路线的。

```
int parent[1 000];
int find(int x)
{
    while(parent[x]! = x){/* 得到根 x * /
        x = parent[x];
    }
    return x;
}
/* 判断 x 与 y 是否连通,如果已经连通,就不用管了;如果不连通,就把它们所在的结点通过
分支合并起来
* /
void join(int x,int y)
{
    int a,b;

    a = find(x);  //x 的根结点为 a
    b = find(y);  //y 的根结点为 b
    if(a! = b){// 如果 a,b 不是相同的结点,则说明 a 与 b 不是连通的
        parent[a] = b;// 将 a 与 b 相连,将 a 的前导点设置为 b
    }
}
```

附录 C　C ++ 语言中 stack 的用法

C ++ 语言中的 stack(堆栈)为程序员提供了堆栈的全部功能,也就是说实现了一个先进后出(FILO)的数据结构。

stack 模板类的定义在 <stack> 头文件中。stack 模板类需要两个模板参数,一个是数据元素类型,一个是容器类型。但只有数据元素类型是必要的,在不指定容器类型时,默认的容器类型为 deque。

定义 stack 对象的示例代码如下。

```
stack < int > s1;
    stack < string > s2;
```

C ++ 语言中的 STL 栈 stack 的成员函数如下。

empty()——堆栈为空,则返回真。

pop()——移除栈顶数据元素。

push()——在栈顶增加数据元素。

size()——返回栈中数据元素数目。

top()——返回栈顶数据元素。

附录 D C ++ 语言中 queue 的用法

queue 模板类的定义在 <queue> 头文件中。与 stack 模板类很相似,queue 模板类也需要两个模板参数,一个是数据元素类型,一个是容器类型。数据元素类型是必要的,容器类型是可选的,默认为 deque 类型。

定义 queue 对象的示例代码如下。

```
queue < int > q1;
queue < double > q2;
```

C ++ 语言中 STL 栈 queue 的成员函数如下。

back( )——返回最后一个数据元素。

empty( )——如果队列空,则返回真。

front( )——返回第一个数据元素。

pop( )——删除第一个数据元素。

push( )——在末尾加入一个数据元素。

size( )——返回队列中数据元素的个数。

在 <queue> 头文件中,还定义了另一个非常有用的模板类 priority_queue(优先队列)。优先队列与队列的差别在于,优先队列不是按照入队的顺序出队,而是按照队列中数据元素的优先权顺序出队,默认为数据元素大者优先,也可以通过指定算子来指定自己的优先顺序。

priority_queue 模板类有三个模板参数,第一个是数据元素类型,第二个是容器类型,第三个是比较算子。其中,后两个参数都可以省略,默认容器为 vector,默认算子为 less,即小的数据元素往前排,大的数据元素往后排,出队时序列尾的数据元素出队。

定义 priority_queue 对象的示例代码如下。

```
priority_queue < int > q1;
priority_queue < pair < int,int > > q2;//注意在两个尖括号之间一定要留空格
priority_queue < int,vector < int >,greater < int > > q3;//定义小的先出队
```

priority_queue 的基本操作与 queue 相同。初学者在使用 priority_queue 时,最困难的可能就是如何定义比较算子了。如果是基本数据类型或已定义了比较运算符的类,则可以直接用 STL 的 less 算子和 greater 算子。

参考文献

[1]耿国华,张德同,周明金.数据结构——用C语言描述[M].2版.北京:高等教育出版社,2015.

[2]陈越.数据结构[M].北京:高等教育出版社,2012.

[3]程杰.大话数据结构[M].北京:清华大学出版社,2011.

[4]严蔚敏,李冬梅,吴伟民.数据结构(C语言版)[M].2版.北京:人民邮电出版社,2015.

[5]严蔚敏,吴伟民,米宁.数据结构题集(C语言版)[M].北京:清华大学出版社,2012.

[6]Weiss M A.数据结构与算法分析——C语言描述(原书第2版)[M].冯舜玺,译.北京:机械工业出版社,2004.

[7]阮宏一.数据结构实践指导教程(C语言版)[M].武汉:华中科技大学出版社,2004.

[8]陈慧南.数据结构与算法——C++语言描述[M].北京:高等教育出版社,2005.

[9]唐宁九,等.数据结构与算法(C++版)[M].北京:清华大学出版社,2009.

[10]张乃孝,裘宗燕.数据结构——C++与面向对象的途径(修订版)[M].北京:高等教育出版社,2001.

[11]侯识忠,等.数据结构算法:Visual C++6.0程序集[M].北京:中国水利水电出版社,2005.

[12]王红梅,等.数据结构(C++版)学习辅导与实验指导[M].北京:清华大学出版社,2005.

[13]赵坚,姜梅.数据结构(C语言版)学习指导与习题解答[M].北京:中国水利水电出版社,2005.

[14]李建学.数据结构课程设计案例精编(用C/C++描述)[M].北京:清华大学出版社,2007.